辽宁省教育厅项目(W2013111)

辽宁海洋文化的形成与发展研究

赵光珍　王太海　刘　一　著

海洋出版社

2015年·北京

图书在版编目（CIP）数据

辽宁海洋文化的形成与发展研究/赵光珍，王太海，刘一著.
—北京：海洋出版社，2015.12
ISBN 978-7-5027-9346-3

Ⅰ.①辽… Ⅱ.①赵… ②王… ③刘… Ⅲ.①海洋-文化-研究-辽宁省
Ⅳ.①P722.6

中国版本图书馆 CIP 数据核字（2015）第 300317 号

责任编辑：杨传霞
责任印制：赵麟苏
海洋出版社 出版发行

http://www.oceanpress.com.cn
北京市海淀区大慧寺路 8 号 邮编：100081
北京画中画印刷有限公司印刷 新华书店发行所经销
2015 年 12 月第 1 版 2015 年 12 月北京第 1 次印刷
开本：787mm×1092mm 1/16 印张：12.5
字数：303 千字 定价：86.00 元
发行部：62132549 邮购部：68038093 总编室：62114335
海洋版图书印、装错误可随时退换

前　言

辽宁省海岸线东起鸭绿江口，西至山海关老龙头，全长2 110千米。辽宁省是中国大陆同时拥有黄海和渤海的两个省份之一。考古发现表明，至少从数十万年前的旧石器时代早期起，辽宁地区就一直有人类活动，不仅保持着文化的连续性，而且在大部分时间内，与黄河流域古代中原文化保持着大体同步的发展态势。进入新石器时代，随着生产技术的改进，古人开始制作舟船，这是辽宁祖先走向海洋的第一步，由此开始了长达6 000年征战海洋的艰辛历程。

本书是辽宁省教育厅立项项目“辽宁海洋文化的形成与发展研究”（W2013111）的科研成果。本书从整体出发对辽宁海洋文化进行了较为系统全面的研究。具体论述是按朝代对辽宁海洋文化的发展历程与特征展开的，力求更准确翔实地揭示辽宁海洋文化的演变和发展脉络，全面系统地展现辽宁海洋文化的形成与发展历程，旨在为今后全面综合开展辽宁海洋文化的研究提供更多的第一手参考资料，以期填补相关研究空白。

作者

2015年11月

目　　录

第一章　辽宁史前人类与文化

考古发现表明，辽宁自远古以来就是人类繁衍生息之地。这里所说的史前，指的是有文字记载以前的历史，包括考古学所划分的旧石器时代和新石器时代。研究史前时期的辽宁人类与文化，必须依赖于考古发现。随着近代以来西方考古学传入中国，经过几代考古学者的田野调查发掘，史前时期的辽宁文化逐渐地浮出水面。

第一节　旧石器时代的人类与文化

一、旧石器时代早期的人类与文化

考古学上所划分的旧石器时代早期一般指的是从人类出现到距今 20 万年以前；旧石器时代中期指的是从距今 20 万年到距今 5 万年以前；旧石器时代晚期指的是从距今 5 万年到距今 1 万多年以前。

截至目前，辽宁旧石器时代早期人类与文化主要发现于辽东半岛，即庙后山人及其文化、金牛山人及其文化和骆驼山遗址等。

（一）庙后山人及其文化

庙后山遗址为一个天然洞穴，位于本溪县山城子乡山城子村村东庙后山南坡，地处辽东长白山南延的千山山脉东北端西侧的丘陵山地上。经 1979 年、1980 年系统发掘和 1982 年根据中国科学院学部委员、著名地质学家、考古学家贾兰坡建议和指导进行的综合考察与研究①，确定 4～6 层的“庙后山组”地层含的中更新世动物化石、人类化石及文化遗物为距今 40 万年至 14 万年，地质时代为中更新世晚期，即旧石器时代早期后段。人类化石包括老年右侧上犬齿 1 枚，壮年右侧下臼齿 1 枚，8～9 岁小孩左股骨 1 段，年代为距今 24 万年至 14 万年。其中，老年人右侧上犬齿经铀系法测定为距今 24.7 万年左右②，属于晚期直立人。

在庙后山组地层中发现有厚度为 5～10 厘米的灰烬层，由粉末状黑褐色物质组成，中间夹杂有灰白色物质，灰烬层附近常有被烧过的动物肢骨，表明庙后山人已经掌握了用火

① 辽宁省博物馆、本溪市博物馆：《庙后山——辽宁省本溪市旧石器文化遗址》，文物出版社 1986 年版，第 4－5 页。

② 辽宁省博物馆、本溪市博物馆：《庙后山——辽宁省本溪市旧石器文化遗址》，文物出版社 1986 年版，第 17－20 页。

庙后山遗址远景

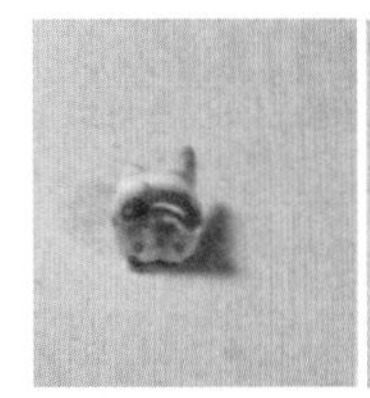 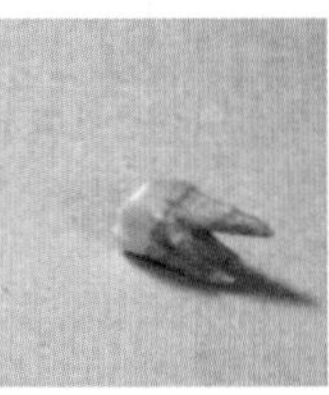 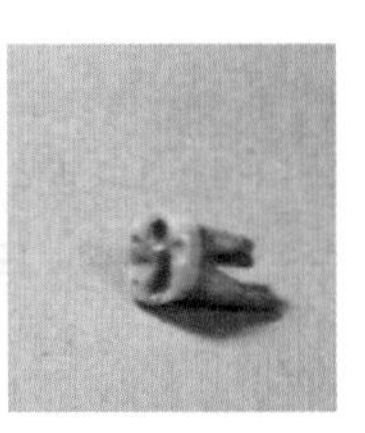

庙后山出土的晚期直立人上犬齿化石

本领①。

庙后山人石制品原料为灰黑色石英砂岩和安山岩等砾石，包括石核、石片和经修理加工的石器3部分，其中石器有刮削器、砍砸器和石球3种。石片石器制作主要采用锤击和碰砧两种方法。砸击法只是偶尔使用，锤击石片一般不修理台面。碰砧石片在石片中占有突出的地位，多数砍砸器相对精细一些，不仅数量较多，而且加工也比较好。修理把手的砍砸器构成了庙后山石器工具的一个重要特色②。

在距庙后山人居住洞穴不远的汤河阶地的砾石层中，有大量的石英砂岩和安山岩，庙后山人从中选取各种石块，依其型制作上述石器。

庙后山遗址中出土有大量的碎骨片，多有人工砍砸痕迹，与敲骨吸髓而形成的碎骨片有明显的区别，尽管是古人类有意识加工的骨器，但制作上比较简单和粗糙③。

庙后山组地层出土动物化石主要有三门马、梅氏犀、肿骨鹿、水牛、李氏野猪、中国鬣狗、变异狼、杨氏虎、瓮氏兔、复齿旱獭和硕猕猴等。一些时代比较早的残留种，如剑齿虎、安氏中华狸等也有发现。庙后山组动物群是由华北中更新世典型动物构成的，同时

① 辽宁省博物馆、本溪市博物馆：《庙后山——辽宁省本溪市旧石器文化遗址》，文物出版社1986年版，第30－31页。

② 辽宁省博物馆、本溪市博物馆：《庙后山——辽宁省本溪市旧石器文化遗址》，文物出版社1986年版，第31页。

③ 辽宁省博物馆、本溪市博物馆：《庙后山——辽宁省本溪市旧石器文化遗址》，文物出版社1986年版，第30页。

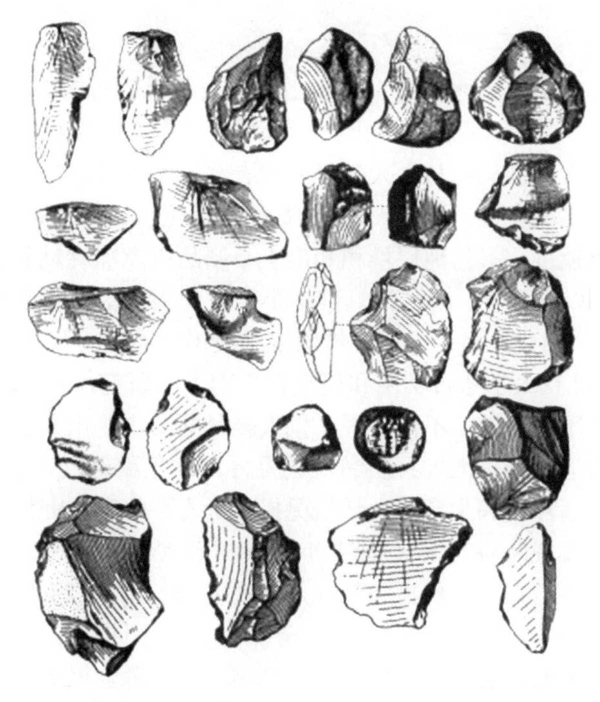

庙后山遗址庙后山组（4～6层）石制品

也包含了少数华北早更新世甚至第三纪的残留动物种类①。

庙后山人在此生活的初期，气候寒冷，后逐渐变得温暖、湿润，周围生长着松、栎等针、阔叶树林，林中栖息着梅氏犀、德氏水牛、硕猕猴、杨氏虎等动物；汤河中生长草鱼、鲤鱼等鱼类。庙后山人集体居住在洞穴中，过着群居生活。年长者主持着这个群体。他们在四周的山林中，用石球、木棒追捕野兽；在汤河中捕捞鱼、贝；在果实成熟季节则采集可食的野果、榛子，补充渔猎食物之不足。在长期的劳动中，逐渐出现了自然分工，男子从事狩猎、捕捞等较重的体力劳动，女子则从事采集植物果实、挖掘植物可食根茎等较轻松的劳动。青壮男子是狩猎的主力，经常与虎、狼、鬣狗、狸、野猪等野兽搏斗。由于工具简陋，他们必须依靠集体的力量才能猎杀大型猛兽。对于一些运动速度较快的马、鹿等，他们往往集体围捕，利用智慧将野兽驱赶至悬崖，使其无路可走，坠崖摔死而猎获。捕鱼则使用植物藤蔓编制的类似篱笆形定置“网墙”，按河流走向设于浅水区捕获各种鱼类，或用石球等击打捕捉个体较大的草鱼、鲤鱼等习近岸栖息的鱼类。由于男子从事的狩猎、捕捞具有不稳定性，有时满载而归，有时却一无所获。每当无所收获时，只能以妇女们采集的野果或储存的植物干品充饥。妇女们采集的主要品种有野果、块根、松子、榛子、野核桃、板栗等，在庙后山人的食物构成中占有很大比例。

庙后山人生活的时代，生产力十分低下，他们既捕猎野兽，同时又受到猛兽的威胁，还要同恶劣的自然环境作斗争。他们使用简陋、粗糙的工具，在劳动中改造着大自然，同时也改造了自己。

---

① 辽宁省博物馆、本溪市博物馆：《庙后山——辽宁省本溪市旧石器文化遗址》，文物出版社1986年版，第55页。

（二）金牛山人及其文化

金牛山是辽宁省南部渤海之滨的一座小山丘，位于大石桥市南 8 千米永安乡西田村。20 世纪 40 年代这里就曾发现哺乳动物化石，但并未发现人类文化遗物。从 20 世纪 70 年代开始，中国科学院古脊椎动物与古人类研究所、北京大学考古学系和辽宁省博物馆联合对金牛山遗址进行了多次发掘。不仅发现了 76 种动物化石，而且在 A 地点和 C 地点发现了石制品和人类用火遗迹。根据地层堆积和出土石制品以及哺乳动物化石分析，A 地点和 C 地点文化遗物都可以分为早、晚两期。其中早期时代为中更新世晚期，与周口店北京人遗址上部堆积相当①。因此，金牛山遗址被确定为我国旧石器时代早期文化遗址。20 世纪 80 年代和 90 年代，北京大学考古学系和辽宁省文物考古研究所联合对金牛山遗址又进行了多次发掘，取得了重大突破。不仅发现了世人瞩目的“金牛山人”化石，而且在同一地层中发现了多处用火遗迹和一大批石制品及近万件有人工敲砸痕迹的碎骨片②。上述发现为恢复当时人类的生活环境和生产、生活情况提供了重要的实物资料。

金牛山人化石的发现荣膺当年（1984 年）我国五大考古发现之首，当年世界十大科技进展项目之一。金牛山人化石包括头骨（缺下颌）、脊椎骨、肋骨、尺骨、髌骨、髋骨、腕骨、掌骨、指骨、跗骨、股骨、趾骨等。全部化石出于同一层面且分布集中、颜色相同，腕骨、掌骨、关节面都能吻合，属同一个个体。研究者曾根据金牛山人头骨大的特点推断其为男性。后来经进一步研究，发现其骨骼表面比较光平，头骨顶结节较发育，乳突较扁弱，特别是髋骨（骨盆的重要组成部分）形态和测定结果都显示出女性的特点，最终定位金牛山人是一位 20～22 岁的女性。

金牛山人头骨既有早期智人的若干特征，又有北京人 5 号头骨的某些原始性状。但从总的形态特征观察，较北京人头骨进步，更接近属于早期智人的大荔人。然而尺骨却保留更多的原始性状，反映了人类体质发展的不平衡性。著名古人类学家吴汝康认为金牛山人当属早期智人的范畴；③ 著名考古学家吕遵谔则认为金牛山人当属晚期直立人向早期智人过渡阶段，并将其称为“智猿人”。④

金牛山人遗址还发现灰堆 11 个，灰烬层 2 处。灰堆多呈圆形或椭圆形，底部一般呈浅锅底状，往往含有小型动物如兔、鸟及小啮齿类的烧骨，或烧得很透，或烧了一半。小啮齿类动物的肢骨和下颌骨数量最多且烧得最透。最大的 9 号灰堆直径为 77 厘米 ×119 厘米，其底部用石块垒出一个近圆形石台，上面可以生火，灰烬层顶部和中间也有规律地分布着烧石。有几块小型或扁平的石块和有些垫底的石块已被烧得酥软，稍触即脱落或成粉末。根据灰堆的结构推测，灰堆底部垫以石块并留有较大的空隙，是为了空气进入助燃，而灰堆中的石块则是用来“封火”所用。经模拟实验，证明金牛山人已经掌握了“封火”

---

① 金牛山联合发掘队：《辽宁营口金牛山发现的第四纪哺乳动物群及其意义》，《古脊椎动物与古人类》1974 年第 2 期，第 120－127 页。

② 傅仁义等：《金牛山遗址考古新收获及其研究进展》，《辽海文物学刊》1988 年第 1 期，第 62－67 页；吕遵谔：《金牛山遗址 1993、1994 年发掘的收获和时代的探讨》，《东北亚旧石器文化》，1996 年，第 131－144 页。

③ 吴汝康：《辽宁营口金牛山人化石头骨的复原及其主要性状》，《人类学学报》1988 年第 2 期，第 97－100 页。

④ 吕遵谔：《金牛山猿人的发现和意义》，《北京大学学报》（哲学社会科学版）1985 年第 2 期，第 109－111 页；《金牛山人的时代及其演化地位》，《辽海文物学刊》1989 年第 1 期，第 44－45 页。

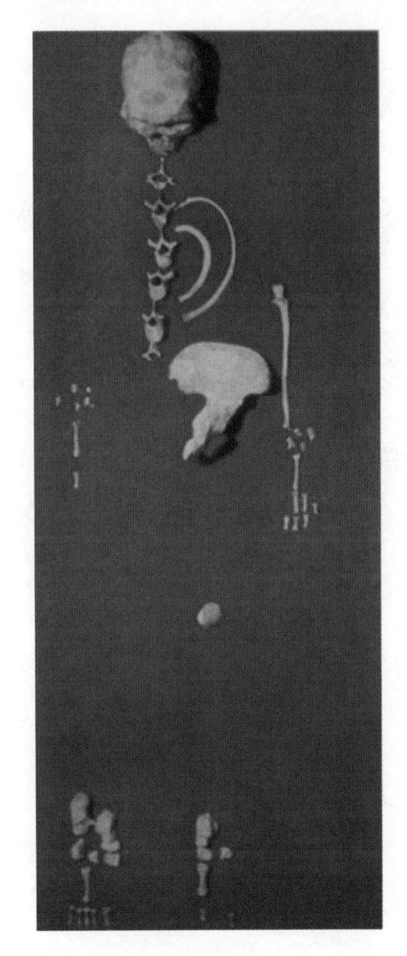

金牛山人化石

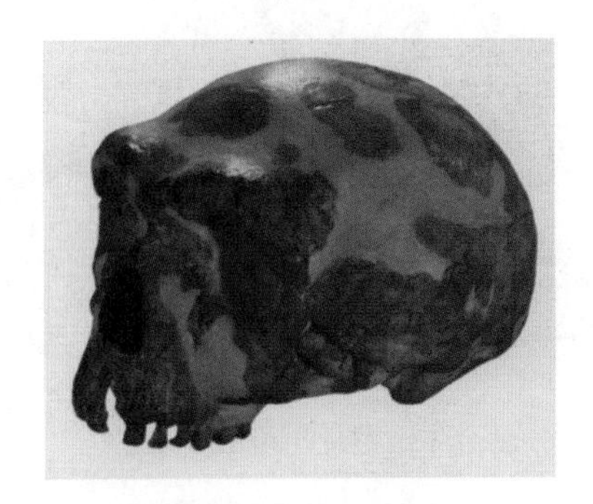

金牛山人头骨（侧面）

保存火种的方法[①][②]。

① 顾玉才：《金牛山遗址发现的用火遗迹及相关的几个问题》，《东北亚旧石器文化》，1996 年，第 273 – 287 页。

② 吕遵谔：《金牛山人的时代及其演化地位》，《辽海文物学刊》1989 年第 1 期，第 44 – 45 页。

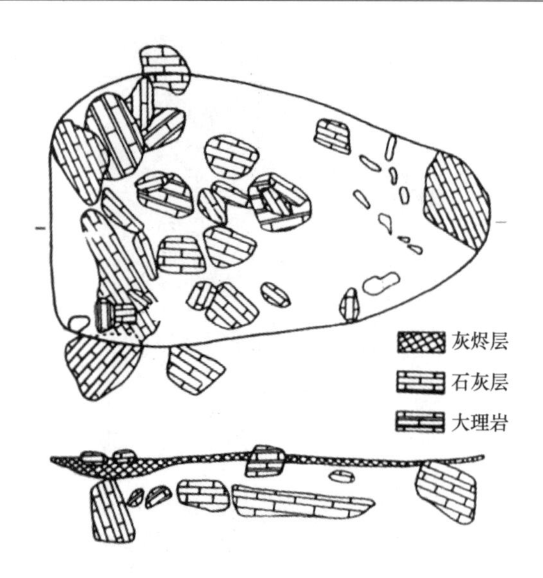

金牛山遗址 9 号灰堆平面、剖面图

金牛山人文化遗物主要是石制品和骨片。石制品原料以石英岩和脉石英为主，种类有石核、石片、刮削器和尖状器等。其中石核个体均小且不规则，多利用自然台面。打片使用锤击法和砸击法，锤击石片多较宽短，砸击石片多较长，二者个体都不大。修理工具多用石锤直接进行，因而加工比较粗糙。加工方向以向背面为主，也有向劈裂面或复向加工的。修理时采用陡直加工，因而石器刃口普遍较钝。剥片方法是采用石锤直接敲击法和砸击法产生石片，多利用自然台面，加工方向以向背面为主，石器种类简单，以中小型为主。以上特征都近于周口店北京人遗址。

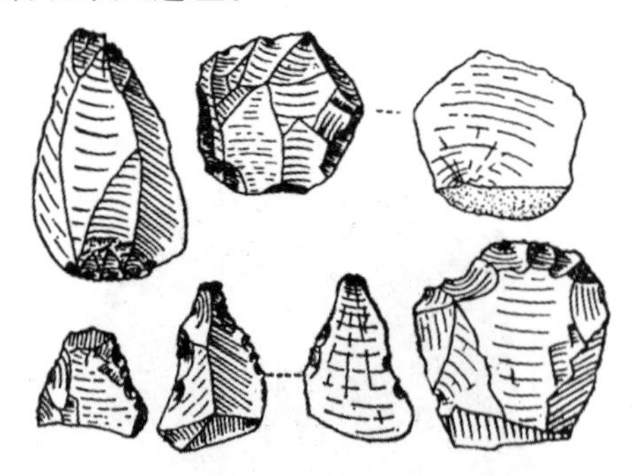

金牛山遗址出土的石制品

骨片几乎到处可见，尤以灰堆周围和层面的中心部位最为稠密，向外则渐次稀疏，有的还经火烧过，说明这些骨片是原地埋藏而不是从洞外搬运或由自然力的作用而形成的。经鉴定，绝大多数的骨片是鹿类的长骨。实验还表明这些长骨都是当时人类敲骨吸髓后留下的。有些骨片上有明显的大型肉食类动物啃咬的痕迹，在烧骨上也可见到。它提示我们，金牛山人不仅猎取兽类作为食物，他们也“抢食”或捡拾食肉类动物的猎物。

金牛山人遗址出土有 52 种哺乳动物化石，绝大部分是我国北方更新世中、晚期常见的动物，主要有最后似剑齿虎、变异狼、中国貉、三门马、梅氏犀、肿骨大角鹿、巨河狸和硕猕猴等。其中最后似剑齿虎和中国貉为第三纪和早更新世的残余种属，肿骨大角鹿是中更新世的典型动物。上述哺乳动物反映出金牛山人生态环境为森林草原型为主，当时古气候的总趋势是由温暖湿润向寒冷干燥方向转化。经铀系法测定，金牛山人距今约28万年。属于中更新世晚期，即旧石器时代早期后段。

金牛山动物群习性与周口店北京人遗址类似，多是喜暖类属，表明当时气候温暖湿润。硕猕猴和剑齿虎的存在，是当时金牛山一带森林茂密、灌木丛生的佐证；而三门马和巨河狸的发现，则证明遗址附近有广袤的草原和辽阔的水域。

金牛山人在这种环境里，一面遭受饥饿和野兽的侵袭，一面用围猎、挖掘陷坑等手段猎捕动物，以获取衣食。他们到近处的河流小溪饮水，用简单的语言呼叫，传递信息，表达情感，共同劳动，共同享用收获，过着原始群居生活。由于生活条件艰苦，环境恶劣，除经常受到猛兽侵袭外，还经常受到疾病的摧残，尤其在自然灾害发生时，只能束以待毙。孩童长成更需千辛万苦，平均寿命很低，能活到35～40岁已是高龄了，群体数量增长缓慢。

（三）骆驼山遗址

骆驼山遗址位于大连市普湾新区骆驼山上。2014年8—10月，大连自然博物馆与中国科学院古脊椎动物与古人类研究所组成的“骆驼山古生物化石抢救性清理项目组”对骆驼山发现化石地点进行了抢救性清理工作，已清理出1 000多件重要标本，上万件碎骨标本，其中包括数十件人工石制品及大量有人工砍砸痕迹的大型食草动物的骨骼。表明骆驼山是一处重要的古人类活动遗址①。

骆驼山遗址出土的哺乳动物化石中有巨河狸、纳玛象、梅氏犀、三门马、杨氏虎、巨颏虎、剑齿虎、中国鬣狗、硕猕猴、肿骨鹿、葛氏斑鹿和李氏野猪等哺乳动物，其中有许多是喜暖动物。这和北京周口店龙骨山发现的动物群相同或相近。据铀系法、裂变径迹法和古地磁法测定，北京人的年代在距今70万年至20万年之间，中国科学院古脊椎动物与古人类研究所专家初步判断骆驼山遗址的时代与周口店北京人遗址第一地点周口店组大致可以对比，其地质时代为中更新世，即大约为距今50万年至30万年。

骆驼山发现的动物群与营口金牛山和本溪庙后山动物群也大致相同，表明这一时期辽东半岛人类是生活在温暖湿润、草木繁盛的温带或暖温带的气候环境当中。

2012年7月，中国科学院古脊椎动物与古人类研究所、辽宁省文物考古研究所等对本溪庙后山洞穴遗址再次进行了发掘，出土石制品上百件、哺乳动物化石上万件。尤其重要的是发现了距今将近50万年的人类用火的火塘遗址。从现场情况分析，灰烬所在的地点就是个火塘，底层铺了一层石头，是洞内就地取材的灰岩，说明这是人为控制的，火塘边还有很多烧骨。火塘遗址是和20世纪80年代发现的用火痕迹处于同一地层，距今约50万年至30万年②。

庙后山、金牛山和骆驼山遗址是辽宁乃至中国东北最早出现人类的地方，而且集中在

---

①《大连骆驼山发现一处重要古人类活动遗址》，《大连日报》2014年11月10日A1版。

②《本溪庙后山惊现50万年火塘遗址　人类疑起源东北》，《辽沈晚报》2012年10月10日第1版。

辽东半岛。上述遗址的发现和发掘，对于研究我国华北和东北旧石器文化向朝鲜半岛、日本列岛迁徙和扩散具有重要的意义。20世纪70年代，著名考古学家裴文中就已指出：中国和日本之间在旧石器时代文化方面有许多共同性和一致性①。裴文中的论断已被后来的考古发现所证实。海洋资料表明，在地质史上日本列岛与亚洲大陆曾是互相连接的，日本海曾是“内陆湖”②。这样的古地理地貌，无疑为我国华北和东北、朝鲜半岛、日本列岛之间古人类的交流创造了必要的条件，从而使得我国华北地区的古人类向朝鲜半岛、日本列岛迁徙和扩散成为可能。

二、旧石器时代中期的人类与文化

辽宁发现的旧石器时代中期的人类与文化最有典型意义的是小孤山文化和鸽子洞人及其文化。

（一）小孤山文化

小孤山洞穴遗址位于辽东半岛北部海城市孤山乡小孤山村东南海城河右岸的三角山坡脚下。该洞穴保存完好。洞口向南偏西宽5.8米，深19米，面积约90平方米。洞顶有两个窟窿，最高的一个高出洞内堆积物顶面4.8米。洞内堆积最厚处在6米以上。1981年秋，辽宁省博物馆主持对小孤山洞穴遗址进行试掘，确认洞内堆积包括更新世和全新世地层③。根据中国科学院学部委员、著名地质学家、考古学家贾兰坡建议，1983年夏，辽宁省博物馆主持对小孤山洞穴遗址进行正式发掘，中国科学院古脊椎动物与古人类研究所、北京大学和国家地震局地质研究所等单位参加，并承担了同位素年代测定和孢粉分析等项研究。此次发掘约占整个洞内堆积的70%，从更新世地层中出土了约1万件石制品、一批精美的骨角工具和垂饰，以及人工砸碎的兽骨和灰烬、炭屑等用火证据，与上述遗物、遗迹共同出土的丰富的动物化石④。

经1983年以来中国科学院古脊椎动物与古人类研究所、中国社会科学院考古研究所、北京大学考古学系（今北京大学考古文博学院）和城市与环境学院等多个研究机构共同努力，以放射性碳同位素（^{14}C）和释光测年获得了小孤山洞穴遗址的27个年龄数据。在此基础上建立的小孤山遗址年代框架可以简述为：第1层河流堆积的年龄为距今8万年左右；第2层开始堆积的年龄为距今5.6万年，结束于距今3万年；第3层的年龄为距今3万年至2万年；第4层堆积的年龄为距今1.7万年左右。第5层为全新世堆积，以前所获年龄数中最老的一个为距今9 000年，最年轻的一个为距今4 000年。另外，牛津大学实验室用AMS^{14}C直接测定此层中的人类骨架的两个年龄数据为距今5571年±98年。上述结果表明遗址堆积层下单元（第1~4层）属于晚更新世，上单元属于全新世。小孤山遗址时代覆盖了旧石器中期和晚期。准确地说，是中期的中段和后段，以及晚期的前段和中

① 裴文中：《从古文化及古生物看中、日的古交通》，《科学通报》1978年第12期，第14－16页。

② 林景星：《古渤海的变迁》，《化石》1979年第2期，第16－17页。

③ 傅仁义：《鞍山海城仙人洞旧石器时代遗址试掘》，《人类学学报》1983年第1期，第103页。

④ 张镇洪等：《辽宁海城小孤山遗址发掘简报》，《人类学学报》1985年第1期，第70－79页；黄慰文等：《海城小孤山的骨制品和装饰品》，《人类学学报》1986年第3期，第259－266页。

小孤山洞穴遗址远景

段，年代上从距今8万年持续至2万年或1.7万年，长达6万多年①。而小孤山旧石器遗物和动物化石主要出自第1、第2和第3层②，即距今8万年至2万年。

石器工具是小孤山旧石器文化的组成部分，由石核、石片、工具、碎屑和备料5个部分组成。碎屑占了大多数。除少数石制品以石英岩、闪长岩等为原料外，绝大多数都采用脉石英打制。上述原料均为本地所产，在遗址附近的海城河河床和山坡上很容易找到。以脉石英为主的原料结构成为制约小孤山石器工具技术与类型学特征的关键因素。

小孤山石器的类型丰富多样。不仅有砍斫器、手斧、手镐和球状器等重型工具，还有占比重大得多的钻具、鸟喙状器、边刮器、盘状器、锯齿刃器、凹缺器、雕刻器和尖状器等轻型工具。在工具组合中，钻具和盘状器数量最多。其次是鸟喙状器和边刮器。砍斫器和球状器所占比例较小，锯齿刃器、凹缺器、雕刻器、手斧、手镐和尖状器等所占比例最低。

砸击和锤击是小孤山石器工具最常用的两种打片技术，前者占优势。由于用这两种方法生产的石片大多为规范程度较差的普通石片，而绝大多数石器又是以它们为毛坯加工而成，所以，总的来说，小孤山石器规范程度比较差。小孤山也存在少量石叶和形状规范的石片，包括少量以石英岩、闪长岩等为原料的标本。用它们加工成的工具可以与西方同期燧石工具媲美③。

小孤山石器工具首先在结构上具有突出的多样性和复杂性。如前所述，这个工具既有类型丰富的轻型工具，也有一定比例的重型工具；既有大批中期和晚期流行的类型，如尖状器、鸟喙器、钻具、盘状器、锯齿刃器、凹缺器、边刮器和雕刻器等；又有一定比例的旧石器初期流行的手斧、手镐和球状器。因此，小孤山工具结构上具有突出的多样性和复杂性。其次，小孤山石器工具在技术上既可以看到整个旧大陆（欧、亚、非）旧石器时代使用最为普遍和最普通的锤击法和砸击法，也可以看到一些过去被视为“西方特色”的标

① 辽宁省文物考古研究所：《小孤山——辽宁海城史前洞穴遗址综合研究》，科学出版社2009年版，第21－28页。

② 辽宁省文物考古研究所：《小孤山——辽宁海城史前洞穴遗址综合研究》，科学出版社2009年版，第177页。

③ 辽宁省文物考古研究所：《小孤山——辽宁海城史前洞穴遗址综合研究》，科学出版社2009年版，第140－144页。

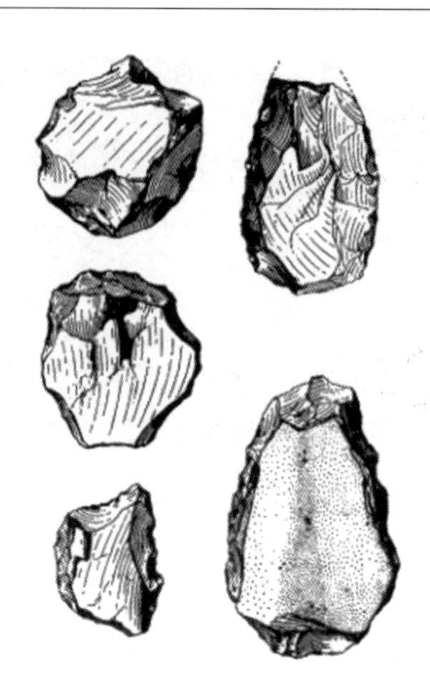

小孤山洞穴遗址出土的石制品

志性技术。因此，小孤山工具在技术上也具有突出的多样性和复杂性。

至于钻具、雕刻器和石叶工具等欧洲旧石器晚期流行的类型在小孤山工具中不仅数量有限，技术上也不成熟，不是构成整个工具的关键部分。综上所述，将小孤山石器工具看作一个具有发达的旧石器文化中期元素，同时又结合了某些晚期文化元素的工具也许是比较恰当的。

小孤山旧石器文化两件穿孔兽牙来自层位比较低的第2层，是用食肉类犬齿制成，先将齿根磨薄，再从两边对钻孔。穿孔蚌壳周边布满一圈放射状划沟纹，沟内残留红色染料，可能是赤铁矿粉末。同位素年龄为距今5.6万年至3万年，相当于旧石器时代中期①。

从时代而言，小孤山动物群大部分成员为典型的晚更新世类型，如北方赤狐、猛犸象、披毛犀、普氏野马、北京斑鹿、马鹿、东北狍、普氏羚羊和青羊等。动物群中的绝灭种类有中华貉、古豺、最后斑鬣狗、鬃猎豹、中华猫、普通猛犸象、梅氏犀、披毛犀、三门马、河套大角鹿、东北野牛和原始牛，共计12种，占动物群种类总数的30%。这个比重在中国北方晚更新世哺乳动物群中属于比较早的一个。另外，上述绝灭种类中的最后斑鬣狗、梅氏犀、三门马和原始牛等又是更新世动物群中比较早绝灭的种类，表明小孤山动物群的总体性质比其他已知中国北方晚更新世动物群更加古老。总之，根据动物群的性质判断，小孤山动物群的时代应属于晚更新世的早、中期。

从动物地理学来看，小孤山动物群中可鉴定到种的种类，如北方赤狐、洞熊、猛犸象、披毛犀、普氏野马、三门马、马鹿、东北狍、普氏羚羊等均分布在北方区，而其他种类则在南、北均有分布，但以北方为主。另外，真正属于中国南方常见种类只有麂一种。因此，小孤山动物群可以说是一个比较典型的北方地区动物群。

---

① 辽宁省文物考古研究所：《小孤山——辽宁海城史前洞穴遗址综合研究》，科学出版社2009年版，第176页。

小孤山动物群中食肉类比较多，有 14 个种类。其次是偶蹄类，有 13 种。再次是啮齿类和奇蹄类，分别为 5 个种类和 4 个种类。余下的种类很少。因此，从食性来看，小孤山动物群是一个以适宜生活在森林和草原环境为主的动物群。再从动物地理学角度来看，小孤山动物群的成分显示出一定的复杂性。例如，普氏野马、马鹿、普氏羚羊、转角羚羊是温带的常见种类，占比重不大的猛犸象和披毛犀是寒冷地带动物。对比之下，在动物群中稍占优势的是中华貉、猎豹、梅氏犀、麂和水牛等喜暖种类。所以，根据动物群重建的生态环境可以表述为：当时小孤山一带应以开阔的山间草原为主，其间镶嵌有局部的森林和混交林，属于北温带半湿润—半干旱的大陆性季风时候。当时的平均气温略高于现在。不过，在气候波动时又比现在冷得多①。

小孤山中期人类主要生活在严酷的末次盛冰期（距今 2.3 万年至 1.3 万年）到来之前，尽管其间发生过冷—暖、干—湿波动，但总的来说气候环境比较好。那时小孤山人类周围是广袤的草原，野马、野驴、羚羊、原始牛、野牛、披毛犀和猛犸象等驰骋其间，成为小孤山人类猎取的主要对象。小孤山遗址数量大、内容丰富和时间跨度大的人类文化遗物和共生动物化石的出土就是很好的证明。

（二）鸽子洞人及其文化

鸽子洞遗址位于喀喇沁左翼蒙古族自治县甘昭乡的大凌河上游右岸，岸边为奥陶纪灰岩和侏罗纪紫红色砂页岩区。鸽子洞是上、下两带洞穴的下带洞穴之一，深嵌于河岸边悬崖峭壁之间，洞口朝东向阳，高出大凌河水面约 35 米。1965 年，辽宁省博物馆孙守道在考古调查时发现并探掘②。1973 年，辽宁省博物馆和中国科学院古脊椎动物与古人类研究所等单位联合进行了发掘③。

鸽子洞实际上是一座宽敞高大并包括有若干附生小洞的岩厦式洞穴群，可分为主洞、中洞、下洞以及遗址文化层堆积所在的“勺子洞”共 5 个部分。巨大的主洞高约 20 米，宽约 12 米，进深不足 10 米；在主洞陡直的后壁右上部进深 10 余米另形成一小洞室，是为上洞，上洞高 3 ~4 米，宽 7 ~ 8 米；在主洞左壁的中部复向外延伸，穿成一较宽的洞室，是为中洞；在中洞的下面又复穿一无顶、露天穴室，且向前伸近 10 米，并开有狭小的洞口可出入，全形若勺，这便是当地所称的“勺子洞”；又在主洞开口处的地面下边，由于水沿岩隙下渗，溶蚀成口小底大、形如袋穴的小洞，是为下洞，因大量的食肉类动物化石堆积于下洞，故又被称之为“化石洞”。整个鸽子洞洞群开口向阳，光线充足、进深浅且较干燥，十分适于原始人群在此栖息。全洞除下洞不能居住外，主洞、上洞、中洞和勺子洞共可容几十人甚至上百人居住。洞临大凌河，有足够的水源，洞外对岸有开阔的台地，附近丘陵起伏，是远古人类进行狩猎等生产活动的理想场所。

勺子洞是鸽子洞遗址有文化堆积的主要部位。洞室在后部，自洞口经一过道到达此洞

---

① 辽宁省文物考古研究所：《小孤山——辽宁海城史前洞穴遗址综合研究》，科学出版社 2009 年版，第 174 – 175 页。

② 孙守道：《辽宁喀左鸽子洞旧石器文化遗址首次探掘报告》，《东北亚旧石器文化》，1994 年，第 145 – 160 页。

③ 鸽子洞发掘队：《辽宁鸽子洞旧石器遗址发掘报告》，《古脊椎动物与古人类》1975 年第 2 期，第 122 – 136 页。

鸽子洞洞穴遗址远景

室，全长将近15米，洞室东西长约15米，南北宽不足3米。本身无洞顶，却有鸽子洞主洞岩厦之顶高悬其上，空敞如开天窗，故不仅洞内光线充足，且可避风雨、散炊烟，十分有利于原始人在此居住。[①] 洞内地层堆积相当厚，自上而下可分为6层，其中第2、第3层是这个洞穴遗址的主要堆积。

鸽子洞遗址的人类化石在发掘报告中并未提到。1981年张镇洪提到鸽子洞曾发现1枚智人牙齿化石[②]；1992年吕遵谔进一步描述了其于1975年发掘的动物碎骨中捡出的顶骨碎片、颞骨残块和髌骨三件人类化石，并认为他们可能属于同一个体，应属于晚期智人[③]。

鸽子洞遗址的用火遗迹集中在勺子洞，灰烬层厚达50厘米，灰烬层之间皆隔有薄薄的黄土夹层，证明当时火是有间断的，允许生而灭，灭而复生，故而推测居住在鸽子洞的人类已掌握了人工生火的技术[④]。

鸽子洞遗址发现的260件石制品以石英岩为最多，主要包括用锤击法打片后留下的石片、石核和石锤、刮削器、尖状器、雕刻器、砍砸器等工具，有少量的长石片。有一部分碎骨肯定有人工打击痕迹。

① 郭大顺、张星德：《东北文化与幽燕文明》，江苏教育出版社2005年版，第67－68页。

② 张镇洪：《辽宁地区远古人类及其文化的初步研究》，《古脊椎动物与古人类》1981年第2期，第184－192页。

③ 吕遵谔：《鸽子洞的人类化石》，《人类学学报》1992年第1期，第10－12页。

④ 郭大顺、张星德：《东北文化与幽燕文明》，江苏教育出版社2005年版，第68页。

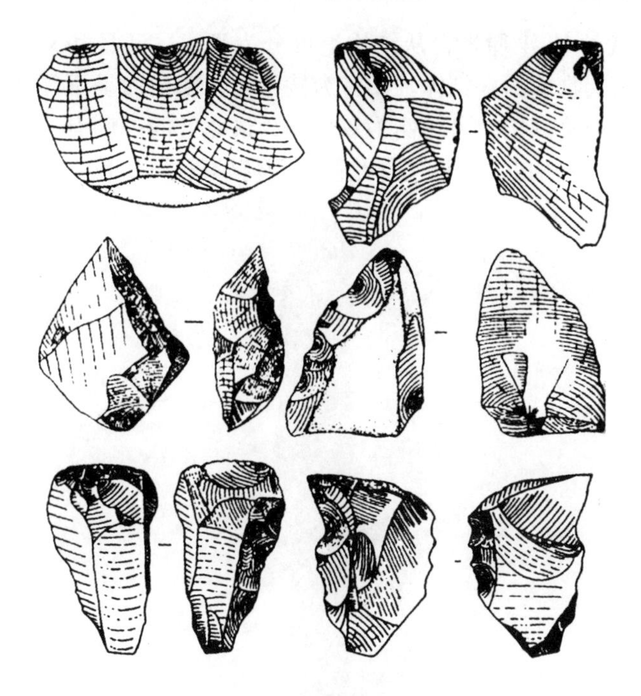

鸽子洞遗址出土的石制品

鸽子洞遗址发现的哺乳动物化石共有 22 种，分别为达呼尔鼠兔、野兔、硕旱獭、简田鼠、鼢鼠、黑鼠、仓鼠、直隶狼、沙狐、虎、豹、猞猁、小野猫、最后鬣狗、野马、野驴、披毛犀、野牛、羚羊、岩羊、鹿等，既有东北地区猛犸象—披毛犀动物群的一些成员，但更多的是华北地区更新世动物群的成员。鸽子洞遗址的年代为旧石器时代中期之末，距今约 5 万年。

鸽子洞人类生活在较寒冷的森林和半草原型的生态环境，狩猎的猎获物是他们生活的主要来源。在勺子洞中心部位分布的灰层中有烧骨，最多的是羚羊，所出的石器大多为刮削器，可知这里是鸽子洞人类肢解、割剥、刮削和烧烤动物，直至敲骨吸髓的场所，而其他的洞室则是他们的栖息之处。

三、旧石器时代晚期的人类与文化

进入旧石器时代晚期，人类的活动范围不断扩大，征服大自然的能力进一步增强。在辽宁发现的这一时期的遗址已达 10 余处，代表性遗址和人类化石主要有海城小孤山洞穴遗址晚期遗存、本溪庙后山东洞遗址、营口金牛山遗址上层遗存、大连古龙山洞穴遗址、丹东前阳洞穴遗址、建平人化石、凌源西八间房遗址等。

（一）小孤山洞穴遗址晚期遗存的骨角器

明确属于小孤山洞穴遗址晚期遗存的主要是骨角工具，包括骨（角）渔叉、骨尖状器和骨针等，都出土于第 3 层，^{14}C 和光释光（OSL）测定结果为距今 3 万年至 2 万年，相当于旧石器时代晚期的较早阶段。

骨（角）渔叉残长18.1厘米，从结构上可分为叉头、叉身和叉柄3部分。叉头为上下面和左右侧均向尖端收缩的扁锥体。叉身为棱柱体，横剖面呈不等边五角形，靠近叉头处有两排倒钩，一侧为单倒钩，另一侧为双倒钩，最宽处的一侧有一呈缓坡状突起，似青铜戈“阑”，中央有一小切口。叉柄尾部是削得很薄的楔状叶片。

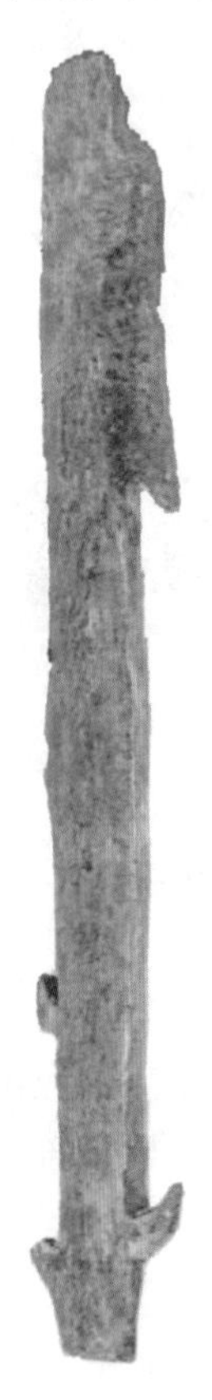

小孤山遗址出土的骨（角）渔叉

渔叉在欧洲旧石器时代晚期，尤其是后一阶段的马格德林文化（距今1.7万年至1.15万年）十分流行，以鹿角或兽骨为原料，采用切、锯、削、磨等技术制成。马格德林文化中期渔叉流行单排倒钩型，晚期流行双排倒钩型。小孤山渔叉技术风格上属后者，但年代则比欧洲同类制品早得多。在小孤山渔叉未发现之前，中国乃至东亚北部旧石器遗址中尚未见报道过，而且至今也未有新的材料补充。小孤山渔叉是其文化进步的一个重要标志，它的发现为进一步研究旧石器时代晚期文化打下了良好的基础[①]。

骨尖状器是组成标枪的重要构件，即矛头。小孤山出土的骨尖状器用动物肢骨制成，柄部已残缺，残长7.6厘米，器身大体上呈扁锥体，经过磨光。骨尖状器在中国旧石器文化中尚无材料可以对比，但在欧洲却是旧石器晚期奥瑞纳文化（距今3.4万年至2.7万

① 辽宁省文物考古研究所：《小孤山——辽宁海城史前洞穴遗址综合研究》，科学出版社2009年版，第149页。

年）的特色之一。它的出现标志人类利用动物骨、角原料制作工具在技术与类型上已进入成熟阶段①。

共出土骨针3枚，一般长6.1~7.7厘米，宽0.34~0.45厘米，针孔内径0.16~0.21厘米，都是用动物肢骨作料，刮、磨兼用，主要采用刮削的方法加工器身，然后用尖状石器对钻出针孔，再用磨制的方法磨出锐尖，骨针的尾部也从两面细磨，使尾部呈扁平状，这样在缝纫时因针孔扩大而有助于线随针过，不致因线粗而使线卡在针孔处不能通过，也减少了断线和骨针的折断。这种工艺与今人所用钢针尾部的扁槽起到同样的作用②。这3枚骨针制作工艺精湛，针体表面磨制纤细，是长期使用的结果。

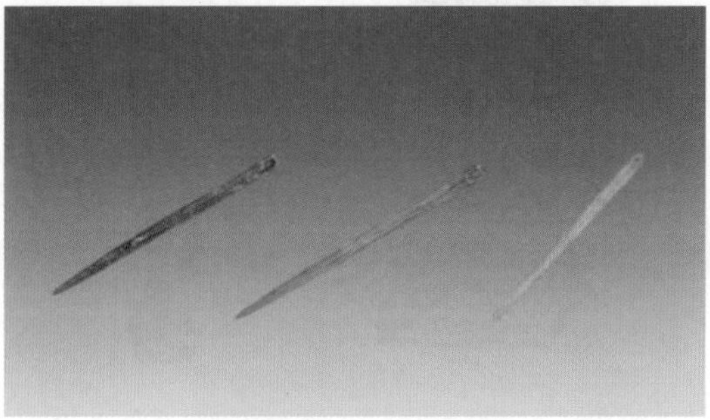

小孤山遗址出土的骨针

骨针的出现，表明人类已可以缝制兽皮衣服增强防御寒冷的能力，从而有可能向较寒冷的地区扩展，在人类的发展史上具有深远的意义，也是小孤山人类文化进步的又一重要标志。小孤山遗址发现的这3枚骨针是目前中国境内发现最早的标本，在时间上比北京周口店山顶洞遗址发现的骨针要早，在制作工艺方面较之山顶洞骨针更胜一筹。

在欧洲，骨针最早见于奥瑞纳文化晚期，但一般比较粗大而且针孔壁参差不齐。至梭鲁特文化和马格德林文化，骨针流行，制作技术大有改进。小孤山骨针制作技术和梭鲁特文化、马格德林文化骨针更为接近，但年代要比它们早③。

（二）庙后山东洞遗址

庙后山东洞遗址据庙后山洞穴遗址东约100米，比庙后山洞穴遗址高约25米。考古工作者在发掘庙后山洞穴遗址的同时，对东洞遗址进行了小规模的试掘，出土了人类化石、石制品和哺乳动物化石。④

庙后山东洞遗址人类化石为2块顶骨，1根桡骨，属于2个幼儿个体。

石制品仅发现石英岩石片1件。

与顶骨共同出土的哺乳动物化石有最后斑鬣狗、棕熊、更新麠、斑鹿和欧洲野兔等。时代：晚更新世末期，即旧石器时代末期。

---

① 辽宁省文物考古研究所：《小孤山——辽宁海城史前洞穴遗址综合研究》，科学出版社2009年版，第149页。
② 黄蕴平：《小孤山钢针的制作和使用研究》，《考古》1993年第3期，第260－268页。
③ 辽宁省文物考古研究所：《小孤山——辽宁海城史前洞穴遗址综合研究》，科学出版社2009年版，第176页。
④ 辽宁省文物考古研究所：《庙后山——辽宁省本溪市旧石器文化遗址》附录《东洞遗址》，第98－101页。

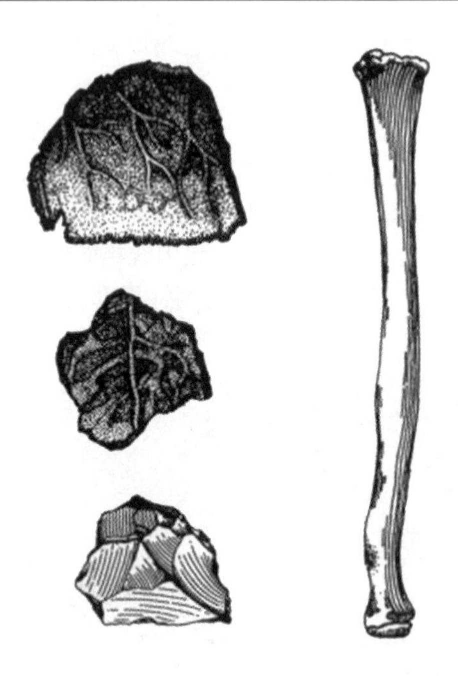

庙后山东洞遗址出土的人类化石和石制品

东洞遗址出土遗物虽少，但足以表明在旧石器时代末期人类仍然生活在庙后山的周围地区。

（三）金牛山遗址上层遗存

属于金牛山遗址上层遗存的堆积单位主要有 C 地点的 1～3 层和 E 地点。C 地点的上层发现 2 件磨制骨器和少量哺乳动物化石；E 地点仅出土有哺乳动物化石①。

金牛山遗址上层遗存骨器采用了打、刮、磨和对挖等技术，其中 1 件为扁尖骨锥。

动物化石主要有披毛犀、恰克图转角羚等。

根据骨器加工工艺和出土哺乳动物化石，金牛山遗址上层遗存的地质时代为晚更新世晚期，相当于旧石器时代晚期。

（四）古龙山洞穴遗址

古龙山洞穴遗址位于瓦房店市（复县）市郊附近的古龙山东坡。发掘洞口海拔高度 74.8 米。洞口高出当地河水水面约 15 米。1981 年 4 月发现，同年秋和 1982 年夏，大连自然博物馆两次进行发掘。

经大连自然博物馆两次较大的发掘和洞穴存留的形态及工人提供的证据，可知这里原为一较大的洞穴，但因以往长久开采石灰岩，已不复存在。发掘的只是一个上宽下窄的叉洞，其最宽处 1.2 米，最窄处仅有 0.5 米，总长度 62 米。由于这个洞是主洞的一个叉洞，那时的人类可能居住在主洞中，而把这个叉洞当作丢弃骨碴的垃圾堆，所以才会使这里的

① 金牛山联合发掘队：《辽宁营口金牛山旧石器文化研究》，《古脊椎动物与古人类》1978 年第 2 期，第 129－143 页。

骨骼达上万件堆积在一起。

古龙山洞穴遗址文化遗物包括石器和骨器。石器仅出土 4 件，分别为半边石片 1 件、石核 1 件、端刃刮削器 1 件、复刃刮削器 1 件。这几件石制品都是采用硬锤直接向背面加工修理而成，其中工具都是小型器。不过，从古龙山遗址这极贫乏的石器资料，仍可以得出其接近于旧石器晚期小石器为主的技术传统，而与长石片——细石器技术传统显得远一些。这些石制品的打片技术、毛坯性质、修理方式和类型均常见于小孤山的石器当中，两者在文化上存在着密切联系①。

古龙山洞穴遗址出土的石器

古龙山洞穴遗址出土的碎骨和骨制品多达上万件。骨制品进一步可区分为初级产品、管状骨制品和片状骨制品 3 类。初级产品类有 2 件带长疤的片状碎骨和骨片；管状骨制品是指在管状碎骨的一端或两端有连续打击痕迹的骨制品。主要分尖型、铲型、单边型、端刃型和不规则型几种；片状骨器是指一侧或一端、两侧或两端有连续小疤的标本，其修理方式主要以向外壁加工为主，复向和内向其次，错向最少，依形态不同可划分为锐尖型、钝尖型、锥尖型、扁尖型、雕刻器型、边端不规则型、单边直刃型和端刃型等②。

古龙山洞穴遗址出土动物化石共有 77 个种属，其中鱼类 2 种，爬行类 1 种，鸟类 17 种，哺乳动物 57 种。这个动物群除鸟类、小哺乳动物、肉食类、马类外，尚有鱼类鲤、黄桑鱼；爬行类鳖；哺乳类猛犸象、披毛犀、野猪、河套大角鹿、东北马鹿、加拿大马鹿、东北斑鹿、东北狍、王氏水牛、水牛、原始牛、家牛、扭角羚、普氏羚羊、羚羊等。古龙山动物群与山顶洞动物群十分接近。这两个动物群食肉类总数所占比例较大是共同特点，这与两者都为山地环境有关。山顶洞动物群南方种类较多，而古龙山动物群则较少，但含有更多的喜冷环境的成员，如猛犸象、猞猁、加拿大马鹿等。这两个动物群所在的位置的纬度虽然相同，但由于地理上的原因而显示出差别。这种差别就是山顶洞动物群为我国南、北方动物混合的类型；而古龙山动物群为华北、东北地区动物混合的类型。古龙山动物群与哈尔滨顾乡屯动物群属同种的数量达 19 种之多，两者有很大的相似性③。

经中国科学院古脊椎动物与古人类研究所实验室^{14}C 测定，古龙山洞穴遗址主要产化石的层位和含石器地层的年代为距今 17 610 年 ±240 年，为更新世晚期，即旧石器时代

① 周信学等：《大连古龙山遗址研究》，北京科学技术出版社 1990 年版，第 14 – 16 页。
② 周信学等：《大连古龙山遗址研究》，北京科学技术出版社 1990 年版，第 4 – 14 页。
③ 周信学等：《大连古龙山遗址研究》，北京科学技术出版社 1990 年版，第 79 页。

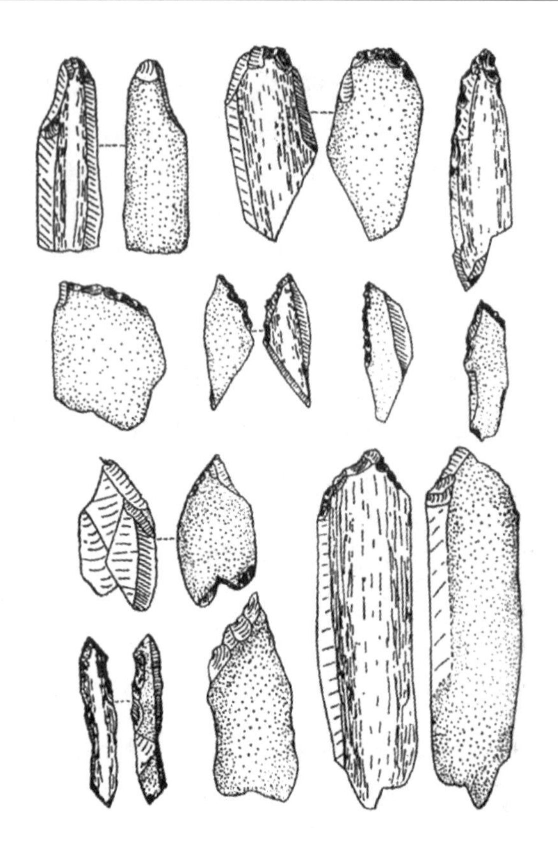

古龙山洞穴遗址出土的骨制品

晚期。

1.7 万年前的古龙山地区环境与现今大不相同，年平均气温为 3 ~ 6℃，比现在低 3 ~ 4℃；年降雨量约 400 毫米，比现在少 200 毫米。古龙山背后，山峦起伏，密林成片，丛林中隐藏着虎、狼、熊、豹等猛兽；山脚下河流环绕，鲤鱼、黄桑鱼游来游去；岸边各种水禽时而飞起，时而落下；远处是广阔草原，成群的马、牛、羊、鹿穿梭其间。古龙山人类猎取最多的是已被命名的“大连马”，至少发现 200 个个体。这些马绝大部分牙齿冠部都较长，属青壮年个体。这就说明它们的死亡原因不属自然淘汰，而是人类的捕杀。捕杀的手段主要是采用集体围追，把动物赶下悬崖摔死和挖陷阱等方法。另外，经进一步对马的牙齿进行切片，发现这些马的死亡时间均为夏秋季节。毫无疑问，古龙山人类是中国东北旧石器时代晚期的猎马人。

（五）前阳洞穴遗址

前阳洞穴遗址位于丹东东港市（东沟县）西南 35 千米前阳乡白家堡村，山体基岩为奥陶纪灰岩，洞穴标高 89.83 米，周围是低山丘陵，最高峰海拔 159.1 米，洞口方向南偏西，可避风寒。洞前室一片开阔台地，沟谷间一条古河道从东南面向宽阔的平原，一直延伸到黄海北岸。

前阳洞穴遗址于 1982 年由辽宁省和丹东市考古部门进行了发掘。发现了一批人类化石、哺乳动物化石和石制品①。

前阳洞穴遗址远景

前阳洞穴遗址出土人类化石包括头盖骨、下颌骨、左侧股骨各 1 件及 6 枚牙齿，分属两个个体。头盖骨属圆头型，颅内脑膜动脉沟清晰，属于晚期智人特征，肌肉附着处不明显等则表现为女性特征，头盖骨人字缝和冠状缝的内外侧均未完全愈合，厚度也甚薄。其年龄不足 20 岁。下颌骨保存相当完好，第一臼齿和犬齿磨蚀程度甚微，下颌粗壮度较小，表面较光滑等，也显示出女性特征。左侧股骨较细腻，骨左侧股骨骺未愈合，为未成年人特征。研究者由此推断，以上骨骼为一未成年女性个体。另在第 3 层中发现的牙齿，可能是另一成年个体。

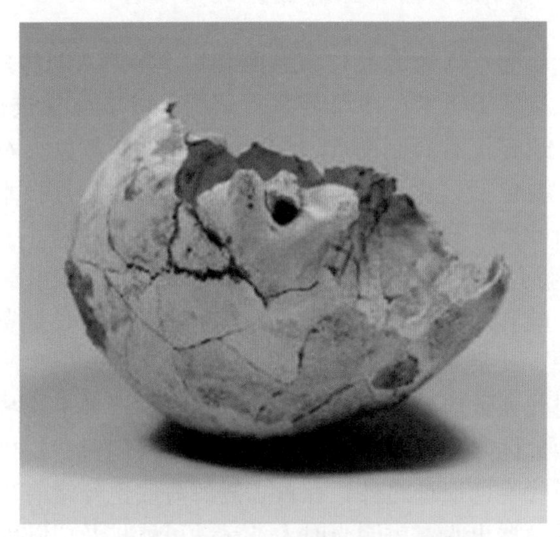

前阳洞穴遗址出土的人类头盖骨化石

前阳人主要包括两个个体，总的来看是黄色人种的体质特征，十分接近中国华北人

① 林一璞等：《辽宁丹东地区旧石器末期人类化石的发现》，《辽宁省本溪丹东地区考古学术讨论会文集》，1985 年，第 91－95 页。

类型①。

与人类化石、动物化石共存的3件石器包括1件小砍砸器和2件两端石片。另在前阳洞穴遗址附近采集到小石核、石片和刮削器等。

在前阳洞穴中发现的哺乳动物化石共有18种，包括啮齿目中华鼢鼠、阿曼鼢鼠、田鼠、灵长目猕猴、食肉目熊、狗獾、中华貉、南鼬、沙狐、小野猫、狼、鬣狗、猞猁、奇蹄目野马、偶蹄目赤鹿、鹿、东北狍子、野猪。上述动物群中，除鬣狗、赤鹿之外都是现生种，其成员均属东北晚更新世动物群，但动物群成员中的原始牛、河套大角鹿、披毛犀等却未发现。

前阳人地层经北京大学考古系实验室^{14}C测定，距今18 620年±320年，即旧石器时代晚期。

前阳洞穴遗址因位于靠近鸭绿江口的黄海沿岸，更有人类化石分析，对于研究旧石器时代辽东半岛与朝鲜半岛的关系具有重要意义。

（六）建平人化石

建平人化石是1957年夏建平县建平镇合作社收购的“龙骨”中拣选出来的人类右肱骨化石，后来被命名为“建平人”。同时发现的还有披毛犀、转角羚羊、古野牛、野驴等哺乳动物化石②。据吴汝康研究，右肱骨化石为成年男性，总体特征与我国已发现的山顶洞人的同类化石标本在形态结构上较为近似。其地质年代为更新世晚期，属于晚期智人阶段。

（七）西八间房遗址

西八间房遗址位于凌源市（凌源县）市区西北8千米西八间房村西南约400米处的草帽山东北坡上，东距大凌河1千米。1972年进行试掘，1973年又进行了复查③。

西八间房遗址文化遗存仅有石制品51件。原料主要是各色火石、水晶、玛瑙、石英岩和火成岩等。类别主要包括石片、石核和石器3种。石片打片技术为锤击法，其中有的尺寸很小，可归入细石叶类。石器仅见尖状器、刮削器和“琢背小刀”，刮削器数量最多，而“琢背小刀”则是海河流域旧石器时代具有细石器特色的文化中的典型器物。

西八间房遗址出土哺乳动物化石有中华鼢鼠、东北鼢鼠、长尾黄鼠、普氏羚羊和原始牛。除原始牛是绝灭种，其余4种都是现生种。

西八间房遗址的时代大致应处在旧石器时代末期，因遗址上部叠压有新石器时代红山文化遗存，又为在辽西地区寻找旧石器时代向新石器时代的过渡提供了重要线索。

除了上述旧石器时代晚期遗址之外，在黄、渤海海底也经常有更新世晚期的哺乳动物化石和有人类加工的骨角器出水，表明当时人类活动可能扩及成陆的北黄海地区④。

辽宁旧石器时代晚期人类及其文化发掘与研究为进一步研究中国华北、东北地区人类

---

① 傅仁义：《辽宁丹东前阳人的发现及体质特征》，《东北亚旧石器文化》，1996年，第267－272页。

② 吴汝康：《辽宁建平人类上臂骨化石》，《古脊椎动物与古人类》，1961年第4期，第112－129页。

③ 辽宁省博物馆：《凌源西八间房旧石器时代文化地点》，《古脊椎动物与古人类》1973年第2期，第223－226页。

④ 刘俊勇、傅仁义：《渤海海峡发现第四纪哺乳动物化石》，《辽海文物学刊》1997年第2期，第18－19页。

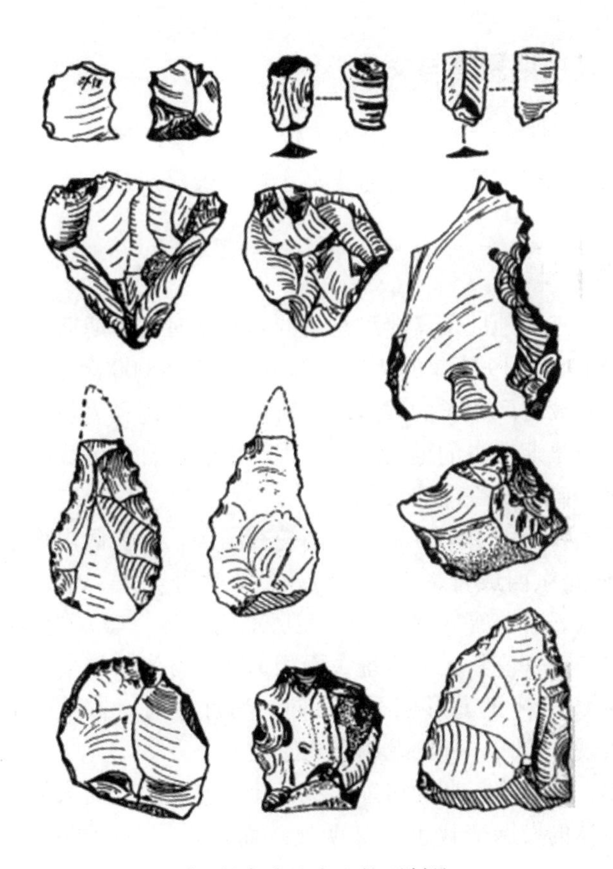

西八间房遗址出土的石制品

向朝鲜半岛和日本列岛迁徙提供了重要线索。

第二节　从氏族聚落到早期国家的辽宁海洋文化

大约在公元前 1 万年前后，人类进入了地质史上的全新世时期，地球上最后一次冰期结束了。随着全新世大暖期到来，气候逐渐变暖，自然环境随之发生变化，原始人群的生产活动也由此改变，导致了旧石器时代的结束，并开始向新石器时代过渡。新石器时代的重要标志至少包括栽培农业与家畜饲养业的出现，石器磨制技术和制陶术的发明，人类定居生活的聚落和原始氏族公社的形成等。

一般认为，中国新石器时代可以分为早、中、晚三个阶段，以仰韶文化为界。仰韶文化之前的阶段称为前仰韶阶段，即新石器时代中期，仰韶文化至距今 4 000 多年以前为新石器时代晚期，而距今万年前后的遗存则为新石器时代早期。

截至目前，辽宁尚未发现新石器时代早期遗存。距今 8 000 年前后，辽宁开始出现了聚落，人类文明开始起步。

一、新石器时代中期聚落与文化

距今8 000年前后，辽宁大地普遍出现了较早的聚落，其中尤以西辽河地区的查海聚落遗址、下辽河地区新乐聚落遗址和辽东半岛小珠山聚落遗址、后洼聚落遗址、北吴屯聚落遗址最具典型意义。

（一）查海聚落遗址

查海聚落遗址是西辽河地区最具典型意义的新石器时代中期遗存。1982年第二次全国文物普查时发现，经1987—1994年的7次发掘面积已达8 000余平方米。这是一处保存较好，内涵十分丰富，延续时间很长的聚落址，所揭示的遗迹和大量珍贵文物，是辽西乃至东北地区新石器时代较早期考古的重大收获。因与内蒙古自治区敖汉旗兴隆洼遗址文化性质基本相同，被命名为查海—兴隆洼文化。

查海聚落居住区面积1万多平方米，外围挖有围沟，居住区内房址排列十分密集，已发掘的55座房址基本是东西成排、南北成行建造。房址分大、中、小3种，附近一般都建造有储藏食物的窖穴，有些窖穴成群分布在房址的一侧，有些则零散分布在房址旁边。聚落中心偏北的位置，有一座特大型房址，面积120平方米。聚落中心为一小片墓地，在墓地的上方摆塑一条19.7米的龙形堆石，方向与房址方向一致。这条巨龙昂首张口，弯身弓背。尾部若隐若现，给人一种巨龙腾飞之感①。

查海遗存分三期，一期至三期的房址形状、建筑方法、方向大体一致；生产工具皆石器类，不见骨器，石器的发展变化也不甚明显。而生活用具中的陶器，无论器型或是陶质、陶色、纹饰等，却有着较为明显的发展演变规律。

一期房址主要集中在居住区的西北部，中部也有零星发现。二期房址主要集中在这个居住区的中部，并发现有二期房址打破一期房址的现象。三期房址主要集中在东南部，并发现有三期房址打破二期房址的现象。以上这些现象说明，查海聚落的形成最早是从西北向东南随着慢坡台地逐渐扩大完善的，大体经过了三个发展阶段。

一期房址数量少，排列规整，一般房址南面东端都有向外突出的半圆体（推测是出入口）。室内单灶，灶内有铺石现象，个别有室内窖穴，室外窖穴成排分布。生产工具以石铲、斧、磨棒、敲砸器、饼形器、研磨器常见。其中石铲一般刃部打制，不经加工细磨。从出土的玉器看，当时钻孔技术已很先进。陶器数量少，器型较单一。多见大敞口斜腹罐。陶质疏松。陶器近口沿处有一周附加纹带或叠唇带。以素面为主，少见窝点纹。

二期房址数量多于一期，少见外突半圆体式房址，室内有的筑有二层台，有的居住室内有墓葬，未见室内窖穴。室外窖穴零星分布在房址旁边。石器种类与一期基本一样，小型石斧、石凿增多，磨制技术加强。石铲的腰部明显，造型上一般有棱角，少数出现对器身和刃部的加工磨制。陶器以夹粗砂红褐陶为主，少见夹细砂红褐陶。制法与一期相同，火候略高于一期，陶器内壁一般呈黑灰色，器表色不加重，到口部多呈黑灰色的现象。

陶器纹饰开始增多，出现新纹样，以草划交叉纹为主，窝点纹、锥刺纹、网格纹、人

① 辽宁省文物考古研究所：《查海——新石器时代聚落遗址发掘报告》，文物出版社2012年版，第656页。

1993 年查海聚落遗址发掘现场（东北—西南）

字纹、弦纹、短斜线纹次之。一般不甚规整。附加堆纹带下移到陶器的颈部。开始流行几种纹饰并施于一器，以下移的附加堆纹带为界，采用三段式纹饰的做法，短斜线纹向左斜压。偏晚阶段出现几何纹、草划之字纹，并发现少量灰褐陶。器型仍然较单一，大敞口斜腹罐几乎不见，直腹罐占主导地位。出现少量的鼓腹罐。这一时期钵、盅等小型器也有增多。值得注意的是，在 39 号房址灶旁发现一件饰雕蟾蜍造像的陶罐。

三期房址数量最多，排列也较整齐，房址规格差别明显，不见外突半圆体及二层台式房址。有居室墓和室内窖穴，室外窖穴分布在房址的一侧，室内有双灶现象，生产工具种类与前两期基本一样，但数量明显增多，还发现用石器铺垫灶底的现象。石器通体磨光者增多，双孔圆形刃器增多，一般石器的形状棱角清晰、刃口锋利，有的制作相当精细，石铲刃部经过加工磨制，个别石铲形状特别①。

查海聚落已出现墓地，这是迄今查海—兴隆洼文化发现的唯一一处公共墓地。位于聚落的中心部位，10 座墓葬分布较为密集，墓葬间有打破和叠压关系，均为南北向的单人葬，除 7 号墓为成年女性与 2 个小孩葬在一起外，其余的墓中人骨保存较差，死者皆头北足南作仰身直肢状，面向西。一般无随葬品。2 号墓墓主人为成年女性，足下随葬 2 件素面红褐陶直腹小罐。8 号墓墓主人是 40 岁左右男性，墓内没有随葬陶器，却在足部成堆放置磨制精致的石斧、石凿、石刀和石球、砺石、研磨器等 22 件。死者颈部还随葬 1 块猪骨②。

居室墓是查海—兴隆洼文化的一个重要葬俗。这种居室墓都位于房内一侧或一角，为土坑竖穴单人葬，墓主人或儿童，或成年人，大多数有随葬品，个别随葬品还较为丰富。查海聚落 6 座居室墓，分别在 6 座房址内。7 号房址内的居室墓所葬死者是一儿童。随葬有大、中、小 3 对玉匕。43 号房址居室墓中出土一对玉匕小型陶器 7 件③。

查海聚落居住区反映当时查海先民过着长期稳定的定居生活。每座房址都出土成组成套的生产工具、生活工具。生产工具又都是与原始农业生产相关的石铲、石斧、石刀、石磨盘、石磨棒等器类。因此，可以说查海先民已经从事一定的原始农业生产，熟练掌握了石器加工、陶器制作的原始手工业技术。2 号墓、8 号墓还反映出当时男女可能已经有了

① 辽宁省文物考古研究所：《查海——新石器时代聚落遗址发掘报告》，文物出版社 2012 年版，第 656 - 657 页。

② 辽宁省文物考古研究所：《查海——新石器时代聚落遗址发掘报告》，文物出版社 2012 年版，第 525 - 536 页。

③ 辽宁省文物考古研究所：《查海——新石器时代聚落遗址发掘报告》，文物出版社 2012 年版，第 539 - 540 页，第 542 - 547 页。

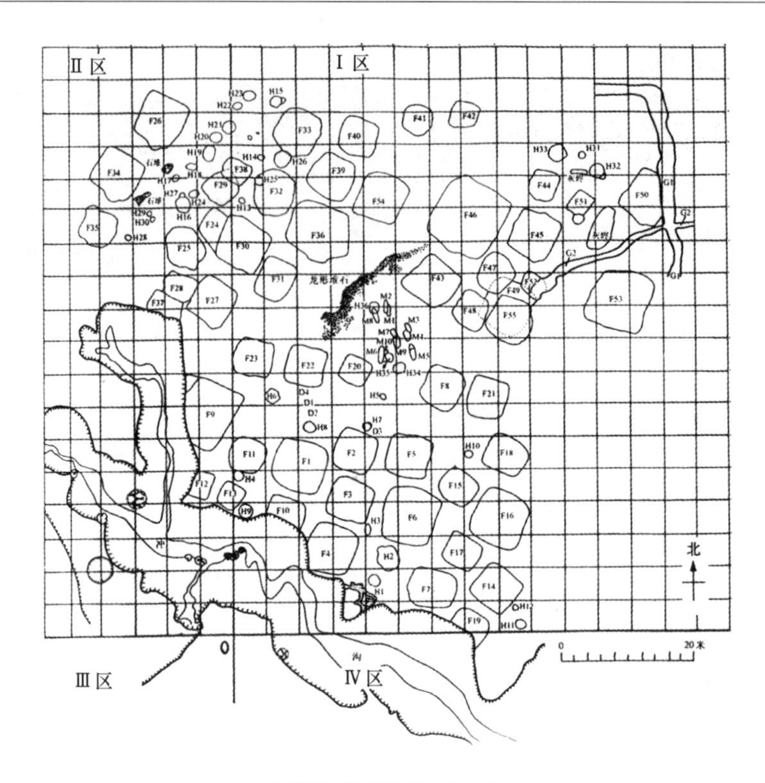

查海聚落遗址总平面图

社会分工和出现了专门的手工业者。从许多房址内发现经过火烧的猪骨和炭化山杏核、胡桃果核分析，采集、狩猎仍然是查海先民生活中不可缺少的重要组成部分。

查海7号墓母子合葬的现象，表明这时的社会组织是以母系血缘为纽带的。8号墓成年男性墓中，出土了大量石器，但不见石铲，这不仅反映了当时的社会分工现象，更重要的是反映出正处于母系氏族社会的发展阶段。而位于中心区的最大的46号房址，则应是这一部落组织最高首领的居室，并且可供氏族部落酋长集会时使用。这座房址内出土的一对特大石铲，比其他房址出土的最大石铲大一倍，刃部无使用痕迹，其重量也表明不能用于实际生产，推测可能是这个氏族部落用来举行某种仪式使用的特殊器物，与当时原始农业活动有着密切关系，也是地位的象征。

查海聚落遗址出土陶器上面贴塑的浮雕蟾蜍、蛇衔蟾蜍，特别是聚落中心墓地上方用石块摆塑的巨型石龙，对于对龙的起源及原始宗教崇拜具有极为重要的意义。查海巨型石龙是中国发现的第一龙，可以说查海巨型石龙等动物造像的发现，把我国5 000余年前的红山文化雕塑艺术及仰韶文化的摆塑艺术又提前了一个时期。

查海聚落遗址出土的玉匕、玉玦等玉器多呈淡绿、黄绿、乳白色，器型小巧精致，通体磨制、抛光。匕、玦孔采用对钻法。1989年经中国地质科学院地质研究所鉴定，确定大都是透闪石软玉，即真玉，是迄今中国发现年代最早的真玉器。查海玉器的发现表明，早在8 000年前，原始先民已认识了玉器，并掌握了高难度的攻玉技术。

玉玦在房址和墓葬内都有发现，一般都成对在一起，43号房址居室墓中的一对玉玦

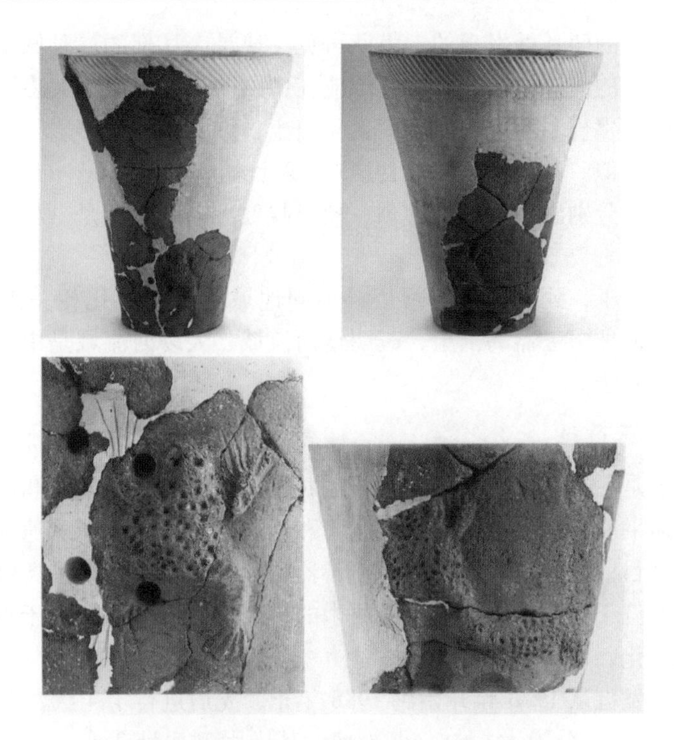

查海聚落遗址出土的浮雕蟾蜍、蛇衔蟾蜍陶罐

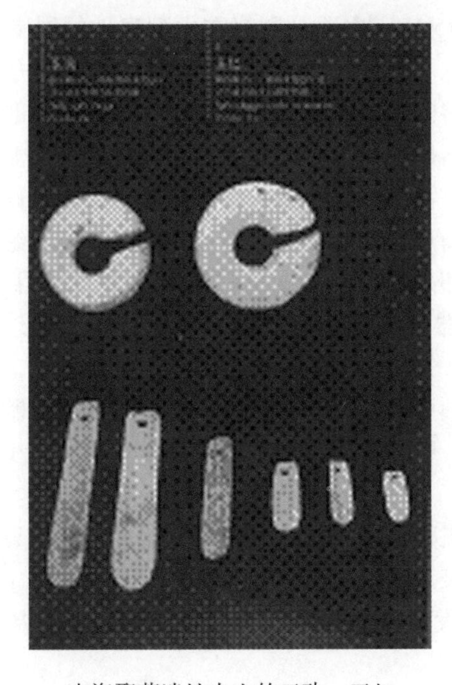

查海聚落遗址出土的玉玦、玉匕

出土于死者头部两耳处。与查海遗址属于同一文化的兴隆洼遗址居室墓中出土的成对玉

玦，也是在死者头部的两耳处发现的。由此可见，玦是人耳部的一种佩饰。玉玦在东北亚多有发现，有其自身的演进轨迹，它的起源应在中国的辽河流域、大凌河流域。

匕形玉器一般多出土于房址内，墓中也见出土，数量比玉玦多。与新石器时代遗址中经常发现的骨匕很相似。其用途不在取食。7号房址居室墓死者是一儿童，随葬有6件匕形玉器，分作3对，分别出土在死者的颈、腰、腹处。推测可能是一种佩缀之物，当具有某种宗教的意义。

查海先民生者佩玉，死者殓玉的习俗，为同地域的红山文化相关内涵找到了直接源头。查海、兴隆洼遗址中玉器的出土，表明辽河流域、大凌河流域是中国玉文化起源地之一，辽海文明开始起步。

（二）新乐聚落遗址

新乐聚落遗址是下辽河流域主要的新石器时代中期遗存。以新民和沈阳为重心的下辽河流域，地处辽河平原的中南部，靠近渤海湾和辽河出海口。以新乐遗址下层命名的新乐文化是下辽河流域目前发现的时代最早的新石器时代文化，包括新民高台山遗址下层等。

新乐聚落遗址位于沈阳市北郊新开河两岸的台地上。遗址上层属于青铜时代文化，下层为新石器时代文化，即新乐文化。

新乐聚落遗址发掘从1973年开始到1988年止，先后进行了4次发掘和抢救性清理[①]。已清理新乐房址20座，分为大、中、小3种。其中大型房址2座，位于遗址中部，面积在90平方米左右；中型房址3座，分布在大型房址外围，面积在40～60平方米左右；小型房址目前发现最多，计15座，主要是围绕在中型房址的周围，在大型房址外侧也有发现，面积在10平方米左右。房址形制基本上为圆角方形或长方形半地穴建筑。室内均有灶址，有双连灶、单灶和多灶，基本形状是凹坑式，多位于中部，少数略偏于门道一侧。

新乐聚落遗址出土陶器以夹砂红褐陶为主，夹砂黑灰陶和泥质红褐陶其次，夹砂黄褐陶极少。部分陶器外表涂有泥浆陶衣，多采用泥圈套接法，火候较小，胎质松软。造型规整，比较单一，最多的是筒形罐，有少量的高足钵和斜口器。绝大部分陶器通体施纹，素面陶极少，主体纹饰是压印之字纹和弦纹，多2～3种复合使用。

新乐聚落遗址出土石器数量多，特点明显。打制石器较少，采用河卵石等稍加工而成，包括敲砸器、刮削器、铲等。磨制石器中磨盘、磨棒常见，制作也规整，其他器类有斧、锛、凿、刀、镞等。细石器发现甚多，原料多用燧石、玉髓、碧玉，是新乐文化石器的一个重要特点，以石叶、石镞最多，加工也最精细。骨器较少，主要有锥、笄、镞和骨梗石刃刀。

新乐聚落遗址出土的玉器包括斧、锛、凿等，器型规整，刃部十分锋利，个别刃部还遗有使用痕迹，可能具有某种宗教意义。

新乐聚落遗址出土有大量的制作精致、打磨光亮的煤精制品。主要有圆泡形、耳珰

---

① 沈阳市文物管理办公室：《沈阳新乐遗址试掘报告》，《考古学报》1978年第4期，第449－466页；沈阳市文物管理办公室等：《沈阳新乐遗址第二次发掘报告》，《考古学报》1985年第2期，第209－222页；新乐遗址博物馆等：《辽宁沈阳新乐遗址抢救清理发掘简报》，《考古》1990年第11期，第969－980页；李晓钟：《沈阳新乐遗址1982—1988年发掘报告》，《辽海文物学刊》1990年第1期，第7－24页。

形、球形3类。据研究，上述煤精制品的原料来自盛产煤炭的抚顺地区。有学者认为大部分煤精制品出土时都是配套的，基本组合为耳珰形器、球形器和帽盔形器各一件组成，它们不可能是装饰品，极有可能是与占卜等巫术活动有关的用具①。

新乐聚落遗址2号房址位于聚落中心，面积达95.5平方米。整个居住面经加工为烧结面，房址中心部位有火膛，呈锅底形。房内遗留有被火烧过的炭化木柱，最粗直径达20厘米，保存最长的一段木柱近2米，柱洞的分布沿穴壁一周，共34根，在房内还可辨认出两层柱子，它们大致围绕中心灶址而设，显示出房顶结构有一定的复杂性。房内共出土器物540多件。陶器40件，其中筒形罐就达34件，另有高足钵4件；石器中磨制石器较多，仅石磨盘和石磨棒就出土5件套，另有磨石12件，细石器达30余件，大部分是制作较为精致的石镞；还出有斧、锛、凿等玉器以及石珠；骨器出土22件，计有骨锥、骨柄、骨笄等；此外还出有炭化谷物、炭化果壳、煤精制品、赤铁矿石和石墨。

房内遗物分布似有一定规律。陶器成堆放在房址的东侧北端紧靠墙壁处，其中有的是两三个陶罐套在一起的，多为大型筒形陶罐，推测是集中储藏的地方，单个放置的陶器多数也是放于东、西壁柱洞旁边的，南、北近墙壁处有零散放置的陶器，其中西壁附近多钵一类小件陶器，推测是炊食之地。大量的细石器靠近东壁，也比较集中，附近还有剥落的石片，这里可能是经常进行加工石器的场所。炭化谷物则出土在东南角的一个柱洞内及其附近的地面上。骨器与石珠、磨石均出土在南侧偏东的二、三层柱之间。这一带的附近，地面上堆放着细砂，这些细砂除研磨穿孔外，可能是用来制作陶器时的掺和料，推测这里是制作陶器等手工作业的地方。龙鳞纹木雕艺术品出于西北角，煤精制品、石墨、赤铁矿石多出于东北、西北角。西南角、东北角也出土过兽骨，但均已朽烂，从形状看，西南角的兽骨很像是猪的肩胛骨，东北角陶罐下也有动物骨骼。围绕中部灶坑的房址中部基本不出遗物，推测是公共活动或居住的地方。总之，这座大房址在整个聚落遗址中占有重要地位，由于房址规模甚大，且出土了等级较高的器物，其功能可能与原始社会氏族成员集会或公共活动的场所有关，但从出土的大量生活和生产工具及其较有规律的分布看，平时也作为公共劳动场所使用。

在房址北壁西端发现的龙鳞纹木雕，是一件艺术精品。木雕为扁平长条形，末端趋向尖锐，本体似可分辨出嘴、头、眼、鼻、尾几部分。两面浮雕基本相同的龙鳞纹，部分镂空。从民族学资料考证，龙鳞纹木雕可能是一件发笄。因为发笄在古代也是一种表示等级的礼器，特殊纹饰和个体特大的发笄，只有首领一类人物才能使用，是代表等级身份的标志物，而高等级的发笄，只有在举行重大礼仪时才能使用。新乐遗址的房址中经常有骨笄发现，表明新乐人有戴笄的习俗。新乐第2号房址出土的这件有龙纹的特大型发笄，与房址的规格和出土物是相符的，说明这座房址可能是新乐遗址头人经常活动的地方，由于大房址内也是从事有专业分工的劳动场所，这就不仅表明当时社会已有某种程度的社会分工和社会分化，而且表明，专业分工的指挥者，社会地位往往较高。阶级起源于社会分工，社会分工导致社会分化，从新乐遗址中可以得到较为充分的体现②。

---

① 王菊耳：《新乐文化遗址出土煤精制品试析》，《辽宁文物》1984年第6期，第14－19页，第33页。

② 郭大顺、张星德：《东北文化与幽燕文明》，江苏教育出版社2005年版，第221页。

新乐聚落遗址下层年代经^{14}C测定，为距今6 800年±145年，树轮校正已超过7 000年。据标本测定，当时气候以温暖湿润为主。又据有关分期研究，新民高台山遗址下层年代属新乐文化早期，故其年代上限还可以提早，所以新乐文化是下辽河流域迄今已知时代最早的新石器时代文化。

（三）向海而生的辽东半岛聚落遗址

新石器时代中期，辽东半岛出现了聚落。这些聚落主要包括长海广鹿岛小珠山①、大长山岛上马石②、庄河黑岛北吴屯③和东港后洼④等遗址。上述遗址在地层堆积中往往有较厚的贝壳层而被称为贝丘遗址。所谓贝丘遗址是以文化层中包含人们食余弃置的大量贝壳为显著特征的古代遗址类型，多分布于海、河、湖泊的沿岸，在世界各地都有分布。辽东半岛发现的贝丘遗址都是分布在海岛和沿海地区。随着近年来的考古研究，上述聚落遗址的第一期文化（下层文化）都应归属于小珠山第一期文化，亦即新石器时代中期文化。

小珠山聚落遗址位于长海县广鹿岛中部，海拔高度仅20余米，俗称“土珠子”，隔时令小河与吴家村遗址相望。1978年，辽宁省博物馆等进行了首次发掘，发现了小珠山下、中、上三层文化相互叠压的地层关系，分别被命名为小珠山一期文化、小珠山二期文化和小珠山三期文化。2006—2008年中国社会科学院考古研究所等对长海县小珠山遗址的发掘和研究，已将原来划分的小珠山一、二、三期文化细化为五期遗存⑤。这五期遗存大致可归为三个阶段，即第一期文化，包括小珠山第一、二期遗存，距今约7 000年至6 000年；第二期文化，包括小珠山第三、四期遗存，距今约6 000年至4 500年；第三期文化为小珠山第五期遗存，距今约4 500年至4 200年。这三期文化大体上对应以前的小珠山一、二、三期文化。本书采用小珠山一、二、三期文化的分期。

上马石聚落遗址位于长海县大长山岛三官庙村上马石耕地中。1978年，辽宁省博物馆等对遗址再次进行发掘，取得重要成果。上马石聚落遗址贝壳堆积普遍在60厘米以上，最厚达3～4米。发掘资料表明，上马石聚落遗址文化内涵极其丰富，可以分为五期。

北吴屯聚落遗址位于庄河市东约30千米、黑岛镇西阳宫村北吴屯黄海岸边的台地上，面积1万余平方米。1990年4—8月，辽宁省文物考古研究所等组成考古队，对北吴屯遗址进行了发掘。

后洼聚落遗址位于丹东东港市（原东沟县）马家店镇后洼屯东平坦台地上，北500米有古河道，南16千米为黄海，四周10千米范围内都有同时代遗址分布。1983—1984年，由辽宁省博物馆等进行了发掘。

小珠山一期文化时期的房址为半地穴式建筑。小珠山聚落遗址第一期文化（下层文化）为圆角方形和圆形两种，前者还带有门道。室内地面有较多的打制石器。庄河北吴屯聚落遗址第一期文化（下层文化）发现的5座房址都是圆形或近圆形，直径为4～5米，

---

① 辽宁省博物馆等：《长海县广鹿岛大长山岛贝丘遗址》，《考古学报》1981年第1期，第63－110页。

② 辽宁省博物馆等：《长海县广鹿岛大长山岛贝丘遗址》，《考古学报》1981年第1期，第63－110页。

③ 辽宁省文物考古研究所等：《大连市北吴屯新石器时代遗址》，《考古学报》1994年第3期，第343－380页。

④ 许玉林等：《辽宁东沟县后洼遗址发掘概要》，《文物》1989第12期，第1－22页。

⑤ 中国社会科学院考古研究所等：《辽宁长海县小珠山新石器时代遗址发掘简报》，《考古》2009年第5期，第16－25页。

大者在8米以上，周边有柱洞，门向南，门道较短，室内有石砌方形灶址，有的还附砌小石灶。在居住区边缘发现有两道围栅址，残长分别是9米和8.7米，其结构是先挖出宽10～12厘米、深5～6厘米的浅沟槽，沿沟槽底部再挖一排柱洞，然后立上10厘米左右的木棍。这种带有围栅的聚落在辽东半岛是首次发现。后洼聚落遗址第一期文化（下层文化）发现房址31座，分布比较密集，有圆形和方形两种。方形房址为大房址，长宽约7米；圆形房址为小房址，直径为3～4米。个别房址有打破和叠压现象。房址壁上有柱洞。室内有石块筑成的圆形或方形灶址，有的灶址内还保存有作为炊具的陶罐。上马石聚落遗址第一期文化（下层文化）发现的房址较小，东西长3.3米、南北宽2.7米。居住面上有炭灰及火烧过的兽骨、牡蛎壳和石磨棒、石磨盘、打制石器、磨制石刀以及陶罐等，东南角有一具作卧伏状的完整小狗骨架，是辽东半岛最早驯养狗的实证。

小珠山一期文化时期的生产工具石器有打制和磨制两种，但各个遗址也有差异。小珠山和上马石聚落遗址第一期文化（下层文化）打制石器占绝大多数，磨制石器数量较少。打制石器原料大多为石英岩，有用于剥制兽皮的刮削器、用于砍砸的盘状器、用于猎获动物的石球、用于捕鱼的石网坠等。磨制石器原料多样，有滑石网坠、砂岩磨盘和磨棒。北吴屯聚落遗址第一期文化（下层文化）出土打制石锄数量较多，具有一定的原始性，从其长度和使用痕迹观察，石锄入土深度约有7厘米，表明北吴屯先民已掌握了锄耕技术。不过，这一时期各聚落遗址中农业发展并不平衡，如北吴屯聚落遗址第一期文化（下层文化）农业发展水平较高，而小珠山聚落遗址第一期文化（下层文化）和上马石聚落遗址第一期文化（下层文化）农业发展水平就显得较低。随着农业的发展，家庭饲养业开始出现，上马石聚落遗址（下层文化）房址中出土的完整小狗骨架，就是先民驯养狗的证明，而北吴屯聚落遗址（下层文化）发现的猪骨，经鉴定是人工饲养的家猪。

小珠山一期文化时期出现了玉器。小珠山聚落遗址第一期文化（下层文化）发现的玉斧，经鉴定属于透闪石真玉。北吴屯和后洼聚落遗址第一期文化（下层文化）也发现了玉斧、玉锛等。由此可见，这一时期先民们在制石业发展的基础上积累了一定的经验，开始了玉器的制作。

小珠山一期文化时期制作陶器原料都是选择含有滑石粉末的陶土，手制，采用泥条盘筑法，里外抹光，手触有滑腻感，胎较厚且不均匀，质地坚硬，火候虽好但不均匀，往往出现色斑。器形以筒形罐为最多，压印纹是最主要的装饰。作为陶器主要装饰的压印纹包括之字纹、席纹、横线纹、网纹、人字纹以及由上述纹饰组成的复合纹，压印纹中又以之字纹为最多。之字纹的特点是两端粗且深，形成圆形或三角形的深窝，中间部位浅而细，每个单元之间不等距，长度相等，显然是用一种有弧度的骨片依次印压形成的，器物外表犹如完整的筐篮类编制物印痕图案。小珠山一期文化时期的筒形罐，无论是器形还是装饰，都与下辽河地区沈阳新乐文化有着密切的关系，是受新乐文化影响所致。新乐文化陶器未见含滑石、云母材料，而辽东半岛小珠山一期文化早段陶器则含有滑石、云母材料。下辽河流域的新乐文化是辽东半岛小珠山一期文化早段陶器的直接来源。往上追溯，早于新乐文化的西辽河流域的查海—兴隆洼文化应是小珠山一期文化的渊源。

二、新石器时代晚期聚落与文化

一般认为，自距今6 000年前后的仰韶文化开始到距今4 000多年前为中国新石器时代的晚期。这一时期人类的活动范围扩大，聚落更加密集，生产力得到进一步发展，文化特色更加鲜明，文化交流更加频繁，尤其是在查海—兴隆洼文化文明起步的基础上，新石器时代晚期的辽西地区以红山文化为代表的群体率先跨入早期文明时代即古国时代。稍后，辽东半岛也跨入了古国时代。

（一）红山文化与牛河梁坛、庙、冢

红山文化的发现已有半个多世纪的历史，经调查和发掘的遗址超过500处，其北界过西拉木伦河，东界越过医巫闾山，到达下辽河西岸；南界东段可达渤海沿岸，西段跨燕山山脉到达华北平原的北部；西界在河北省张家口地区的桑干河上游以及更北的内蒙古乌兰察布盟尚都县。以老哈河中上游到大凌河中上游之间“两河流域”应是红山文化分布的中心区[①]。据研究，红山文化的早期超过距今6 000年，晚期距今5 000年，主要部分的年代跨度在距今6 000年至5 000年之间。

已发现的红山文化聚落遗址以内蒙古自治区赤峰市魏家窝铺最具典型性。该遗址面积近10万平方米，发掘房址114座，都在两条壕沟内外分布，多为东南向和西南向。房址之间鲜有打破现象，表明绝大多数房址应是一种同时并存状态。而且同一朝向的房址多并排而建或集中而建，又揭示出这些房址具有一定的规划和亲近关系。

在赤峰市英金河流域和敖汉旗对红山文化遗址的普查表明，红山文化聚落已有了明显的层次性分化。敖汉旗境内调查的502处红山文化遗址已表现出较多规律性。它们以河流为纽带分组群分布，全旗6条河可以分出近百聚落，每群3～20个不等，每群中大都可分出大小等级，小遗址一般在四五千平方米，大遗址达3万～10万平方米，更大的达2～3平方千米，最大的一座遗址竟可达6平方千米。大遗址出土有玉器、石钺等高等级文物，附近有陶窑区、积石冢、玉器作坊分布。大小遗址间不仅规模悬殊，而且有小遗址围绕大遗址分布的现象，这些都说明红山文化已有中心聚落和一般聚落的分化。

红山文化石器数量多，且特征十分突出。磨制石器、打制石器和细石器在红山文化中都较为发达，一般以打制石器所占比例较大，磨制石器次之，细石器相对较少，大型石器多见。用于起土的石耜是最具代表性的石器，一种是长叶型，长度可达30～35厘米，一端从两侧打出柄部，刃部尖，刃面有条状磨痕；另一种较宽而短，顶端往往有凹缺，以系绳固定，制作方法打、磨并重。红山文化先民已熟练地掌握了磨制技术，如桂叶形穿孔石刀体薄而规整，磨制甚精，斧、锛等不仅具有磨制石器器形规整的优点，而且修打出的刃部锋利，柄部更易捆绑。细石器以凹底等腰三角形镞最具特色，通体加工，形体规整；用作嵌骨梗刀的石刃的细长石片也较为规正，与其他大石器相比较，红山文化的细石器选用石料和制作是最为讲究的。红山文化缺少农田细作的铲类等工具，反映了当时大面积垦荒和耕作广而粗放的生产情况。体薄刃锋利的打制石器和细石器与切割皮肉有关，石镞功能

① 郭大顺、张星德：《东北文化与幽燕文明》，江苏教育出版社2005年版，第136页。

之一是狩猎，红山文化遗址中发现有牛、羊、猪等家畜骨骼以及野生的鹿、獐等动物骨骼，说明狩猎、畜牧占有很大比重。遗址分布区正处于草原森林向平原过渡的中间地带，遗址所处位置较高而文化堆积层薄，也充分反映了这种综合经济类型所具有的定居又相对不稳定的生活状况。

红山文化的陶器主要为夹砂灰陶和泥质红陶两大类，也见少量泥质黑陶和泥质灰陶。夹砂灰陶多为形制较简单的筒形罐，纹饰主要为压印之字纹和平行线纹。除筒形罐外，也可见斜口筒形器和带环形把手的器盖。泥质红陶有粗泥和细泥两种，器形可分钵碗盆类和瓮罐类，大多器物表面磨光，个别也见有施压印之字形篦点纹的。彩陶在泥质红陶中占有一定数量，以黑彩为主，也有红、紫色彩。图案以龙鳞纹、勾连花卉纹和棋盘格纹最具代表性。泥质黑陶器虽然发现较少，却代表着一种新的制陶工艺的出现。红山文化单室和连室窑的发现，表明红山文化的制陶业已具有较细的专业分工。

红山文化玉器大都是墓葬中的随葬品，在查海—兴隆洼文化玉器发展的基础上有了突破性的发展。玉料以透闪石软玉为主。大墓中造型复杂的玉器，所用玉料硬度大都较高。除选料以外，在玉料的切割、钻孔、雕刻、磨光、纹饰等工序方面，也已达到新的高度。玉器的钻孔既使用通常所用的桯钻法，也已掌握了进步的管钻法。主要运用了平雕和圆雕技术。玉器种类繁多，其基本类型有扁平板状成形的勾云形玉佩和玉璧，有筒状成形的马蹄形玉箍，有环体成形的玉雕龙等。玉器造型中尤以动物形玉最富特征，包括熊龙、猪龙、虎、龟、鸮、鱼、蚕等。

玉器与积石冢、祭坛和女神庙，成为红山文化的新内容，共同构成中华文明起源的象征。

红山文化晚期祭祀性建筑空前发展，牛河梁遗址坛、庙、冢和玉器等成为中华文明起源的象征。位于辽宁省西部朝阳市建平县与凌源市交界处的牛河梁遗址，因梁间有大凌河支流牛河而得名。

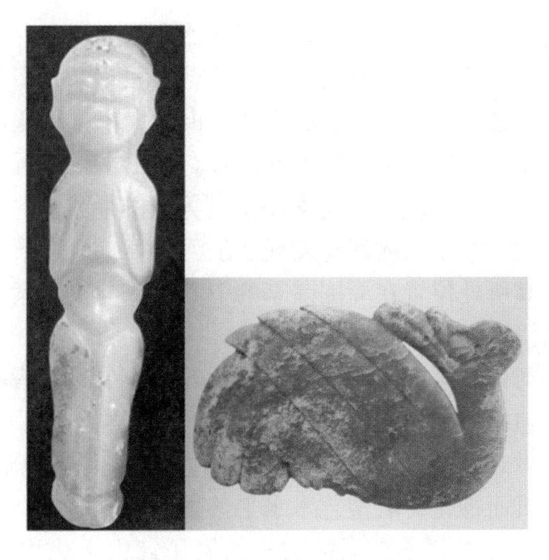

牛河梁积石冢大墓出土的玉人、玉凤

牛河梁积石冢的位置选择在高度适中的岗丘顶部，一般一岗一冢，也有一岗双冢、一岗多冢的情况。中心大墓，位于冢的中央部位。大墓有宽而深的墓穴，墓穴为达到一定深度不惜开凿基岩。大型石棺墓以石板平砌或立砌，内壁平齐，随葬玉器数量多，种类全，工艺精湛。墓内一般只葬玉器，同时葬陶器者极少。

牛河梁积石冢大墓

尤其是尚未见大墓有随葬陶器的。成排筒型陶器在冢上石砌台阶的内侧竖置。

根据牛梁河积石冢的分期，遗址群的十几个地点的积石冢大多数是同时形成的，每个冈上的积石冢各代表一个独立的单元。它们之间规模的大小，每座山冈上冢的多少，可能就是各个单元集团的大小、内部组合、兴衰的反映。红山文化积石冢所体现的是以“一人独尊”为中心的等级制。中心大墓当然是冢中最高等级的墓葬。

冢坛结合在牛河梁和喀左东山嘴都有发现。牛河梁第二地点第三单元的石筑祭坛为圆形，三重圆层层叠起。其所处位置在周围诸冢的中心，并与主冢紧邻。在牛河梁，祭坛与积石冢同处一地，成为固定组合，相互依托。

女神庙遗址位于牛河梁的第二道梁的近于梁顶处，在牛河梁诸山冈上积石冢群所围绕的中心部位。这是一个包括女神庙在内的大范围的建筑群体，可以分为主体和附属两部分。女神庙内最重大的发现是出土了一尊较完整的女性头像。以这尊头像为代表的塑像群，规模宏大，形象逼真而神化，雕塑艺术水平甚高，同时以各类鸟兽动物神陪衬，并陈设造型考究的陶祭器。结合内蒙古自治区敖汉四家子红山文化积石冢出土的石雕人像头部、兴隆洼遗址出土的坐姿陶像和辽宁朝阳半拉山积石冢出土的陶人头部，可证红山文化已有发达的祖先崇拜和宗庙雏形。

牛河梁祭坛

牛河梁女神庙出土的泥塑人头像

牛河梁为代表的红山文化晚期坛庙冢和大量玉器的发现，表明这一时期辽西地区已出现明显的社会分层，进入了早期国家形态。

（二）辽东半岛的聚落遗址

辽东半岛新石器时代晚期文化大致可以分为前后两段，即距今6 000年至4 500年前的小珠山二期文化和距今4 500年至4 200年前的小珠山三期文化。

小珠山二期文化前段主要遗址除了小珠山和后洼、北吴屯之外，具有代表性的聚落遗址还有长海广鹿岛吴家村[①]和大连郭家村[②]下层。

吴家村聚落遗址位于长海县广鹿岛中部，西与小珠山遗址相邻，面积约1万平方米。

① 辽宁省博物馆等：《长海县广鹿岛大长山岛贝丘遗址》，《考古学报》1981年第1期，第63－110页。

② 辽宁省博物馆等：《大连市郭家村新石器时代遗址》，《考古学报》1984年第3期，第287－330页。

1978 年，旅顺博物馆、辽宁省博物馆、长海县文化馆等对该遗址进行了发掘。吴家村遗址文化内涵单纯，属于小珠山二期文化，^{14}C 测定年代为距今 5 375 年 ±135 年（树轮校正值）。

郭家村遗址位于大连市旅顺口区铁山街道郭家村北岭，东南距老铁山主峰约 5 千米。遗址所在北岭地势东北高西南低，海拔约 60 米。岭下村南有时令小河向西经牧羊城南汉代大坞崖遗址注入渤海。1973 年，旅顺博物馆对遗址进行了试掘，取得了令人惊喜的成果，首次在该遗址发现了早于龙山文化的地层和遗物。1976 年 10—11 月、1977 年 3—7 月，辽宁省博物馆等组成考古队再次对遗址进行了发掘。郭家村聚落遗址第一期文化（下层文化）属于辽东半岛新石器文化晚期前段，^{14}C 测定年代为距今 5 140 年 ±120 年（树轮校正值）。

小珠山二期文化聚落分布较前一时期要广，规模也较大。吴家村发现的 1 号房址为圆形半地穴式建筑，挖在生土层中，东西长 4.97 米，南北宽 4.76 米。这座房址因失火坍塌而被废弃，从倒塌的木质构件中可以了解到，其房顶架有南北向的檩木，在檩木之上还有一层东西向的椽木。檩木既有圆木，也有将圆木从中间劈开的半圆木，其直径一般为 13 ~ 15 厘米。椽木较细，直径为 5 ~ 10 厘米。在椽木之上可能直接涂抹草拌泥，泥厚约 20 厘米。如此结实厚重的屋顶，势必要加强支撑，在房屋内发现 22 个柱洞，可见用于支撑的木柱之多。四周墙壁处有 15 个柱洞，其余柱洞大体分布在房屋中心与四壁之间的位置，许多柱洞两两相邻，小柱作为大柱的傍柱用以承重。四壁的壁柱之间还贴墙安装了类似篱笆的枝条编织物，其外再敷抹草拌泥。门道开在西北角，现存门道的地面较屋内地面高出 35 厘米，形成一层台阶。由于失火的原因，原来陈放在房内的陶器、石器和在室内饲养的小猪全部被压在屋顶泥土下。

小珠山二期文化生产工具中磨制石器大量出现，打制石器渐少。郭家村下层出土的 341 件石器中，磨制石器达 266 件，有斧、锛、刀、镞等。

小珠山二期文化玉器数量增多，有牙璧、环、斧、锛、凿和鸟等。经鉴定，均为透闪石真玉。

小珠山二期文化陶器以夹砂红褐陶为主，夹砂黑褐陶次之，还有少量的泥质红陶和泥质黑灰陶。夹砂红褐陶、夹砂黑褐陶和泥质红陶为手制，泥质黑灰陶上应用了轮制技术。器形以刻划纹侈口、敞口和直口筒形罐为最多，吴家村 1 号房址内的 13 件陶器中，筒形罐占了 11 件。小珠山二期文化新出现了釜形鼎、罐形鼎、钵、碗、豆、鬶、盉、觚形器和器盖等器形。这一时期压印纹已衰落，郭家村下层偶见筒形罐口沿下饰一排或数排压印列点，并与刻划纹组成复合纹。刻划纹成为陶器的主要纹饰，种类有平行斜线纹、网格纹、三角纹、刻划纹间饰乳点等。这一时期出现了红地黑彩、红地红彩和白地复彩彩陶。

小珠山二期文化后段遗址以瓦房店市长兴岛三堂聚落遗址第一期文化（下层文化）① 和大连郭家村上层最具代表性。

三堂聚落遗址位于瓦房店市长兴岛东部。1990 年，吉林大学考古学系、辽宁省文物考

① 辽宁省文物考古研究所等:《辽宁省瓦房店市长兴岛三堂村新石器时代遗址》,《考古》1992 年第 2 期，第 107 - 121 页。

古研究所、旅顺博物馆等对该遗址进行发掘。考古发掘和研究表明，三堂聚落遗址分为两期，其第一期文化（下层文化）距今约5 000年至4 500年。

三堂第一期文化（下层文化）房址均为半地穴式建筑，有圆形、方形圆角和椭圆形三种。灰坑内有大量贝壳和烧骨、陶片，并发现有两座小孩墓。石器有斧、刀、网坠、矛等；骨、角、蚌、牙器有锥、鱼卡、梭等；也出土有玉牙璧。

三堂第一期文化（下层文化）最显著的特点是叠唇筒形罐器表施有纵向排列的条形堆纹。这种条形堆纹有两种制法：一种是将细泥条等距离贴附于器表；另一种是直接在器表经挤压堆塑成形。纹样有直条、曲折条、波浪条，泥条表面往往切压成绳索或链条状。与叠唇筒形罐共存的其他器类有壶、钵、碗、盂，但数量很少。

郭家村上层房址大多保存较差，叠压、打破现象普遍存在，灰坑多达48个，反映出这一时期聚落内房屋更新频次较高、人烟稠密的情景。

小珠山三期文化房址多为半地穴式圆形或方形圆角建筑，直径有5～6米。郭家村上层1号房址虽已残破，但仍可分辨出是圆角方形，南北长3.9米、东西宽4.8米，从保留下来的一段墙壁上的柱洞分布分析，墙壁是木栅，里、外两面用草拌泥抹平，有椭圆形灶坑。因失火，石斧1件、石镞5件、陶罐3件、陶盆2件、陶鼎1件、陶豆1件都被压在烧土下。

小珠山三期文化石器几乎都是磨制，有长身弧刃斧、扁平弧刃斧、有肩斧、有孔铲、有段锛、双孔刀、镞等，尤以半月形刀、有肩斧、有段锛最具特色。

小珠山三期文化陶器有两类：一类为夹砂褐黑褐陶；另一类是泥质陶，包括红陶和黑陶、蛋壳黑陶。小珠山二期文化那种红地黑彩彩陶已不见，所见到的都是红地红彩彩陶。厚仅1～3毫米的蛋壳黑陶代表了当时制陶技术的最高水平。主要器形有折沿罐、叠唇罐、壶、鼎、袋足鬶、三环足盘、盆、豆、盂、杯、甑、器盖等。陶器多素面，有少量刻划纹、弦纹、弦纹乳钉、附加堆纹、刺点纹。其中，刻划纹继承了小珠山二期文化的传统作风，并与其他纹饰组成复合纹。

小珠山三期文化的墓葬是按山脉走向、依山脊起伏筑于地面的积石冢，有一冢多墓和一冢一墓两种形制。四平山和老铁山—将军山积石冢分别与山下的文家屯、郭家村聚落遗址相对应，是墓地和居址的关系。日本有考古专家对文家屯遗址未被扰乱的贝壳、骨头进行了^{14}C年代测定，其结果为距今4 180年±90年、4 180年±50年、4 550年±100年，相当于山东龙山文化阶段。

四平山积石冢位于深入渤海的黄龙尾半岛上。1941年，日本学者对包括四平山和东大山山脊上的数十处积石冢进行了调查并编号，共编为60号。1941年发掘了位于主脉上的32号冢至39号冢。四平山积石冢出土陶器可分为两类：一类是黑陶；另一类是红褐陶或红陶。黑陶具有浓厚的山东龙山文化的特点，部分属于蛋壳黑陶，均为泥质陶，在杯等器物的底部遗有清晰的线割痕迹，证明已熟练地使用了快轮制作技术，主要器类有单耳杯、双耳杯和鼎、壶、罐、豆、觚形杯、三环足盘等。红褐陶为夹砂陶，均手制，以折沿罐和叠唇罐数量最多，还有碗、豆、高足杯、鬶、器盖等。

四平山积石冢出土玉器也很有特点，仅玉牙璧就出土有9件（包括东大山1件）之多，是迄今出土玉牙璧最多的地点。其他玉器还有璧、雕刻形器、斧、锛等。玉牙璧出土时大多置于人骨的胸部。

考古调查和发掘表明，四平山60处积石冢呈现出从支脉到主脉，从山麓到山顶规模逐渐大型化，而位于山顶的必然是最大的积石冢的分布现象。与此相应，大型积石冢内大墓随葬品也最为丰富、精美，36号冢3座大墓随葬包括黑陶器、陶鬶和玉牙璧等都达数十件，其中2座大墓各随葬2件陶鬶，1座随葬1件陶鬶。精美的黑陶器与玉器一样都是奢侈品，只有氏族显贵才能拥有。

从四平山积石冢墓葬所处的位置、规模和随葬品分析，辽东半岛在小珠山三期文化时期已经出现了明显的社会分层，跨入了古国时代。

第三节　新石器时代的辽宁渔业生产和航海

据地质学资料，大约5亿年前，今天的辽东半岛和胶东半岛是连在一起的。从渤海湾内发现的已灭绝的第四纪的猛犸象、披毛犀、河套大角鹿等哺乳动物化石和带有人工加工痕迹的鹿角的化石，证明地质学上把远古时期的今渤海湾和渤海、黄海之间的海峡一带称为“胶辽古陆”，是有着科学依据的。

在距今300万年以前的第三纪中、晚期，全球范围发生了世界性的海陆变迁。位于东亚濒海地区的“胶辽古陆”下沉，形成了今天的渤海湾。据近代海洋学的研究，大约在距今8 000年前后（公元前6 000年至公元前5 000年）之际，渤海和黄海水域逐渐回升到接近现今海面的高度，最终形成了今日辽东半岛与胶东半岛隔海相望的地理格局。当代考古学发现和研究所证明的辽东半岛与胶东半岛之间渤海湾自然地理的变迁，正与两个半岛的新石器时代初始年代相当。

一、新石器时代的辽宁渔业生产

原始社会的经济属于自然经济。靠山吃山、靠海吃海就是当时经济生活的真实写照。渔业生产早于农业生产，这已是毋庸置疑的事实。生命起源于海洋，人类从诞生的那天起，就已经与海洋结下了不解之缘。但真正意义上的渔业生产应当始于新石器时代。

目前所见到的渔业生产出现在小珠山一期文化时期。从辽东半岛南端小珠山下层出土的生产工具，可知这一时期农业已经出现，但渔业经济始终具有重要地位。岸边捡拾是辽东半岛渔业生产的重要活动，从长海县广鹿岛柳条沟东山、大长山岛上马石、海洋岛南玉村等遗址地层中发现的大量贝壳堆积，可知沿海有着丰富的贝类，为先民们提供了丰富的食物资源。先民们食后抛弃的这些软体动物的介壳日积月累成了贝丘。

小珠山下层出土有骨鱼钩和石网坠等渔业生产工具；北吴屯遗址下层出土有数量较多的石网坠。骨鱼钩的出现，表明这一时期辽东半岛先民们已经开始了垂钓，这是继捡拾渔业后产生的一种新的渔业方式，无疑具有进步意义。石网坠的使用，表明此时已经出现了网捕生产方式，进一步促进了渔业经济的发展。

辽东半岛东部后洼遗址下层经济类型是以农业为主，兼营渔猎活动。庄河北吴屯遗址下层出土了渔猎工具44件，如盘状器、石球、网坠、镞等，尤以石网坠为多，出土的鱼、贝种类丰富，地层中贝壳堆积最厚达 2 米。丹东东港阎砣子、王砣子、赵砣子、蝲蚁砣子[①]，庄河殷屯半拉山、平山西沟等贝丘遗址，均分布在黄海沿岸。表明这一时期辽东半岛南端和东部皆以农业和渔业经济作为人们的重要生存模式。网捕的普遍使用，不仅提高了捕捞数量，也促进了人们从简单的捡拾到大量捕捞生产方式的改进。

小珠山二期文化时期，渔业经济有了较大发展。辽东半岛南端吴家村遗址出土渔猎工具 69 件，包括石网坠 6 件、石镞和骨镞 56 件和一定数量的骨梭。地层中散布的大量贝壳，主要有牡蛎、锈凹螺、荔枝螺、红螺、毛蚶、青蛤、砂海螂、紫石房蛤、伊豆布目蛤、鬘螺、单齿螺、帽贝、笋螺、福氏玉螺等。郭家村遗址下层出土渔猎工具 285 件，有石镞 226 件、骨镞 10 件、牙镞 6 件、蚌镞 2 件、骨网梭 1 件。辽东半岛东部后洼上层出土的渔业工具多数为网坠，且形式多样，分为打制亚腰形网坠、有沟滑石网坠、带沟槽和两侧有缺口陶片网坠。可见后洼上层的渔猎经济上升到了重要地位。位于黄海岸边的北吴屯上层出土渔猎工具 46 件，包括盘状器、石球、网坠、镞等。还出土鲟、鳖等海生动物，贝壳经鉴定有长牡蛎、僧帽牡蛎、密鳞牡蛎、文蛤、青蛤、脉红螺、缢蛏。鲟、鳖是生活在近海或淡水中下层的，尤其是鳖喜在安静环境的水域中。由此可以看出这时捕捞的种类多是近海鱼类和各种贝类或淡水生存的动物。相比同一遗址下层堆积较厚的贝壳层，北吴屯上层贝壳堆积却显得较薄。随着人们对海生贝类认识的不断提高，相应刺激了捕捞工具的增多与技术的进步。骨渔叉、骨鱼镖、骨鱼钩和大量陶、石网坠等捕捞工具种类不断增多，促进了射鱼、叉鱼、垂钓、网鱼等多种捕捞方式的改进，提高了捕捞的产量。

小珠山三期文化时期，随着手工业逐步从农业中分离出来，渔船、渔具的制作也进入到一个新的阶段。郭家村上层、吴家村出土了舟形陶器。大长山岛上马石中层遗址出土石网坠 3 件、镞 24 件。广鹿岛蛎碴岗遗址出土石网坠 2 件、镞 5 件，以及骨鱼卡等。郭家村上层出土渔猎工具 202 件，其中，石镞达 172 件，占绝大多数，形制多样。石网坠种类也较多，有的大如石锁，重达 2 千克，还有骨鱼卡 7 件。海产软体动物有白笠贝、锈凹螺、纵带锥螺、扁玉螺、红螺、贻贝、蛤仔、青蛤、疣荔枝螺、魁蚶、僧帽牡蛎、大连湾牡蛎、盘大鲍、蝾螺等。大潘家村遗址地表因散布大量贝壳，故称“蚬壳地”，出土大量渔猎工具，如镞、网坠、鱼镖、鱼卡等，尤以镞和鱼卡为多。海产软体动物有红螺、蛤仔、扁玉螺、毛蚶、贻贝、扇贝、牡蛎、疣荔枝螺、魁蚶以及螃蟹、海胆等，以牡蛎、蛤仔为最多，鱼类鳞片、脊椎骨也有发现[②]。瓦房店三堂村遗址出土渔具有石网坠、镞、骨鱼卡、鱼镖等多件。海产软体动物有红螺、锈凹螺、疣荔枝螺、青蛤、文蛤、蛤仔、砂海螂等。

渔业工具的改进促进了捕鱼作业方式多样化，这一时期遗址中普遍大量出土陶、石网坠，反映了网捕方式已经得到广泛使用，较之叉鱼、钓鱼等生产方式大幅度地提高了捕捞产量。大量镞的出现，说明其不仅是作为狩猎工具，同时也可能作为捕鱼工具而使用。此时，近海捕捞已经不能满足人们的需要，人们已经具备到较深海域进行捕捞作业的能力，郭家村上层、吴家村遗址中出土的舟形陶器和大型石网坠就是人们向较深海域进军的

---

① 丹东市文物普查队：《丹东市东沟县新石器时代遗址调查和试掘》，《考古》1984 年第 1 期，第 21－36 页。

② 大连市文物考古研究所：《辽宁大连大潘家村新石器时代遗址》，《考古》1994 年第 10 期，第 877－894 页。

见证。

新石器时代的辽宁渔业生产除了涉水徒手捕鱼外，主要有以下几种作业方式①：

（1）射鱼。弓箭除了是狩猎工具外，还是捕鱼工具。浙江河姆渡遗址中出土了大量鱼骨，却没有发现捕鱼用的钩、叉、网坠等工具。值得注意的是遗址中出土了很多石镞、骨镞。这些迹象透露出河姆渡先民可能是用弓箭射鱼。郭家村出土的众多镞中，可能就有一部分是用来射鱼的。这可以从我国鄂伦春等族常以弓箭射鱼的事例和古代“矢鱼”的记载得到证明。

（2）叉鱼。工具为渔叉（镖）。郭家村遗址采集到的鹿角渔叉，利用鹿角的天然形状加工而成，有倒刺，尖端锋利，尾端恰好可以装柄，是一件得心应手的叉鱼工具。

（3）钓鱼。以钓具捕捞鱼类，自古以来就是渔业生产的重要手段。它的作业特点是利用钓具上的饵料，引诱水中的鱼类（包括头足类，如柔鱼、乌贼和甲壳类，如蟹等）上钩，从而达到钓获的目的。考古发现所见到的钓具主要有骨鱼钩和骨鱼卡两种。小珠山下层出土了辽东半岛最早的骨鱼钩。郭家村出土了 7 件骨鱼卡。骨鱼卡指的是一种两头有尖，中间有凹槽的钓具。这种钓具由于比鱼钩容易制作，估计其出现的时间可能更早。它的使用方法是在系线的鱼卡两端挂上饵料投入水中。鱼吞食后，待其排水时即横卡在鱼嘴中，或顺鳃而出横于鳃外，均可捕获。这种骨鱼卡曾被认为是钓大嘴鱼类的，而实际上它不仅可以钓大嘴鱼类，即使是小嘴鱼类吞入口内，也是欲吐不出，欲吞不进，难以逃脱。这种骨鱼卡使用的时间延续很长，在辽东半岛沿海一带一直延续到距今 3 000 多年以前。应当指出，上述鱼钩、鱼卡都是骨制的，而人们最早制作这类钓具的原料，很可能是一些植物的茎秆。只是这种质地的钓具不易保存，我们未见到而已。

（4）网鱼。网鱼是高效率的捕捞方式，是渔业生产发展到较高阶段才出现的。辽东半岛许多新石器时代遗址出土的大量的网坠，就是人们使用网具捕捞的实物见证。后洼下、上层出土的网坠达数百件，辽东半岛沿海和长海诸岛出土的网坠数量也相当可观。大致可分为以下几种类型：

①打制石网坠。这种网坠是用各种石料打制而成的，多呈束腰形。也有在卵石两个侧面打出缺口即可。由于此法简单易行，往往出土较多。

②滑石网坠。一般见于小珠山一、二期文化遗址。后洼出土的滑石网坠，有的上面刻划鱼纹，有的刻划网纹。显而易见，这些纹饰本身说明这种工具与捕鱼有关。滑石网坠在现代仍然使用；因为滑石网坠易于磨制，更因为其不损害渔网，又不易卡在礁石上，故而使用数千年而不衰。

③大型石网坠。这种网坠形体较大，重者可达 2 千克以上。见于大连沿海一带的新石器时代和稍晚的一些遗址中。郭家村出土的巨型石网坠可分为环梁马镫形、舟形和长条形等几种型式。

④陶制网坠。这种网坠往往较小、较轻，有相当数量是利用陶片制成的。一般有穿孔式、凹槽式以及这两种结合使用的形式。陶片网坠仅在两个侧面打出缺口即可。

现代渔网种类大致有手网、抄网、拉网、抬网、抛网、挂网和掩网等。网坠主要用于

---

① 刘俊勇：《我国东北新石器时代渔业生产初探》，《考古与文物》1991 年第 2 期，第 61－65 页、第 60 页。

小珠山遗址下层出土的带沟槽滑石网坠

郭家村遗址上层出土的大型石网坠

上述网具。前面列举的各种网坠大小不同，或轻或重，显然不是用于同一种渔网的。一般来说，陶制网坠和较小的卵石网坠是系在抛网上的。中型网坠则主要是用于挂网，这是因为网坠过重，网或被带入水底，或将网绷得过紧，撞网的鱼会退出逃走；网坠过轻，挂网又不能沉入水中。至于大型石网坠则应当是用于拖网上的，适用于较远海域作业，需要有船拖拽来捕捞中、下层鱼类。

编织渔网的工具——骨网梭，在辽东半岛许多新石器时代遗址中也有发现。吴家村、郭家村出土的骨网梭或保留动物肢骨的关节并在中部穿孔，或直接利用管状骨器。

我国新石器时代已出现了舟船。浙江河姆渡①、陕西北首岭②等遗址都出土过舟形陶器。辽东半岛郭家村、吴家村、后洼等遗址也出土过舟形陶器。这些舟形陶器的发现，本身就说明生活中是存在舟船的。在河姆渡和钱山漾③还发现了船用木浆的实物。到了龙山文化时期，庙岛群岛、荣成更有木船出土。船的出现和使用无疑对新石器时代渔业生产是一个巨大的推动，从而使渔业生产产量不断增加，生产能力进一步提高。

新石器时代渔业生产的能力，已经达到比较发达的程度，“拖、围、刺、钓”4个作

① 河姆渡遗址考古队：《浙江河姆渡遗址第二期发掘的主要收获》，《文物》1980年第5期，第1－15页。

② 中国社会科学院考古研究所：《宝鸡北首岭》，文物出版社1983年版。

③ 浙江省文物管理委员会：《吴兴钱山漾遗址第一、二次发掘报告》，《考古学报》1960年第2期，第73－92页。

业类型已经基本具备。人们已经开始使用舟船向海洋进军，获取更多的食物。辽东半岛许多遗址出土有鱼骨，郭家村遗址还出有海洋巨兽——鲸的遗骸。虽然还不能确指先民们已具备捕鲸的能力，但利用鲸类却是不争的事实。

新石器时代的人们已经认识到了海产品的丰富营养价值，即使在粮食相对充裕的情况下，也捕捞海产品以增加自己的营养。先民们食用最多的是牡蛎，当时的牡蛎个体要比今日大得多。先民们往往将海螺尾部打掉，取出螺肉。先民们对现代人称之为海珍品的刺参（俗称海参）极为推崇，郭家村上层出土有许多造型酷似刺参的小陶罐，当地群众即称之为“海参罐”。罐的颈部以下满布行数不等的乳钉，酷似肉刺。现今刺参主要产于黄海、渤海沿岸，以长海县最为著名。刺参的背部一般有4~5行不规则的肉刺，肉质细嫩，含有丰富的高级蛋白而无胆固醇，营养价值极高。郭家村的先民们所塑制的“海参罐”正是对海参推崇的表现。同样的海参罐在江苏连云港市二涧村遗址①也发现。郭家村遗址还出土有紫海胆（俗称刺锅子）的遗骸。紫海胆卵有丰富的营养，且别有风味，是高蛋白食品。

新石器时代的先民们向海洋索取的大量鱼类和贝类，为人类提供了较多的富于营养的食物，改善了人们的生活，在走向文明的进程中起到了积极的作用。

二、新石器时代的辽宁航海

辽宁的航海出现在新石器时代。考古发现和研究表明，辽东半岛新石器时代文化有着自身的发展、演变规律。小珠山一期文化的直接来源是新乐文化，再往前追溯，查海—兴隆洼文化是小珠山一期文化的渊源。西辽河查海—兴隆洼文化通过陆路向下辽河扩散，再向辽东半岛传播。辽东半岛新石器时代文化在不同时期分别与周围文化有着程度不同的联系。

考古学一般用文化交流、碰撞、影响来解释远古时期邻近或接触地区文化内涵的一致性，而这种文化交流、碰撞、影响在包括新石器时代在内的史前时期是必须以人为载体来实现的。

辽东半岛与胶东半岛新石器文化关系最为密切，这是由两个半岛特殊的地理条件所决定的。正像辽东半岛南端有自己的新石器文化序列一样，胶东半岛也有自己的新石器文化序列。一般认为胶东半岛的新石器至铜石并用文化分为四期，即白石村期、邱家村期、北庄期和龙山期。其中白石村期相当于小珠山一期文化，邱家村期、北庄期相当于小珠山二期文化，龙山期相当于小珠山三期文化②。

小珠山一期文化时期即胶东半岛白石村期，两个半岛已经发生了一定的文化接触。虽然小珠山一期文化与白石村类型相比，文化面貌存在本质的不同，但白石村遗址一、二期出土的沟槽砺石，与小珠山一期文化的带有沟槽的滑石网坠从质料到形制都很一致，石球和石网坠也很近似。小珠山一期文化陶胎含有滑石粉末的现象，在白石村类型的陶器中也

① 江苏省文物工作队：《江苏连云港市二涧村遗址第二次发掘》，《考古》1962年第3期，第111-116页。

② 佟伟华：《胶东半岛与辽东半岛原始文化的交流》，《考古学文化论集（2）》，文物出版社1989年版，第78-95页。佟伟华在文中划分的胶东新石器文化编年基本上与本书所采用的编年相同。

有发现。另外在泗水尹家城遗址还发现了一片具有小珠山一期文化特征的之字纹陶片①。上述现象的存在，似乎表明小珠山一期文化时期，辽东半岛和胶东半岛之间已经发生了一定的文化接触，但这种接触所产生的直接影响并不十分明显。

到了小珠山二期文化时期即胶东半岛邱家村期、北庄期，两个半岛之间的往来交流逐渐多了起来。在小珠山下层、吴家村和郭家村下层都发现了与邱家村期、北庄期相同的器物，如釜形锥足鼎、罐形鼎、实足鬶、角状把手器、盉、豆、觚形杯，以及红地黑彩三角双勾涡纹和三角平行斜线彩陶片等，与山东蓬莱紫荆山、烟台白石村、长岛北庄等遗址出土的大汶口文化的同类器物十分相近。这种文化上的联系，还表现在辽东半岛对胶东半岛特别是庙岛群岛的文化影响上，邱家村期、北庄期的筒形罐以及筒形罐上的各种刻划纹与小珠山一期文化完全相同，反映了辽东半岛的传统风格。北庄期的红地红彩彩陶也具有辽东半岛的风格。在辽东半岛，以小珠山二期文化刻划纹筒形罐为代表的土著文化因素始终还是这样的，外来的大汶口文化因素虽有不断扩大和加强的趋势，但并没有完全取代土著文化因素的主导地位。

辽东半岛与胶东半岛新石器文化的相互传播和交流，是通过庙岛群岛作为桥梁来实现的。在辽东半岛和胶东半岛之间的庙岛群岛，就像链条一样把两个半岛连接在一起。从蓬莱经庙岛群岛中的南长山岛、北长山岛、庙岛、大黑山岛、砣矶岛、大钦岛、小钦岛、南隍城岛、北隍城岛，直至辽东半岛南端。庙岛群岛中每两岛之间的距离最多不过 10 余千米，新石器时代的先民们完全可以凭借一叶扁舟往来于各岛之间，就是从北隍城岛北距辽东半岛也仅 40 千米，这个距离在当时还是不难做到的。虽然在小珠山二期文化时期即胶东半岛邱家村期、北庄期尚未见船的实物资料，但从浙江余姚河姆渡出土的木桨、陶舟、浙江吴兴钱山漾出土的木桨，以及陕西宝鸡北首岭出土的陶舟等推测，两个半岛之间极有可能开始以船作为交通工具往来交流了。

三堂村一期文化以一种新的面貌区别于以往辽东半岛发现的新石器时代诸考古文化，但却有一部分文化因素与新石器文化存在着继承和发展的关系。具体来说，三堂村一期文化陶器大部分陶胎内含滑石粉末和器表刻划的平行线纹、复线几何纹，是年代较早的小珠山一期文化和二期文化十分流行的制陶方法和装饰纹样。另外，在小珠山一期文化和二期文化陶器群中始终占主导地位并显示自身文化传统的筒形罐，与三堂村一期文化的叠唇筒形罐原本属于同一器类，后者是由前者演变发展而来的。由此可见，三堂村一期文化至少有相当一部分文化因素与小珠山一期和二期文化有亲缘关系。但是，三堂村一期文化绝大部分陶器表面施条形堆纹的做法，却不是辽东半岛南端当地传统的制陶工艺。种种迹象表明，三堂村一期文化陶器表面施条形堆纹的做法，是由黄河下游北辛文化经山东半岛传播过来的②。这条由黄河下游经山东半岛到辽东半岛的传播路线必然要通过渤海海峡才能实现。

小珠山三期文化时期，即胶东半岛龙山文化时期，胶东半岛对辽东半岛南端的影响越

---

① 山东大学历史系考古专业教研室：《泗水尹家城》，文物出版社 1990 年版。

② 朱永刚：《辽东新石器时代含条形堆纹陶器遗存研究》，《青果集——吉林大学考古专业成立二十周年考古论文集》，知识出版社，1993 年版，第 146 - 153 页。

郭家村遗址下层出土的红陶鬶、罐形鼎

来越强烈，但表现在各个遗址上影响的程度差别较大。综观郭家村遗址上层，多数器物有着自身的地方特点，仅有折腹罐、袋足鬶、扁凿足鼎、三环足盘、单把杯、镂孔豆和蛋壳陶是胶东半岛龙山文化的风格。而在四平山和老铁山—将军山和积石冢却表现出与胶东半岛龙山文化相当的一致性。两处墓地中出土的袋足鬶、三环足盘和磨光黑陶竹节柄豆、单把杯、双把杯、三足杯等，都与胶东半岛龙山文化的器物相同。具体言之，与庙岛群岛的龙山文化遗址出土器物几乎完全相同。长岛县砣矶岛大口遗址[①]出土的竹节柄豆和21号墓发现的折沿弦纹罐，与四平山和老铁山—将军山积石冢发现的豆、罐相类似，两地的豆均为敞口，盘身较深，喇叭形圈足；罐均为口部有平沿，直颈，腹上部外鼓，颈部和腹上部有成组的弦纹等。大口遗址16号墓出土的器身和器盖上有规则地装饰乳钉纹的罍，与郭家村遗址上层发现的小罐也有相似之处。大口遗址22号墓出土的三足单耳杯，与四平山积石冢出土的三足单耳杯的器形和纹饰都很相似。上述情况表明，庙岛群岛的龙山文化对辽东半岛南端小珠山三期文化影响至深。

胶东半岛的农业作物和栽培技术也传到了辽东半岛。山东大学东方考古研究中心靳桂云等对辽东半岛南部的几处遗址的土样进行的植硅体分析表明，这一时期辽东半岛已经不仅种植粟、黍，而且开始了水稻的种植。靳桂云认为：在东北亚农业传播和扩散的过程中，胶东半岛和辽东半岛南部两个地区之间，只有很小的时间差，甚至是几乎没有。以上考古发现表明，至迟在这一阶段，大连地区已成为包括种植粟、黍和稻谷的杂谷地区。

在两个半岛文化交流的过程中，辽东半岛南端的大连地区玉器也通过礼品交换和贸易的方式传到了胶东半岛和内地。四平山积石冢随葬的玉器是本地的产品。早在小珠山一期文化时期已出现了玉斧等玉器。小珠山三期文化时期制作的玉器渐多，在文家屯遗址、郭家村遗址都发现了制作玉器的工具和废料。据研究，玉器钻孔方法可分为两类：一类是用

① 中国社会科学院考古研究所山东队：《山东省长岛县砣矶岛大口遗址》，《考古》1985年第12期，第1068－1084页，第1145页。

四平山积石冢出土的陶鬶和磨光黑陶器

锥状工具钻孔的；另一类是用管状工具钻孔（管钻法）。一些呈圆盘状的玉器，实际上是用管钻法钻孔后所残留下来的圆芯部位废料，牙璧和环等玉器就是用管钻法制成的。从在文家屯采集到的这种圆芯状玉器的数量分析，有相当多的玉器就是在当地生产的。四平山和高丽城48号冢出土的玉牙璧、环、锥状器等，应是在文家屯制作的。四平山37号冢出土了带有切割痕的玉废料，表明墓主人生前曾从事过玉器制作①。无独有偶，在郭家村遗址上层也出土有带切磨痕迹的玉料和管钻法穿孔所留下的圆盘状芯废料。从上述两个地点出土和采集的有关玉器标本，可知文家屯、郭家村都是玉器制作地。更为一致的是，两个地点都有对应的积石冢墓地，都随葬玉器。文家屯遗址所对应类型学研究和科学检测证明，四平山墓地随葬的黑陶器是舶来品。这些精美的黑陶器在遗址中是极少见到的，与玉器一样都是奢侈品，只有氏族显贵才能拥有。与墓内随葬的红褐陶器相比，在陶质、陶色、制作技术等方面有着明显的差别，与辽东半岛南端大连地区的陶器传统大相径庭。

四平山积石冢出土有红陶猪形鬶，其造型与山东胶县三里河大汶口晚期墓出土的同类器物极为相似，属于山东的舶来品。

专家们全面审视和分析辽东半岛和胶东半岛新石器时代文化之间的交流与渗透过程，得出了这样的结论：最初的辽东半岛小珠山一期文化对胶东半岛的影响可以说是“输出式”的，但是产生的力度十分微弱。到了小珠山二期文化以后，这种文化影响骤然改变了

① 澄田正一等：《遼東半島四平山積石冢の研究》，柳原出版株式会社2008年版，第50－54页。

方向，由原来的“输出式”转变成了“输入式”，而且影响的力度不断加大①。

四平山积石冢出土的玉器

目前，尚未发现两地之间存在着战争掠夺的迹象，上述现象应当是通过交换和贸易来实现的。两地最早的交换当是互通有无的礼物交换。来自胶东半岛的大汶口—山东龙山文化上层人物的彩陶、红陶鬶、泥质灰陶觚形器、猪形鬶、袋足鬶、泥质黑陶鼎、豆、壶、把杯等器物，是向辽东半岛上层人物进行交换的贵重礼物；而辽东半岛上层人物的玉器，成为向胶东半岛上层人物和内地上层人物进行交换的贵重礼物。如此，精美的玉器对于胶东半岛和内地来说属于舶来品，珍贵的黑陶器对于辽东半岛来说也是舶来品。与西辽河地区红山文化牛河梁积石冢“惟玉为葬”不同，四平山积石冢是以黑陶器、陶鬶、红褐陶器和玉器、石器为特征的随葬习俗，而随葬黑陶器、陶鬶和玉器的往往是大墓。只在大墓中随葬的玉牙璧无疑是一种极为重要的玉器，即巫觋所拥有的神器。玉牙璧和来自山东的黑陶器都具有礼器的性质。

辽东半岛历经小珠山一期文化和二期文化，到小珠山三期文化时期，社会发生了重大变化，出现了明显的社会分层，尤其像那些拥有玉牙璧的巫觋集神权和各种权力于一身，标志着已经出现了文明的曙光。距今四五千年前，中华大地大体上都已进入了古国时代，万国林立是这一时代的特征。四平山积石冢及出土文物证明，辽东半岛在小珠山三期文化时期确信无疑地进入了古国阶段。

三、新石器时代的辽宁海洋文化

新石器时代的先民们在从事海洋生产和航海过程中，也创造出了具有海洋特色的文化。

新石器时代渔网的种类和式样可以从陶器花纹窥见一斑。彩陶是色彩鲜艳、风格独具的生活用具，又是当时的工艺品。绘画艺术属于意识形态范畴，所以原始绘画也反映了当时的生活，体现出作者一定的思想感情。不同的彩陶纹饰及其艺术风格，是区别不同原始集团的重要标志之一。小珠山二、三期文化的彩陶上绘有网格纹，陕西西安半坡遗址出土的彩陶器上有许多“渔网”装饰，其种类多为菱形、长方形和三角形。陕西宝鸡北首岭遗

① 赵宾福：《东北石器时代考古》，吉林大学出版社2003年版，第448页。

址出土的舟形彩陶壶所绘的渔网为长方形。在小珠山二期文化各遗址出土的刻划纹筒形罐上，常见这种网纹装饰，是当时以网捕鱼的实证。郭家村上层出土的刻划渔网纹陶壶最为生动，陶壶肩部凸起的一周绹纹为网纲，腹部刻划有三角形网格纹带，这小小网格就是网目，是一张完整的渔网形象，诠释了“纲举目张”。这件陶壶本身就是一件写实的艺术品。

郭家村遗址上层出土的渔网纹陶壶

自小珠山一期文化起，辽东半岛先民们就以开始利用各种贝壳制作艺术品和生产工具。小珠山一期文化（下层文化）、北吴屯一期文化（下层文化）发现有用文蛤磨成的蚌环等原始艺术品。小珠山二期文化时期的吴家村遗址出土有蚌珠、蚌环、穿孔蚌饰等各种蚌制品。小珠山三期文化的长海县广鹿岛蛎碴岗遗址出土了由 15 件海帽环组成的项链和海蚶饰件等。

小珠山三期文化时期，先民们利用牡蛎等贝壳制作出了蚌刀、蚌镰等收割工具，大大加速了农作物的收割。小珠山二期文化时期那种用陶片打制的既无双孔又极易损坏的陶刀已经消失，被先进的蚌刀、蚌镰和石刀、石镰所取代。

郭家村等遗址出土的海参罐，也属陶塑品的范畴，这些小陶器高不过 6 ~ 7 厘米，腹部普遍贴有 4 ~ 6 排乳钉，多的 8 排，甚至更多。乳钉酷似海参的肉刺，当地村民们直呼之“海参罐”。大致分为写实和抽象两类，写实类的海参罐腹部贴有 4 排或 6 排乳钉，与刺参的肉刺排数基本相同。另有腹部贴有 8 排或更多排的乳钉，甚至多达 76 个，相比刺参的肉刺排数和个数已大大超出。抽象类的海参罐仅贴有一周乳钉，甚至未贴乳钉，完全是一种抽象形式。上述海参罐上部几乎都有两个圆孔，显然是为系绳所制，当为悬挂之用，从此处可以窥见先民们对海参十分推崇，体现了先民们多年来的实践结晶。先民们之所以将推崇备至的海参塑制得惟妙惟肖，正是基于这种认识。“海参罐”既反映了先民们对刺参的推崇，同时也是难得的陶塑艺术品。郭家村还出土了 1 件陶塑兽形器，长方体，中空，前端刻出口部，两侧、上端、背部各有圆孔，似一大型水兽，是一件抽象陶塑品。

郭家村上层出土的陶舟形器，是一件写实作品。这件陶舟形器器表粗糙，呈褐色。舟首突出，尾部平齐，首尾微上翘，两舷上下外凸成弧形，底部经加工成平底，两侧等高，中间空疏较大，形成通舱。这件陶器显然不是一件实用的生活器皿，而是一件模拟品。曲石研究认为，这件陶舟形器不是独木所刳，而是多木牵列。底部加工平整，是为了加强在水中的稳定性。两舷上下向外凸出成弧形，可以减少阻力。舟首上翘向前突出，利于破浪。两舷等高，可以保持平衡，中间较大的空疏形成通仓。其下底长宽比是4∶14.4厘米，这样大的比值与现代船舶接近，便于提高航速。上部长宽比是8∶17.8厘米，顶部大于底部，可以获得更大的载重量。全舟比例协调。以上情况表明，郭家村先民们所使用的舟船，不仅可以适应大风浪的冲击，而且已经不是独木舟，而是复合材料制成的木板船。

正是这一时期造船业的发达，使得辽东半岛和胶东半岛之间的文化交流更加频繁，为胶东半岛的先进文化最终取代辽东半岛的土著文化奠定了坚实的基础。

第二章　先秦时期的辽宁海洋文化

大约从公元前21世纪开始，中原地区进入了夏、商、周时期，发达的青铜文化在世界文化史上占有重要的地位。辽宁大体上与中原地区同步进入了青铜时代。与夏、商、周王朝相对应，辽宁西部地区大体是前后相继的夏家店下层文化、魏营子文化、夏家店上层文化和燕文化；辽东半岛地区大体上是双砣子一期文化、双砣子二期文化、双砣子三期文化和双房文化。

第一节　以海为生的辽东半岛先秦时期考古学文化

辽东半岛大体与中原地区同时进入青铜时代，但与中原与长江流域发达的青铜文化相比，显得特征不够明显，缺乏制作精美的青铜器，其发展速度和发达程度与中原和长江流域有较大的差距。但这一时期已经出现了小件的青铜器，确定无疑地进入了青铜时代。辽东半岛的双砣子一期文化、双砣子二期文化大体上相对于中原地区的夏和商的早期阶段，与辽西地区与夏为伍的夏家店下层文化大致同时，属于青铜时代早期。

双砣子遗址位于大连市西部，地处渤海之滨营城子后牧城驿村北。该地为两个相邻的山丘，当地称之为“双砣子”。遗址主要集中在北砣子上。北砣子东、西、北三面环海，北面多为岩石峭壁，南面与东面都是缓坡，与陆地相连，背风向阳，最适于人类居住。1964年6—10月，中国科学院考古研究所东北考古工作队对遗址进行了发掘。根据发掘资料和研究，分为下、中、上三层，分别命名为双砣子一、二、三期文化。[①]

双砣子一、二、三期文化遗址都分布在沿海一带，特别是在一些岛、砣上。上马石上层类型遗址除分布在沿海一带外，还分布在一些邻近河流的山上。

一、双砣子一期文化

双砣子一期文化以双砣子遗址下层和于家村遗址[②]下层为代表。双砣子遗址下层共发现3座房址，都是双室半地穴式建筑。15号、16号房址是两室东西并排，呈不规则椭圆形，中间有一道隔墙。两室面积都不大，东室（16号房址）南北长3.8米，东西宽1.7米；西室（15号房址）南北长3.15米，东西宽2米。两室各开一门，东室门向东，西室门向南，门口都有由外向里的斜坡门道。室内居住面平整坚硬。每室设有一处灶址，西室

---

① 中国社会科学院考古研究所：《双砣子与岗上——辽东史前文化的发现与研究》，科学出版社1996年版，第3－56页。

② 旅顺博物馆、辽宁省博物馆：《旅顺于家村遗址发掘简报》，《考古学集刊》第1辑，中国社会科学出版社1981年版，第88－103页。

双砣子遗址

灶址位于东北部，灶坑中间埋有一个倒置的大陶壶口部，底铺石板，周围镶砌石板；东室灶址位于近北端，灶坑内也是放置了一个倒置的大陶壶口部。这种灶除作炊事之外，还可作为取暖兼保存火种之用。屋内出土遗物有陶杯、陶碗、陶罐、石斧、石凿、石矛、陶纺轮等。房址的周围及中间隔墙上共有 15 个柱洞，周围砌石。通过解剖屋顶堆积下来的红烧土块，发现两室由一个屋顶所覆盖，可能是北高南低的一面坡式屋顶。

双砣子一期文化房址

双砣子遗址下层生产工具主要是石器，多以辉绿岩和凝灰岩磨制，也有少量的页岩和砂岩，以长身的厚石斧比较突出，石刀的形制不规整，还有穿孔石斧、锛、铲、环刃器和纺轮等，也有陶纺轮。生活用具陶器最多，都是采用手制法，有的口沿经慢轮修整。大型陶器多是由口、腹、底相接，故出现大壶口部与腹部脱离的现象，有的大壶口部被当作灶圈使用。

双砣子遗址下层陶器绝大部分是夹细砂黑褐陶，因表面是打磨光亮的黑色，陶胎却是褐色，又被称为黑皮陶。常见的器形有壶、罐、碗、豆、杯等。浅盘高圈足镂空豆和杯底与把手相连的陶杯最具特征。陶器表面磨光，施以弦纹和乳点、刻划、镂空等装饰。彩绘以红、白、黄三色构成几何形图案，由于是陶器烧好以后绘制，故颜色易脱落。

据双砣子下层 16 号房址木炭^{14}C 断代，其年代为公元前 2 060 年 ±95 年（树轮校正：

公元前 2 465 年 ±145 年）。

于家村遗址位于大连市老铁山西北于家村西南一处东、南和西北三面临海，东北连接陆地的小半岛，东南与老铁山相望，东距郭家村遗址约 2 500 米，距牧羊城约 1 000 米，北距羊头洼遗址约 4 000 米。遗址坐落在东南坡的平缓地带，周围是悬崖峭壁。1977 年旅顺博物馆等对该遗址进行了发掘，分为下、上两层，分别属于双砣子一期文化和双砣子三期文化。于家村下层房址密集，在发现的 6 座房址中有 5 座相互叠压在一起。保存较好的 5 号房址，大体可以复原当时的住房情况，为一座不规则圆角方形半地穴式建筑，边长 4.4～4.5 米，地面西高东低，从地势推测，门可能在东南面低处。屋顶塌落下来的红烧土块上木椽痕迹整齐，由西北向东南排列，由此可知屋顶是西高东低一面坡式。值得注意的是地面下还铺有整齐排列的木棍，粗 3～4 厘米，已烧成炭状。这是当时人们防潮御湿的一种措施。房址南面的地面上埋有大陶壶口部制成的灶圈，是用来取暖兼保存火种的。遗物集中出在东面和北面，有陶壶、陶罐、陶碗、陶杯、陶豆、石斧、石锛、石矛等。

于家村遗址

于家村遗址下层生产工具主要有石斧、石锛和网坠等，以斧、锛为最多。除个别网坠采用打制法外，其余都是磨制。环刃石器、石矛、石镞等既是武器，又是渔猎生产工具。其他生产工具还有骨铲、骨凿、骨鱼卡、石纺轮、陶纺轮等。生活用具陶器与双砣子遗址下层大致相同，只是更具有典型性。

据于家村下层木炭^{14}C 断代为距今 4 085 年 ±100 年（公元前 2 135 年），与双砣子下层年代相当。

二、双砣子二期文化

以双砣子遗址中层和大连大砣子遗址①下层为代表。双砣子遗址中层生产工具石斧与双砣子下层不同，多为短身扁薄长方形，典型的半月形石刀和扁平三角形石镞比较普遍，其他石器与双砣子下层雷同。生产工具还有石锛、石网坠、骨鱼卡、鹿角锄等。生活用具的陶器较之下层有了明显的变化，黑陶和黑灰陶是显著特点。泥质陶占多数，也有部分羼

① 大连市文物考古研究所、辽宁师范大学历史文化旅游学院：《辽宁大连大砣子青铜时代遗址发掘报告》，《考古学报》2006 年第 2 期，第 206－230 页。

细砂。有的表面施一层光亮的黑衣，但陶胎多为红褐色或灰色，也有的呈黑褐色，还有少量的细砂黑褐陶。新出现的炊具陶甗则含有较粗大的砂粒，便于散热。陶器主要采用轮制，表面颜色较纯正，说明当时人们在烧制陶器控制火候方面有了很大的进步。陶器大多磨光，纹饰常见弦纹，也有少量刻划纹、附加堆纹和乳点。陶胎普遍较双砣子下层为薄。陶器多子母口，多凸棱，多有3个矮弧形足，颈部外折起棱、折肩或折腹，器盖数量多，构成了双砣子遗址中层陶器的主要特点。

双砣子遗址中层陶器与山东岳石文化①非常类似，目前对两者是否属于同一文化，尚无统一意见，但至少是已具备浓厚的岳石文化因素。双砣子中层叠压在下层之上，虽缺乏直接的年代证据，不过参照岳石文化5个^{14}C年代为公元前1 600年至公元前1 485年（树轮校正：公元前1 890年至公元前1 750年）之间，则双砣子中层的绝对年代也应大体与之相当。

大砣子遗址

大砣子遗址位于大连市北海村东南三面临渤海的砣子上，高出海面10余米，北高南低，仅西南有狭窄地带与陆地相连。1996年10月和1998年3—4月，大连市文物考古研究所两次对该遗址进行了抢救性考古发掘，根据地层堆积和出土器物变化，分为下、上两层，分别属于双砣子二期文化和双砣子三期文化。大砣子遗址下层陶器有泥质陶和夹砂陶两大类，以泥质陶居多。泥质陶包括磨光黑皮陶和灰陶；夹砂陶包括黑皮陶、黑褐陶和灰褐陶。泥质陶绝大多数轮制，制作精致，表面磨光，器表较纯，多素面，陶胎较厚，质密，个别黑皮陶表面施黑衣。纹饰少且简单，以凹弦纹为主，个别有刻划纹，陶器起棱和器壁下部折棱。主要器物有泥质盂、器盖、粗柄豆及盘内起棱的豆、三弧形矮足尊等，另外发现一片红彩彩绘陶片。夹砂陶多手制，个别口沿经过轮修，胎质较疏松，制作粗糙，多素面，纹饰以凹弦纹为主，还有附加堆纹、乳钉、盲鼻、刺点纹等，代表器物有罐、壶、碗、杯、甗等。以上这些与双砣子二期文化相同，深受山东岳石文化影响，但表现出明显地域特点，因此，时代也应与之相当，其中个别陶器更接近于双砣子一期文化风格。

除双砣子遗址中层、大砣子遗址下层外，属于双砣子二期文化还有大连小黑石砣子遗

① 中国科学院考古研究所山东发掘队：《山东平度东岳石村新石器时代遗址与战国墓》，《考古》1962年第10期，第509－518页。

址中层，大嘴子遗址①中层等。双砣子二期文化陶器较之前一时期有了明显的变化，黑陶和黑灰陶是显著特点。泥质陶占多数，也有部分羼细砂。表面有的施一层光亮的黑衣，但陶胎多为红褐色或灰色，也有的呈黑褐色，还有少量的夹细砂黑褐陶。新出现的甗则含有较粗大的砂粒，便于散热。主要采用轮制。陶器大多磨光，纹饰常见弦纹，也有少量刻划纹、附加堆纹和乳点。陶胎普遍较双砣子一期文化为薄，子母口、凸棱、3 个矮弧形足、颈部外折起棱、折肩或折腹、器盖数量多，构成了双砣子二期文化陶器的主要特点。常见器形除甗外，还有罐、壶、尊、盂、豆、碗等。大砣子下层和小黑石中层出土的陶器，极具双砣子二期文化特点。石器多与双砣子一期文化相同，但长身弧刃斧渐少，大多为扁平长方斜刃斧和弧刃斧，典型的半月形石刀和扁平三角形石镞比较普遍。其他石器如锛、矛、网坠等与双砣子一期文化雷同。

三、双砣子三期文化

以双砣子遗址上层和大嘴子遗址上层最具代表性。双砣子遗址上层房址分布密集，在 350 平方米范围内就有 14 座房址。这 14 座房址都是近方形半地穴式单室建筑，一般保存较好，大体上沿着山坡呈横行排列，有一定的布局。大部分房址是被火烧后废弃，而新的房址往往就地重建，甚至有的还利用旧房子的一部分墙基，因此，叠压和打破关系比较复杂。房址的结构和建筑方法基本相同，都是利用天然石块依半地穴的穴壁砌筑石墙。墙皆为单排垒砌，上部一般都向外倾斜，石块平整的一面朝里。各个房址保存情况不一，最高的石墙高达 1 米多。室内居住面多为砂土硬面，一般都比较平坦，少数的中间低凹，部分室内还保存有灶址。绝大多数房址都发现有数量不等的柱洞，其中周围的柱洞有的就砌在石墙里。房址的门道方向随所处的地势而有不同，南坡向南，东坡向东。有的房址还有向外伸出的门道，都是位于西南角，周围砌石，中间铺以石块作为台阶。14 座房址中大部分室内都有陶器、石器，有的陶器还保持着当时位置，从 1 件到 10 余件不等。由于是以木为骨架，四周和屋顶围（苫）干草，一遇大风，极易引起连环火灾。这说明房屋被烧毁时，留在室内的日用陶器尚未来得及搬出，就被烈火吞没，故而完整地保存下来。

双砣子遗址上层生产工具较为发达。石器中长方形扁平石斧相当普遍，半月形石刀和扁平三角形石镞大量出现，还有特有的长身弧背石锛。其他还有有肩石斧、石矛、石网坠、石纺轮等。骨、角制生产工具有骨凿、骨铲、鹿角凿等。出现了一定数量的陶网坠。生活用具陶器绝大多数为手制，部分口沿经过慢轮修整，仅个别的为轮制。陶质以细砂灰褐陶为最多，大型陶罐、壶的数量显著增加，典型器形有鼓腹小底罐、高领罐、细柄矮足豆、圈足簋、敛口曲腹盆等。另外，三足或五足的多足器以及有的圈足削成三个缺口，也是双砣子遗址上层的特有遗物。陶器表面也以磨光为主，刻划纹的数量较双砣子遗址下、中层显著增多，并有许多刺点纹，还出现竖行排列的附加堆纹。据^{14}C断代，4 号房址为公元前 1 170 年 ±90 年（树轮校正：公元前 1 360 年 ±155 年）；同时岗上墓地的下部文化

---

① 大连市文物考古研究所：《大嘴子——青铜时代遗址 1987 年发掘报告》，大连出版社 2000 年版；许明纲、刘俊勇：《大嘴子青铜时代遗址发掘纪略》，《辽海文物学刊》1991 年第 1 期，第 98－101 页。

层中所出遗物与双砣子遗址上层一致，7 号墓下面堆积的^{14}C 断代为公元前 1 335 年 ±90 年（树轮校正：1 565 年 ±135 年）；于家村遗址上层的两个数据为公元前 1 280 年至公元前 1 330年（树轮校正：公元前 1 490 年至公元前 1 555 年），以上的^{14}C 数据具体表明了双砣子上层的绝对年代。

大嘴子遗址位于大连市甘井子区大连湾镇东南、黄海北岸的一个三面环海的半岛尖端台地上，当地人称“大嘴子”。遗址高出海面约 10 米，上面有人工堆积的土台，西面是洼地和小河。面积 1 万平方米左右。1987 年 3 月至 7 月初，大连市文物管理委员会办公室等组成考古队，对遗址进行了发掘。1992 年春，辽宁省文物考古研究所、吉林大学考古学系等联合对遗址再次发掘。大嘴子遗址下、中、上层分别与双砣子遗址相对应，尤以上层遗存最为丰厚。发掘表明，大嘴子遗址是迄今发现的双砣子三期文化遗址中最为发达的一处。

大嘴子遗址两次发掘，共发现上层房址 48 座，可以区分为半地穴和石筑两种。半地穴式房址有圆角方形、圆形和椭圆形 3 种。这类房址往往是因失火而倒塌，室内都有陶器和石器。石筑房址多在平地上以石块筑墙，都是废弃的房址。大嘴子上层发现了 3 道石墙。虽然较低矮，但其中一条长达 39 米，是双砣子三期文化的首次发现，而发现的房址均坐落在这几条石墙之内。

大嘴子遗址

大嘴子遗址上层生产工具石器不仅数量多，而且形制多样。石斧已由厚身弧刃发展到扁平斜刃；石刀不仅数量多，而且种类繁多；长身弧背石锛特点明显。骨制生产工具有铲、凿等。渔猎工具中陶网坠数量最多，其次是骨鱼卡。石戈、石剑、石矛、石钺、石镞、石棍棒头等兵器大量出现。青铜镞形体硕大，具有地方特点。生活用具陶器以夹细砂灰褐陶为主，还有少量的黑皮陶和泥质灰黑陶。陶器绝大部分是手制，部分口沿经轮修，个别的使用了轮制。大型陶壶数量多，从断茬观察，陶胎系几次相套接而成。器形除壶外，还有罐、碗、豆、簋、盆、甗、舟形器等。圈足器数量较多，主要是壶、罐、簋等。陶器素面多，纹饰多在壶的颈、肩、腹部和簋的腹部。刻划纹数量显著增加，种类也繁多，其次是刺点、凸棱纹和附加堆纹。大嘴子遗址上层仍有彩绘陶器，其颜色、图案与下层相同，并有在刻划纹上绘彩之例。35 号房址内出土的至今仍存红、白颜料的两方石砚，证明了这些彩绘陶器的图案是本地居民自己绘制的。据^{14}C 断代，3 号房址内出土的谷物距今 2 945 年 ±75 年（公元前 995 年 ±75 年），树轮校正：距今 3 090 年 ±110 年（此数据因所测对象为炭化谷物，按照惯例要再加上 100 年）；14 号房址本炭距今 3 170 年 ±75 年（公元前 1 220 年 ±75 年），树轮校正年代：3 365 年 ±145 年，与双砣子遗址上层年代相当。

四、双房文化

双房文化是以 1980 年大连市新金县（今普兰店市）双房遗址发现的大石盖墓[①]为代表的考古学文化遗存[②]，以往又被称之“双房类型”[③] 或“双房遗存”[④]。根据目前的考古发现，双房文化主要分布于辽东半岛，其分布范围北抵辽宁抚顺、清原一带，西达下辽河东岸的辽阳左近，南到半岛南部。朝鲜平安北道新义州新岩里遗址发现的“第三种文化遗存”的陶壶，与双房大石盖墓所出的 A 型陶壶形制几乎完全相同，学界称为“双房—美松里型壶”，其他陶器亦与辽东半岛双房遗存陶器别无二致，属同一考古学文化。其主要特征为：陶器不见绳纹，除存在一部分具有鲜明的成组分布的阴弦纹以外，绝大多数陶器为素面，器物组合比较单一，主要以壶、罐两类平底陶器为主，不见鬲、鼎等三足器。虽有豆、碗、钵、盆和甗器残片发现，但数量极少。墓葬分为土坑墓和石构墓两大类，其中石构墓葬又有积石墓、石棺墓、石盖墓和石棚多种。墓中除随葬陶壶、罐以外，有些还见有青铜短剑和斧、矛、凿、镞等遗物。双房文化可分为早、中、晚三期，即早期年代相当于西周时期；中期年代约在春秋时期；晚期年代相当于战国时期。

以往辽东半岛南端大连地区被定名的“上马石上层类型”[⑤]、“尹家村二期文化”[⑥] 和“上马石青铜短剑文化类型”[⑦] 等，皆属双房文化。

综合以往的发现和研究，长海县大长山岛上马石遗址上层应属双房文化早期。生产工具石器除个别网坠为打制外，其余全是磨制，种类有斧、刀、镰、锛、网坠、纺轮等。其他生产工具有骨凿、骨鱼卡、骨鱼钩等。石兵器有矛、棍棒头、各种镞等。生活用具陶器以夹砂红褐陶为最多，其次是夹砂黑褐陶，有极少量的黑皮陶，多手制。仅个别器物饰刻划纹和附加堆纹，尤以刻划纹最为丰富。主要器形有甗、口沿饰附加堆纹敛口鼓腹罐、双耳壶、豆、碗、杯等。上马石遗址上层^{14}C 断代为距今 3 130 年 ±100 年（树轮校正：3 320 年 ±120 年）；3 170 年 ±150 年（树轮校正 3 365 年 ±195 年）。^{14}C 年代测定可能偏早，应比双砣子三期文化年代略晚。上马石遗址曾出土过角制宽叶曲刃青铜短剑，其年代当为这一时期。

双房是一处石棚和石盖石棺墓共存的墓地，也属双房文化早期。其位于普兰店市安波

---

① 许明纲、许玉林：《辽宁新金双房石盖石棺墓》，《考古》1983 年第 4 期，第 293－295 页。

② 赵宾福：《以陶器为视角的双房文化分期研究》，《考古与文物》2008 年第 1 期，第 18－28 页。

③ 陈光：《羊头洼类型研究》，《考古学文化论集（二）》，文物出版社 1989 年版，第 113－151 页。

④ 王巍：《双房遗存研究》，《庆祝张忠培先生七十岁论文集》，科学出版社 2004 年版，第 402－411 页。

⑤ 辽宁省博物馆等：《长海县广鹿岛大长山岛贝丘遗址》，《考古学报》1981 年第 1 期，第 63－110 页。

⑥ 中国社会科学院考古研究所：《双砣子与岗上——辽东史前文化的发现与研究》，科学出版社 1996 年版，第 119－140 页。

⑦ 许玉林、许明纲、高美璇：《旅大地区新石器时代文化和青铜时代文化概述》，《东北考古与历史（1）》，文物出版社 1982 版年，第 23－41 页。

双房西山南坡，共有石盖石棺墓3座，以6号墓保持较好。墓以花岗岩石板筑成长方形棺室，东西向。盖石暴露在地面，呈圆形，直径1.7米，石棺长1.55米。人骨已朽，随葬品有曲刃宽叶柱脊青铜短剑1件、滑石斧范1套（两扇）、叠唇深腹陶罐2件、钵口有耳圈足陶壶2件。青铜短剑与以往发现的相比，剑身较短，尖节距尖部很近，约占剑身的四分之一，形制比较原始。所出土的陶壶等器物，在辽阳二道河子石棺墓中也有发现，具有鲜明的特点，年代当在西周中期，它是大连地区迄今发现最早的随葬曲刃青铜短剑的墓葬。

双房青铜短剑形制为宽叶弧刃，弧度较大，无铜剑柄，无石加重器，剑身较短，长仅26.7厘米，剑刃两侧尖节靠近剑尖仅6.3厘米，形成前后两段曲弧。尖节至剑尖处短直，叶尾弧收成椭圆形。剑脊和剑茎为扁圆形，从尖节到剑尖锉成六棱脊，尖节处起高棱。滑石铸铜斧呈梯形，为两扇合范。陶器4件，皆夹砂褐陶。罐2件，为叠唇，直口，深腹，小底内凹。壶2件，胎薄，矮领内弧，口稍侈，器底为小圈足。较小的陶壶腹部附有后按上的3个半圆形小钮和1个横耳，肩和腹部有4组弦纹；另一件体较高，腹部有2个对称横耳和2个后安上的三角形小钮。

双房石盖石棺墓中出土的陶壶在于家村砣头积石墓地已露端倪，只是壶体更显粗矮，形制更为原始。其遗址——于家村遗址上层经^{14}C测定为距今3 230年±90年（树轮校正年代为3 505年±135年）；距今3 280年±85年（树轮校正年代为3 555年±105年），属于双砣子三期文化。考古发现已经证明，这一时期确信无疑地开始了青铜器的铸造。双房石盖石棺墓晚于砣头积石墓地，其年代约在西周中期。

中期以岗上墓地①最为典型。其位于大连市甘井子区营城子后牧城驿村北约400米的圆形土丘上。东北约1 000米是双砣子青铜时代遗址，东南约400米是与岗上墓地性质相同的楼上墓地。岗上墓地叠压在双砣子三期文化遗址之上，东西长28米、南北宽20米。整个墓地顶部以黑土夹杂砾石封筑，以石灰岩石块筑起墓壁。墓地以中央大墓为中心，共筑有23座墓，分成3个墓区，每个墓区又筑出放射状的若干小墓区。这23座墓分为石板底墓、石棺墓、烧土墓、砾石墓和土坑墓5种。石板底墓都是大墓。除2号、12号、23号3座墓未被火烧外，其余20座墓中的人骨均经过火烧。被火烧过的墓中都是多具人骨叠压在一起的，头向交错而置，成年人与小孩葬在一墓内。每座墓中人骨数目不等，其中19号墓有18人，3号、20号墓各有2人。23座墓共葬有144人。

墓地中出土随葬器物有陶器、铜器、石器和装饰品等。陶器为夹砂褐陶，均手制，有罐、壶、碗、豆等。铜器多被火烧变形，有曲刃青铜短剑（附石制枕状加重器）、矛、镞等。石器有棍棒头、镞、纺轮、砥石和滑石铸范等。装饰品有铜钏、铜簪、铜带饰和各种质料珠饰。

岗上墓地出土的青铜短剑形制为宽叶弧刃，叶尾弧收成椭圆形，出现了青铜剑柄和石加重器。不仅出土有6件曲刃青铜短剑、1件铜剑柄，而且还出土有青铜镞、矛、马衔、钏、簪等，更重要的是发现了斧、剑柄、凿和泡饰的铸铜滑石范，表明这时期生产力水平

---

① 中国社会科学院考古研究所：《双砣子与岗上——辽东史前文化的发现与研究》，科学出版社1996年版，第67－69页。

岗上墓地

和冶铸工艺的水平比以前有了提高和发展，证明这些青铜器是本地的土著产品。

这一期发现的墓地最多，且多为积石墓地。青铜短剑形制仍为宽叶弧刃，叶尾弧收成椭圆形，出土了青铜剑柄和石加重器。青铜器物种类较前期明显增多，表明此期生产力水平和冶铸工艺有所提高和发展。剑柄铸范的出土，更证明青铜剑柄和附件，确系当地的土著产品。这一期陶器均为夹砂陶，多红褐色，手制。器形仍较单调，主要有壶、罐、豆等，尤以壶、罐为多。壶为高领，鼓腹，小平底，肩部或附有扳耳，或附有小钮。罐多为短颈，侈口，削肩，鼓腹，小平底，有的带鸡冠状外叠唇，腹部附贴4只小疣，肩部刻划渔网纹；有的筒形素面。豆盘作碗形，有偏向一侧的流，下接带镂孔的喇叭形座。

岗上7号墓叠压的遗址出土的木炭，经^{14}C测定为距今3 280年±90年，属于双砣子三期文化，证明墓地的年代晚于双砣子三期文化。陶器为单一夹砂陶系，器类主要为壶、罐、豆，以红褐陶为大宗。岗上墓地结构与于家村砣头积石墓地基本一致，葬俗也是盛行丛葬，而且是丛葬后，再施火化，所出的滑石铸铜斧范、石纺轮等，也与前期相同。其年代约在春秋时期。

晚期分为前、后两段。前段以上马石墓地①代表。其位于长海县大长山岛东部滨海山丘上，共发掘了10座墓，均为长方形竖穴单人葬。墓坑直接开掘在贝壳层中，一般长不足2米，宽0.8米，最深0.9米。墓坑内填入的是松散的碎贝壳，与墓壁外未经扰乱的较为坚实的完整贝壳不同，可依此划出墓圹。墓内无葬具，人骨保存较好，葬式可分为仰身直肢、侧身屈肢和俯身葬3种。出有随葬品的仅有2～4号墓，计有曲刃青铜短剑2件，陶壶2件。2号墓出土的青铜短剑由剑身、T字形剑柄、枕状器和包护枕状器的贴叶组成。剑为柱脊，曲刃，长锋，短茎。剑叶弧度较大，叶尾近平。柄首两端微垂，柄首及柄筒下段铸有三角勾连纹，贴叶与柄首盘底铸羽状纹。护石贴叶钻有双孔，枕状器由2块赤铁矿石拼成。剑柄与柄首空隙处塞满麻布，是一件难得的完整曲刃青铜短剑。

晚期后段青铜短剑为窄叶弧刃，弧度较小，有T字形青铜剑柄和磨制精致的石加重器。上马石2号墓出土的枕状加重器由2块赤铁矿石拼成。卧龙泉墓地出土的加重器多为瘤状。这一期陶器及石镞等，基本上与前期相同。陶器多见壶。T字形剑柄上的三角勾连纹、羽状纹等几何纹饰，具有浓厚的地方特色。陶壶表面打磨，长颈，鼓腹。上马石墓地

① 旅顺博物馆、辽宁省博物馆：《辽宁长海县上马石青铜时代墓葬》，《考古》1982年第6期，第591－596页。

出土的陶壶与沈阳郑家洼子 6512 号墓、659 号墓[①]出土的陶壶基本相同。已经出现了 T 字形剑柄，其年代约为战国前期。

晚期后段以徐家沟石椁墓[②]和尹家村 12 号石椁墓[③]为代表 。徐家沟石椁墓位于长海县哈仙岛西面徐家沟一村民房后西北约 5 米断崖处。因雨水冲刷，断崖中石椁墓石块部分已掉下断崖，暴露出石椁墓中均被火烧过的青铜兵器和工具，可知此墓为火葬。墓中出土青铜器物有曲刃短剑 1 件，T 字形剑柄 1 件，剑镖 1 件，直刃短剑 5 件，斧 1 件，凿 1 件。墓中出土的曲刃弧度较小的短剑，年代较晚，又与直刃短剑共出，年代大约在战国后期。

尹家村 12 号石椁墓位于大连市铁山尹家村西南大河北岸耕地中，为长方形土圹墓，在墓底四周有扁平石块垒砌成石椁，墓圹中心有 7 块石块，可能是盖在木棺上；石板下面压有人骨和朽木痕迹，证明当时先将木棺放入土坑中，然后在木棺与土圹间砌石块。死者头向东，仰身直肢，随葬品有青铜短剑 1 件，放在死者腰部右侧，石棍棒头 1 件，放在死者胸部右侧。陶器有夹砂褐陶和泥质灰陶两类，皆手制。夹砂褐陶器有叠唇平底深腹筒形罐 1 件、陶壶 2 件、陶豆 2 件；泥质灰陶器有豆 1 件，呈浅盘、喇叭状足，竹节状细柄，此豆与战国后期燕国豆相同，年代为战国后期。

晚期后段青铜短剑为窄叶，长锋，血槽尖部明显下移，前端叶刃变成直刃，后段叶刃略显弧曲，叶尾甚窄。前段叶刃明显长于后段叶刃，无脊突，脊面棱线多直贯到底。T 字形剑柄趋向简略，呈现出退化形态。出现剑镖。并且共出有中原式直刃剑。陶器除夹砂陶外，新出现了泥质灰陶。器类以壶、罐、豆为主，以豆的变化较明显。夹砂褐陶豆柄座较前变细变高；泥质灰陶豆则与战国燕豆相同。尹家村 12 号石椁墓已出现了中原式泥质灰陶器，徐家沟石椁墓中还出有中原式直刃剑，推定其年代为战国后期。这与《史记·匈奴列传》“其后燕有贤将秦开，为质于胡，胡甚信之。归而袭破走东胡，东胡却千余里。……燕亦筑长城，自造阳至襄平。置上谷、渔阳、右北平、辽西、辽东郡以拒胡”的记载恰好吻合。哈仙岛徐家沟石椁墓和尹家村 12 号石椁墓的发现，见证了燕据有辽东后，其势力已远达长海诸岛。

综上，双砣子一、二期文化相对应中原王朝的夏—商中期；双砣子三期文化、双房文化相对应中原王朝商晚期—战国。

夏商之前的大连是东夷的势力范围。商周时期大连居民属于东夷的青丘部。《逸周书·王会解》：“青丘，狐九尾。”孔晁注：“青丘，海东地名。”《山海经·大荒东经》：“有青丘之国，有狐九尾。”《山海经·海外东经》亦载：“亦有青丘国，在海外。”《史记·司马相如列传》引司马相如赋中有“秋田乎青丘”之句。集解郭璞曰：“青丘，山名，亦有田，出九尾狐，在海外矣。”《正义》服虔云：“青丘国，在海东三百里。”综合以上史料，青丘应在山东之海外，在东三百里，正为今辽东半岛南部大连地区。

双砣子三期文化与其后继者双房文化即为“青丘”遗存。双房文化早、中、晚三期均

---

① 沈阳故宫博物馆、沈阳市文物管理办公室：《沈阳郑家洼子的两座青铜时代墓葬》，《考古学报》1975 年第 1 期，第 141－156 页。

② 许明纲：《大连市近年来发现青铜短剑及相关资料》，《辽海文物学刊》1993 年第 1 期，第 8－12 页。

③ 中国社会科学院考古研究所：《双砣子与岗上——辽东史前文化的发现与研究》，科学出版社 1996 年版，第 123 页。

以随葬曲刃青铜短剑为主要特征，不但在年代上可以衔接，在物质文化、墓葬形式、葬俗诸方面都是一脉相承，应视为同一民族的不同发展阶段。

第二节 先秦时期的辽宁渔业生产

双砣子一、二、三期文化和双房文化表明，当时的辽宁渔业经济相当发达。在众多遗址中普遍发现了数量较多的石、陶网坠，特别是发现了部分重达2千克的巨型石网坠。这样大的网坠显然不是用于浅水捕捞作业，而是到深海进行捕捞作业使用的。

早在新石器时代，大连地区的先民们就已出现射鱼、叉鱼、钓鱼和以网捕鱼4种作业方式。这4种渔业生产作业方式在青铜时代得到了进一步发展。除了网捕之外，还使用骨鱼钩、鱼卡钓鱼。在上马石遗址上层的一个灰坑中，发现了捆缚在一起的36枚骨鱼卡，表明钓鱼仍是当时渔业生产的重要手段之一。

双房文化的陶器上往往有刻划渔网纹，这在双房石盖石棺墓和岗上积石墓地都有发现。双砣子三期文化的砣头积石墓地曾发现有铜鱼钩；属于双房文化的旅顺口区铁山尹家村大坞崖遗址出土1件铜鱼钩，长6厘米，尾端有系线的凹槽，钩端弯度较大且有倒钩；上马石遗址出土的1件铜鱼钩，长3.2厘米，形状与制法与尹家村铜鱼钩相似。铸造铜鱼钩的石范也有发现，大连铁山尹家村大坞崖遗址出土铸铜鱼钩石范是砂岩质，长10.7厘米，宽6.5厘米，厚2.2厘米，此范共有两面：一面是铜鱼钩铸范；另一面是铜斧铸范，所铸铜鱼钩长8.3厘米，尾端较粗且有系线的凹槽，钩端弯度较大且有倒钩。

尹家村大坞崖遗址出土的铸铜鱼钩石范

上述情况表明，渔业是当时人们的主要生业之一。综观大连地区青铜文化，其经济是以渔业为主，这与当时人们赖以生存的环境生态是密不可分的。双砣子一、二、三期文化遗址都分布在沿海一带，特别是在一些岛、砣上。上马石上层类型遗址除分布在沿海一带外，还分布在一些邻近河流的山上。在这种环境生态下，其经济必然是靠海吃海或靠山吃山，从而决定了当时最发达的生产必然是渔业生产。但每处遗址不能一概而论，有的遗址农业经济所占的比重就大一些，大嘴子遗址就是一例。

辽东半岛青铜文化遗址主要分布在沿海地带及海岛上。受地理环境影响，渔业成为这个时期人们的主要生业。辽东半岛南端早期青铜时代的双砣子一、二期文化渔业经济较为发达。各遗址中普遍发现了较多的石网坠，特别是出现了为数较多的重达 2 千克的大型石网坠，显然这是到较深海域进行捕捞作业使用的。但各个遗址不能一概而论，有少数遗址，如大嘴子遗址农业经济所占的比重则要大一些。

辽东半岛南端晚期青铜时代渔业经济相当发达。在双砣子上层 17 号房址中发现一堆完整的鱼骨，鱼骨长 10～15 厘米，共百余条。大嘴子上层 37 号房址整个居住面上堆满了盛装着鱼骨的大型陶壶、罐，大部分陶壶、罐内壁上有盐碱状的物质，而凡有这种盐碱状物质的陶壶、陶罐内壁和表面都有层层脱落的迹象。这种将食用剩余的鱼贮藏起来的现象，一方面证明了当时人们不仅平时食鱼，而且有了剩余；另一方面证明了当时已经使用了海盐，因为只有用盐腌渍后的鱼经晒干方可储存在陶器内。属于双砣子三期文化的于家村砣头积石墓地出土的铜鱼钩，系双范合铸，残长 3.8 厘米；舟形器 1 件，两侧低，中间高，器体似船形；装饰品骨贝有 2 枚，系用骨头磨制成海贝状，两侧有小孔，以便穿线。长 1.5 厘米。它应同海贝一样，作为财富的象征。属于双房文化的上马石遗址上层出土渔猎工具较多，共 59 件，包括石网坠、石镞、骨镞、骨矛、骨鱼钩、骨鱼卡等，以骨鱼卡和镞为最多；鱼钩是利用动物肋骨磨制而成，制作精细，有的还有倒刺，可以看出渔猎经济的重要地位。上马石上层的一个灰坑中，发现了捆缚在一起的 36 枚骨鱼卡，表明钓鱼仍是当时渔业生产的重要手段之一。

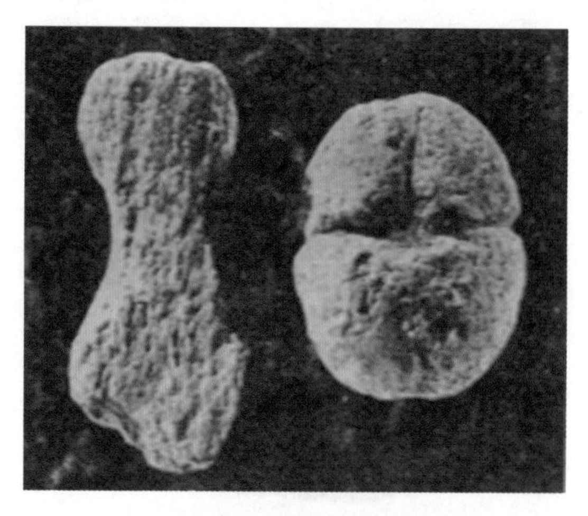

上马石遗址上层出土的石网坠

除了网捕之外，还使用骨鱼卡和骨鱼钩钓鱼，双房文化陶器上往往有刻划渔网纹，这在双房石盖石棺墓和岗上积石墓地都有发现。大连铁山尹家村大坞崖遗址出土 1 件铜鱼钩，长 6 厘米，尾端有系线的凹槽，钩端弯度较大且有倒钩；长海大长山岛上马石出土的 1 件铜鱼钩，长 3.2 厘米，形状与制法与尹家村铜鱼钩相似。铸造铜鱼钩的石范也有发现。大连铁山尹家村大坞崖遗址出土铸铜鱼钩石范是砂岩质，长 10.7 厘米，宽 6.5 厘米，厚 2.2 厘米，此范共有两面：一面是铜鱼钩铸范；另一面是铜斧铸范。所铸铜鱼钩长 8.3 厘米，尾端较粗且有系线的凹槽，钩端弯度较大且有倒钩。

由此可以看出，青铜时代的辽东半岛特别是南端渔业经济已很发达，捕捞方式已呈现出多样化，网鱼、钓鱼、叉鱼、射鱼等进一步发展，当然最原始的采拾方式仍是人们的重要生产方式。陶制舟形器的出现、鱼类的大量储存以及海产鱼类的增多，证明此时辽东半岛的居民已掌握了到较远海域捕捞的能力，渔业经济的发展达到了一个高峰。

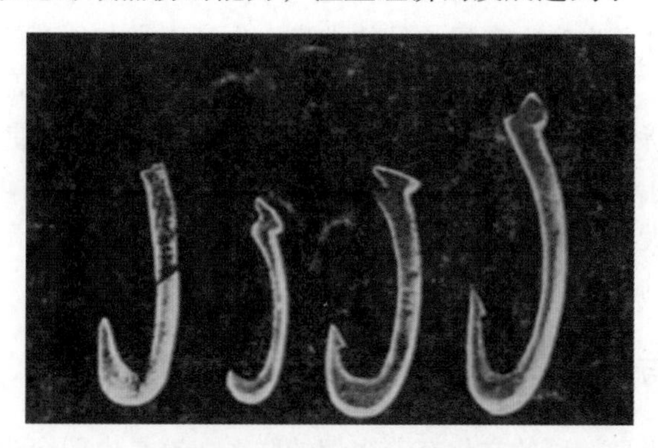

上马石遗址上层出土的骨鱼钩

大嘴子遗址上层出土的陶舟形器

砣头积石冢出土的陶舟形器

第三节　先秦时期的辽宁海洋文化交流

夏、商、周三代社会生产力有了长足的进步，生产工具和生产技术由于青铜器的使用而发生了巨大的飞跃。在农业、畜牧业和手工业发展的基础上，产品出现了相对过剩，从而导致了商品交换与货币的产生。夏、商、周三代木板船已普遍使用，从商代甲骨文的“舟”字分析，当时的木板船已有横梁或横隔板结构，这种结构对增强船体的横向强度，抗击海洋风浪无疑是大有裨益的。正是由于造船和航海的进步，先秦时期的海洋文化交流较新石器时代有了新的发展。

一、辽东半岛与胶东半岛的文化交流

辽东半岛与胶东半岛的原始文化有着密切的联系，这是由两个半岛特殊的地理条件所决定的，特别是庙岛群岛起到了连接两个半岛的桥梁和纽带作用。早在新石器时代，两个半岛就开始了文化上的往来。到了青铜时代，辽东半岛双砣子一期文化同样受到了胶东半岛原始文化的影响。双砣子一期文化已不见胶东半岛龙山文化的磨光黑陶和蛋壳黑陶，不见鬶等龙山文化的典型器物，豆均为粗柄，浅盘，柄上镂孔；杯把较宽，靠近下部，与底部相接。但双砣子一期文化的许多器物，特别是罐、杯等与山东长岛砣矶大口一期文化晚期同类器物十分相近，表明双砣子一期文化深受其影响。

双砣子二期文化受到了岳石文化的深刻影响，如陶器以泥质磨光黑陶和灰陶为主；器物多见尊、盂、豆、壶、器盖等；多子母口，多折沿，多折腹，多饰凸弦纹，多子母口器盖等，与山东岳石文化同类器物酷似。目前学界对于双砣子二期文化的性质存在着土著文化和岳石文化两种不同观点。前者认为虽然双砣子二期文化中陶器的特征与胶东的岳石文化相当接近，不过石器却明显承袭自双砣子一期文化，表明它的出现是受到了岳石文化的影响[①]；双砣子一期文化与二期文化时间上相承，主要遗存主要见于辽东半岛南端，据陶器间的亲缘关系考察，属于同一个文化系统，双砣子二期文化是夏代早期至商代早期受到山东半岛岳石文化强烈影响的一支土著文化[②]；双砣子二期文化首当其冲受到了山东半岛岳石文化强烈冲击，并吸收了岳石文化子母口陶器口沿外侧加凸棱的装饰风格，器类中新传入了鼎和甗。从造型看虽然受到岳石文化凸棱装饰风格的影响，但总体形态更具本地特色，为青铜时代早期晚段的发展创造了条件[③]。后者则认为，双砣子二期文化石器中的少量三角形平底石镞是唯一与本地土著文化相关的东西，其他如石钺、石刀，陶器器类、器形和纹饰，均与岳石文化同类器相近，是故其文化性质为岳石文化是没有问题的，并将双砣子二期文化划入岳石文化照格庄类型[④]。双砣子二期、大嘴子二期文化遗存与胶东岳石

① 安志敏：《辽东半岛史前文化》，《大连文物》1992 年第 1 期，第 8 - 14 页。

② 赵宾福：《中国东北地区夏至战国时期的考古学文化研究》，科学出版社 2009 年版，第 125 - 130 页。

③ 华玉冰、陈国庆：《大连地区早期青铜时代考古文化》，《青果集——吉林大学考古专业成立二十周年考古论文集》，北京：知识出版社 1993 年版，第 256 - 261 页。

④ 栾丰实：《辽东半岛南部地区的岳石文化》，《海岱地区考古研究》，山东大学出版社 1997 年版，第 375 - 407 页。

文化遗存极为相似，其性质应归属于岳石文化范畴之内①。岳石文化对双砣子一、二期影响强烈，取代土著文化成为主体文化②。双砣子二期文化中出现了大量的甗、三足罐、子母口罐、直领罐、豆、子母口器盖以及双孔石片等典型的岳石文化器物，而且在陶质、陶色以及陶器制作方法上均与岳石文化的陶器相同，这一现象表明辽东半岛南部地区在双砣子二期文化时期已完全被岳石文化所统治，成为海岱地区岳石文化的一个小文化区③。

同时期主要分布于海岱区的岳石文化陶器以素面和磨光居多。纹饰有附加堆纹、弦纹、凸棱、泥饼、镂孔和彩绘等，陶器的器形有鼎、甗、斝、罐、瓮、盆、舟形器、盒、尊、豆、盂、钵、碗、杯和器盖等。以浅盘豆、蘑菇钮器盖、中口罐、甗、尊、三足罐、锥状足鼎、盒、曲腹盆、碗形豆等构成岳石文化陶器的基本组合。陶器中叠唇的数量较多；流行卷领作风，领沿一般较宽；子母口十分普遍；器物的转角比较圆钝，相当数量器物的底部周缘外凸。而辽东半岛双砣子二期文化、小黑石砣子B类陶器、大嘴子第二期陶器、大砣子第一期文化等，从陶器的陶质、陶色、纹饰、器类、器形和器物组合上与岳石文化基本一致，故可认定辽东半岛上述典型遗址当属岳石文化系统。从出土物的特征看，双砣子二期文化、小黑石砣子B类陶器、大嘴子中期陶器、大砣子第一期文化的时代与岳石文化第一、二期相当，大体与二里头文化二、三期一致。

双砣子三期文化时期未见有与山东半岛交往的直接证据。从出土的石戈看，近似商戈形式。铜镞也与商代同类器相近。应当看作是受商文化影响的结果。双房文化甗的数量较多，也应当看作是受商文化影响的结果。

二、辽东半岛与朝鲜半岛的文化交流

辽东半岛至迟在新石器时代就与朝鲜半岛有着文化往来，以与朝鲜半岛西北部和西部的关系尤为密切。

朝鲜半岛西北部平安北道美松里下层发现的压印之字纹陶器，与辽东半岛小珠山一期文化和后洼一期文化以压印之字纹为特点的陶器装饰相同，应与小珠山一期文化向鸭绿江右岸的推进有关。

朝鲜半岛西北部晚于美松里下层的堂山文化，以刻划纹陶器装饰为特点，与辽东半岛南端大连小珠山二期文化吴家村遗址相似，表明朝鲜半岛西北部的堂山文化与辽东半岛南端大连地区有着较多的联系。鸭绿江左岸的土城里和长城里遗址出土的陶器胎土中羼滑石和以竖线刻划纹装饰的作风，可能早于堂山文化与吴家村，在鸭绿江右岸的浑江、富春江流域也有分布。堂山遗址和附近的双鹤里还有近于辽东半岛南端大连三堂一期文化的遗存，见于陶器的外叠唇和器表装饰细线型附加堆纹的作风。

以上表明，朝鲜半岛西北部，存在着与辽东半岛南端大连地区相近的新石器时代考古学文化序列。不同的是，辽东半岛南端大连地区所受胶东半岛新石器文化的影响，在鸭绿

① 段天璟：《胶东半岛和辽东半岛岳石文化的相关问题》，《边疆考古研究》第2辑，科学出版社2003年版；《二里头时期的文化格局》，吉林大学出版社2005年版，第125－145页。

② 刘俊勇：《辽东半岛南端新石器至早期青铜时代文化与周围文化关系》，《东北史地》2008年第3期，第41－45页。

③ 王建华：《试论辽东半岛南部地区的史前文化》，《辽宁师范大学学报》2005年第4期，第118－120页。

江左岸只是间接地可以看到，具体来说，鸭绿江流域不见三足器。朝鲜半岛西部的弓山文化可分为四期，其中第四期又可分为前、后两段。弓山文化第四期前段的南京遗址第一期陶器含滑石，纹饰也与吴家村、堂山相似。属弓山文化第四期后段的清湖里等遗址出土的器表装饰细线附加堆纹陶器，与辽东半岛南端大连地区三堂一期文化有联系。同属弓山文化第四期后段的南京遗址出土的陶壶接近辽东半岛南端大连地区小珠山三期文化郭家村上层陶壶，因此，弓山文化相当于辽东半岛南端大连地区三堂一期文化至小珠山三期文化。属弓山文化第三期的金滩里一期，一般认为可同辽东半岛南端大连地区小珠山二期文化相对应。弓山文化第一、二期，目前存在着早于辽东半岛南端大连地区小珠山一期文化或处于小珠山一、二期文化之间的两种认识。但不论如何，弓山文化与辽东半岛南端大连地区有着相近的发展阶段是毫无疑问的。朝鲜半岛西北部和西部无论是以平底陶器为特征的美松里下层到堂山文化，还是以圜底陶器为特征的弓山文化，都以压印纹为主，并且有从压印纹向刻划纹演变的规律，这与辽东半岛南端大连地区小珠山一期文化、小珠山二期文化、三堂一期文化、小珠山三期文化和鸭绿江右岸的后洼一期文化、后洼二期文化、北沟文化的特征、演变规律相一致，表明两个半岛之间的文化面貌的共同性是主要的。

夏商周时期朝鲜半岛西北部的文化面貌发生了较大变化，典型遗址是平安北道新岩里遗址和美松里遗址，其文化序列为新岩里一期文化、新岩里二期文化和美松里类型。

新岩里一期文化与双砣子一期文化有许多共同之处，如均有相当数量的磨光黑皮陶，器形以壶、罐和碗为主，壶和罐多饰有弦纹和乳钉纹，新岩里一期文化也出过彩绘陶，外叠厚唇的作风在一度衰落后又流行起来。新岩里一期文化石器也与双砣子一期文化相同，如长方形石斧、长方形或半月形石刀、磨制扁平凹底石镞等上述表明，在距今 2 000 年前后，辽东半岛双砣子一期文化直接影响到了鸭绿江左岸。

新岩里二期文化以矮圈足或假圈足壶、钵为主，且有矮足豆出现，总体面貌接近双砣子三期文化。这一时期，中国的栽培稻经辽东半岛大连地区再次传往朝鲜半岛和日本。大连大嘴子稻米发现为研究中国栽培稻传往朝鲜、日本提供了实物资料。一般认为，朝鲜和日本的栽培稻最初都是由中国传入的。日本学者关于稻作东传的路线主要有北路、中路、南路诸说。就目前考古发现来说，北路说证据最多。著名考古学家严文明教授认为根据现有证据，最大的可能是从长江下游→山东半岛→辽东半岛→朝鲜半岛→日本九州再到本州这样一条以陆路为主，兼有短程海路的弧形路线，以接力棒的方式传播过去的。弧形接力的第一站是从长江口南岸到北岸，第二站是从长江的北岸传到山东半岛，第三站是从山东半岛传到辽东半岛，第四站是从辽东半岛传到朝鲜半岛，第五站是从朝鲜半岛南部渡海到日本九州，从九州又传到本州等地。由于这条弧形传播路线的前几站方向基本上是朝北的，而朝北的山东半岛、辽东半岛和朝鲜北部气候都较温凉，雨量也不十分充沛，水稻难以成为主要农作物。人们有时种植，有时不种植，所以传播速度很慢。又因气候关系使籼稻难于生长，从而使稻种日趋变成单一的粳稻。等到后来从朝鲜北部往南再到日本，方向转而朝向东南，气温渐趋上升，雨量更加丰富，水稻很快发展成为当地的主要农作物，传播速度自然大为加快①。

① 严文明：《略论中国栽培水稻的起源和传播》，《北京大学学报》1989 年第 2 期，第 53 – 56 页。

大嘴子遗址上层出土的炭化粳稻

鸭绿江左岸的朝鲜半岛西北部继新岩里二期文化之后的是新岩里第三种遗存和美松里上层类型。新岩里第三种遗存叠压在新岩里一期文化之上，陶器有钵形口弦纹壶、叠唇鼓腹罐等，壶、罐多饰有桥状耳、贴耳。石器多见半月形刀和磨制扁平凹底镞。美松里上层类型的洞穴遗址中发现多具已散乱的人骨，并有火烧痕迹，陶器以钵形口、饰弦纹、附桥状横耳的壶最具代表性，陶罐已见外叠唇，多见假圈足。石器以磨制凹底柳叶形镞较为多见。还有铜斧，其中一件呈扇面形。新岩里第三种遗存和美松里上层类型相比较，前者早于后者，应为朝鲜半岛西北部同一青铜文化的前后两个发展阶段。新岩里第三种遗存的钵形口弦纹壶和叠唇鼓腹罐与辽东半岛双房类型同类器相同，现一般称为“双房—美松里”式壶。朝鲜西部“陀螺式陶器文化”已有青铜镞、青铜扣出土，表明这一文化已进入青铜时代。有专家将“陀螺式陶器文化”与辽东半岛双房类型相比较，发现两者之间存在不少相似之处。如两者的墓葬均为石盖石棺墓或石棚，均有横剖面为扁平长方形石斧和石铲、环形石器、弧背弧刃石刀。特别是在平壤湖南里南京遗址的几座居住址中，出土了双房类型的典型陶器——钵形口弦纹壶风格相似的钵形口鼓腹壶，显然是接受了双房类型的影响。由于“陀螺式陶器文化”与当地以叶脉纹尖底筒形罐为主的弓山文化晚期，在时间上相衔接而文化面貌发生较大变化，所以，“陀螺式陶器文化”可能与朝鲜半岛西北部新岩里二期文化一样，是当地文化吸收了辽东半岛双砣子三期文化因素的结果，而朝鲜半岛西北部成为了两者交流和传播的必经路线。双砣子三期文化和双房文化时期，辽东半岛先进的农耕技术、青铜器制作技术，以及墓葬形制等传到了朝鲜半岛，对朝鲜半岛经济、文化的发展起到了极为重要的作用。“陀螺形陶器文化”的出现，可能与朝鲜半岛西北部新岩里二期文化一样，是在当地文化的发展过程中吸收了辽东半岛双砣子三期文化因素的结果。辽东半岛考古学文化对朝鲜半岛西部的传播是通过其西北部间接实现的。[①] 有学者进行具体分析，认为“陀螺形陶器文化”中期出现的双房文化因素，极有可能是从与其接壤的朝鲜半岛西北部地区传入的。至于双砣子三期文化对于“陀螺形陶器文化”早期的影响和途径，则很可能是通过海路进行的。[②]

---

① 郭大顺、张星德：《东北文化与幽燕文明》，江苏教育出版社 2005 年版，第 700 页。

② 王巍：《商周时期辽东半岛与朝鲜大同江流域考古学文化的相互关系》，《青果集——吉林大学考古专业成立二十周年考古论文集》，知识出版社 1993 年版，第 233 – 244 页。

双房文化以其强势，使得“陀螺形陶器文化”在其文化发展过程中，必然接受了双房文化的影响，出现了与双房文化相同的墓葬形制和器物。从这时起，朝鲜半岛由北向南，普遍出现了石棚、石盖石棺墓和曲刃青铜短剑等。辽东半岛“桌子式”石棚在朝鲜半岛北部多见，年代较晚的“棋盘式”石棚在朝鲜半岛南部多见。与此相应，兴盛期的曲刃青铜短剑，在朝鲜半岛北部发现较多，而南部甚少。

夏商周时期，辽东半岛南端大连地区与朝鲜半岛诸考古学文化有着密切的联系，特别是双砣子三期文化和双房文化时期，辽东半岛先进的农耕技术、青铜器和制作技术，以及墓葬形制等传到了朝鲜半岛，对朝鲜半岛经济、文化的发展起到了极为重要的作用。

第三章　秦汉时期的辽宁海洋文化

秦汉时期包括秦、西汉、新、东汉 4 个王朝，从公元前 221 年秦统一六国到公元 220 年东汉献帝禅位于曹丕，共历时 441 年。秦始皇的巡海，一方面是为寻找不死仙药而为，另一方面也表明我国航海事业步入了新的发展阶段。徐市（福）东渡日本成为中国古代航海史上的壮举，开辟了中国古代的远洋事业，第一次把当时东方最先进的科学文化与生产技术传播到了日本，对于日本经济社会的发展起到了重要的作用。汉代经济繁荣、国力强盛促进了造船业兴盛，造船水平有了明显的提高，航海工具也日渐成熟。汉武帝时期水、陆大军经辽东半岛到达朝鲜半岛，灭掉卫氏朝鲜，在朝鲜半岛北部设立乐浪、临屯、玄菟、真番四郡，汉文化走向了朝鲜半岛。辽东半岛与胶东半岛的海上往来更加密切，与中原文化融为一体。

第一节　秦的统一与航海活动

一、秦的短暂统一

经过战国数百年的分裂与争战，人民苦不堪言，停止战争、渴望统一成为大势所趋、人心所向的不可阻挡的历史潮流。秦国顺应了这一历史潮流，于公元前 221 年完成了统一大业。秦王朝国祚虽短，但秦始皇所建立的统一的中央集权制度，成为之后历代王朝的基本政治体制。秦王朝所施行的一系列政策，对后世产生了深远的影响。

秦王朝在辽宁的统治，不是对燕国统治的简单承袭，而是有所发展。秦在统一全国的过程中，把原在秦国范围内实行的郡县制推行到全国，其中原燕国境内的上谷、渔阳、右北平、辽西、辽东郡皆沿用旧名。燕国统治时期郡下是否置县，史无记载，秦时辽东郡下确已置县，史书记载辽西、辽东属县二十九[①]。按照秦制，县之长官为令（长）；县下有乡，乡有三老；乡下有亭，亭有亭长。如此一套较为系统、严密的地方行政管理制度，有利于巩固秦的统治。

具体来说，秦的统治对辽宁地区地并没有产生深刻的影响，究其原因主要是秦灭燕后继置的辽东郡、辽西郡、右北平郡地处边陲，加之秦国祚较短，其政令对辽宁地区影响有限。随着秦的暴政和统治阶级内部矛盾的加剧，秦王朝迅速走向崩溃，无暇顾及包括辽宁在内的边陲地区。秦朝末年的农民大起义沉重地打击了秦王朝的统治，最终导致秦王朝的灭亡。

① 《史记·周勃世家》。

二、秦始皇的航海活动

秦统一后的疆域，“东至海暨朝鲜，西至临洮、羌中，南至北向户，北据河为塞，并阴山至辽东”[①]，成为当时世界上最大的国家。秦王朝的建立标志着我国统一的多民族国家的诞生。

秦始皇实现统一之后有过五次出巡，其中四次来到海滨。除第一次是在公元前220年西巡陇西外，其余的第二次至第五次都是巡游海上，即公元前219年“并勃海以东，过黄、腄，穷成山，登之罘，立石颂秦德焉而去”[②]；公元前218年“登之罘，刻石”[③]；公元前215年“之碣石，使燕人卢生求羡门、高誓，刻碣石门”[④]；公元前210年“渡海渚”，“望于南海，而立石刻颂秦德”，又“并海上，北至琅邪”。方士徐市等解释“入海求神药，数岁不得”的原因在于海上航行障碍很多：“蓬莱药可得，然常为大鲛鱼所苦，故不得至，愿请善射与俱，见则以连弩射之。”随后“始皇梦与海神战，如人状。问占梦，博士曰：‘水神不可见，以大鱼蛟龙为候。今上祷祠备谨，而有此恶神，当除去，而善神可致。’乃令入海者赍捕巨鱼具，而自以连弩候大鱼出射之。自琅邪北至荣成山，弗见。至之罘，见巨鱼，射杀一鱼。遂并海西”[⑤]。秦始皇亲自以“连弩”射海中“巨鱼”，竟然“射杀一鱼”，堪称历代帝王空前绝后之举。

秦始皇的四次并海巡游，表明秦统一中国后，我国航海事业步入了新的发展阶段。

秦始皇的第一、二、四次并海巡游，都到过荣成山（成山）、之罘，考古发现证明了司马迁所记不谬。1979年10月和1982年7月，山东成山分别发现一组玉器，编为第一组玉器和第二组玉器，其中第二组玉器的年代早于第一组玉器的年代。两组玉器都有1件玉璧和2件玉圭，唯第一组玉器多出1件玉璜，研究者认为第二组玉器很可能是秦始皇奉祀日主的遗物[⑥]。1975年8月，山东烟台芝罘岛原阳主庙前发现两组玉器，编为一组玉器和二组玉器，两组玉器均为1璧、1圭、2觽。研究者认为这两组玉器为秦始皇三登之（芝）罘祭祀日主留下的遗物[⑦]。

秦始皇的第三次并海巡游到达碣石，也由考古发现所证实。20世纪80年代初发现的辽宁绥中姜女石遗址，经1984年至2000年持续勘探和发掘，已确定为秦始皇行宫遗址。经勘探和发掘可知，姜女石秦始皇行宫遗址规模宏大，其所属的数处建筑址分布面积达20余平方千米，其中，石碑地位于南部面海的3处建筑址中心，整体高出周围地面，主体建筑高大宏伟，附属建筑错落有致，不同建筑功用有别，各类建筑设施齐备，是整个行宫遗址中最高等级者。石碑地普遍使用的大型建筑构件“夔纹大瓦当”仅见于秦始皇陵等皇家建筑，其性质为秦始皇行宫遗址无疑。止锚湾、黑山头是其两翼，见于海边高台地上，与石碑地一样俯瞰大海。这三组建筑分别与立于海中的三组礁石群相对，即止锚湾的红石崖、石碑地的姜女石和黑山头的龙门石，而以姜女石礁石群规模最大。姜女石即民间传说

---

①~⑤ 《史记·秦始皇本纪》。

⑥ 王永波：《成山玉器与日主祭——兼论太阳神崇拜的有关问题》，《文物》1993年第1期，第62－68页。

⑦ 烟台市博物馆：《烟台市芝罘岛发现一批文物》，《文物》1976年第8期，第93－94页。

中的“姜女坟”，它原是两块耸立的礁石，犹如海中之门。从姜女石遗址选址和建筑布局，无疑融入了许多理念。诚如苏秉琦先生所言：这种选址暗含着将辽东半岛与山东半岛作为屏风，将渤海湾作为其庭院。刘庆柱先生在谈到石碑地遗址发现的意义时特别指出：有一点是可以肯定的，秦始皇应该具有拥有海洋、管理海洋的观念，后世皇帝将海洋搬入皇宫，究其源头无疑应从秦始皇开始的①。

石碑地出土的夔纹大瓦当

秦始皇并海巡游，还与随行权臣“与议于海上”。琅邪刻石记录秦始皇“至于琅邪”，王离等重臣十一人，“与议于海上。曰：‘古之帝者，地不过千里，诸侯各守其封域，或朝或否，相侵暴乱，残伐不止，犹刻金石，以自为纪。古之五帝三王，知教不同，法度不明，假威鬼神，以欺远方，实不称名，故不久长。其身未殁，诸侯倍叛，法令不行。今皇帝并一海内，以为郡县，天下和平。昭明宗庙，体道行德，尊号大成。群臣相与诵皇帝功德，刻于金石，以为表经’”。

对照《史记·封禅书》汉武帝“宿留海上”的记载，可以推测这里“与议于海上”之所谓“海上”，很可能是指海面上。秦始皇集合文武大臣“与议于海上”，发布阐述国体与政体的文告，应理解为站立在“并一海内”、“天下和平”的政治成功的基点上，宣示超越“古之帝者”、“古之五帝三王”的“功德”，或许也可以理解为面对陆上已知世界和海上未知世界，陆上已征服世界和海上未征服世界所发表的政治文化宣言②。

---

① 辽宁省文物考古研究所：《姜女石——秦行宫遗址发掘报告》，文物出版社 2010 年版，第 403 – 404 页。

② 王子今：《略论秦始皇的海洋意识》，《光明日报》2012 年 12 月 13 日。

石碑地遗址全景及姜女石远景

姜女石近景

三、徐市东渡日本的航海活动

中国和日本之间的海上交往至迟可以追溯到春秋战国时期，从文献学和考古学考察，当时的航海活动主要是从中国前往日本，而且大都是一种自发的、无组织的民间行为，航海的性质大都是成功率很低的自然漂航。到了秦朝，中国和日本之间开始出现了有组织、有目的的大规模航海活动。徐市东渡日本就是一个重大的航海活动。

徐市即徐福，在司马迁《史记》中互见，字君房，齐地琅琊（今江苏赣榆）人，秦朝著名方士。徐市东渡日本的航海活动是迎合秦始皇妄求长生不老，寻找不死仙药的愚昧思想而进行的。据司马迁《史记》记载，徐市的航海活动共有两次，第一次是公元前219年秦始皇第二次出巡，徐市乘机上书，言海中有蓬莱、方丈、瀛洲三座仙山，有仙人居住，请与童男女去求长生仙药。于是，秦始皇遣徐市发童男女数千人，入海求仙人；第二次公元前210年秦始皇第五次出巡，再次来琅琊。此时距当年徐市入海寻找仙药，已经过去九年，一直未来归报。秦始皇即派人传召徐市。徐市因连年航海，耗费很大，恐遭到重责，谎称“蓬莱药可得，然常为大鲛鱼所苦，故不得至，愿请善射与俱，见则以连弩射之。”在秦始皇射杀大鲛鱼后，再次命徐市入海求仙药。此后，秦始皇再也未能等到徐市音讯。

徐市这支数千人的船队最终到达日本，日本和歌山县新宫町“秦徐福碑”可证。

孙光圻对徐市东渡日本可行性航路进行了探讨，认为该航路必须受中日之间地理条件与海洋条件的制约；必须受秦代中国航海工具与航海技术水平的制约；必须尽可能与中日之间的考古学成果以及古代文化传播态势相吻合。徐市的起航地点在琅琊。据司马迁记载，徐市两次入海都是在琅琊向秦始皇提出申请的。鉴于琅琊从春秋时起就是山东半岛东岸的主要大港，而秦始皇又多次巡游该处，并刻意扩建港城，因此有理由认为琅琊是徐市船队的起航地点。

徐市船队的第一段航路是琅琊港—成山头—之（芝）罘港。第二段航路和第三段航路均经由辽东半岛沿岸。其第二段航路是由之（芝）罘—蓬莱头—庙岛群岛—辽东半岛南端老铁山。徐市船队前往日本，受制于当时航海水准而无法横越黄海东驶朝鲜半岛，则必须取纵渡渤海海峡的逐岛航行路线。从蓬莱头经庙岛群岛的纵渡渤海海峡航路是从新石器时代开始的一条古老航线，徐市船队由蓬莱头北驶，经南长山岛、北长山岛、猴矶岛、砣矶岛、大钦岛、小钦岛，南隍城岛、北隍城岛，再穿越22.8海里宽的老铁山水道，抵达辽东半岛南端的老铁山。此段航路各岛之间相望，导航目标明显，沿途锚地众多，航行颇为方便。其第三段航路有老铁山—鸭绿江口—朝鲜半岛西海岸—朝鲜半岛东南部海岸（釜山—巨济岛一线沿海）。经由辽东半岛沿岸驶达朝鲜半岛东南部，是中、朝、日之间早期的惯行航路。从地理条件看，朝鲜半岛地处中国大陆与日本列岛之间，适为建立海上航路之天然跳板。故而，秦朝时有大批中国人乘船自辽东半岛沿岸航至朝鲜半岛东南部。“辰韩耆老自言秦之亡人，避苦役，适韩国，马韩割东界地与之，并名国为郡……有似秦语，或名之秦韩”①。这说明有相当一部分中国移民已在那里定居，并建立了国家。而另一部分中国移民——如以徐市为代表的秦人群则继续渡海峡南下，在日本列岛上开拓了新的生活天地②。

司马迁《史记》记录了伍被谏淮南王刘安语：“昔秦绝圣人之道，……又使徐福入海求神异物，遣男女三千人，资之五谷种种百工而行。徐福得平原广泽，止王不来”③。伍被生于公元前189年前后，距徐市东渡不过20年左右，此时徐市一行显然还健在。而伍被的父亲与徐市是同时代的人，生活地域又十分靠近，因此，他们父子完全有可能在事实上耳闻目睹了徐市入海东渡时征发童男女、五谷和百工以及调集船只之事。

徐市东渡日本是中国古代航海史上的壮举。徐市作为中国远洋航海的第一人，率领庞大的船队驶往遥远的异域，开辟了中国古代的远洋事业；徐市第一次把当时东方最先进的科学文化与生产技术传播到了日本，对于日本经济社会的发展起到了重要的作用。

---

① 《后汉书·东夷传》。

② 孙光圻：《中国古代航海史》，海洋出版社1989年版，第149－153页。

③ 《史记·淮南衡山列传》。

第二节　汉代的辽宁海洋文化

一、汉初诸侯王割据辽东

公元前 209 年，陈胜、吴广的农民起义，揭开了推翻秦王朝的序幕。这场大规模的农民起义在沉重打击了秦王朝统治的同时，也给了割据势力以可乘之机，辽东随即落入割据势力的控制之下。起义军攻下陈县后，陈胜自立为王，同时派遣几支起义军分头出击。部将武臣占领赵地后，自号武安君。当陈胜率领的起义军主力进抵秦都咸阳附近时，出身于赵国贵族的张耳和陈余策动武臣背叛陈胜，自立为赵王，在拒绝西上配合起义军主力灭秦的同时，“北徇燕、代，南收河内以自广”，积极扩充势力。武臣部将韩广于年底占领燕地，被燕人拥立为燕王①，燕国的辽东旧地，成为韩广控制的势力范围。

公元前 206 年，项羽击溃秦军主力，进入咸阳，自封为西楚霸王，并割地分封，封刘邦和秦国旧将章邯等 22 人为王，改封原燕将臧荼为燕王，“徙燕王韩广为辽东王”②。当臧荼前往燕地就封之际，韩广拒不受命，遂被臧荼所杀，“并王其地”，辽东遂为臧荼的势力范围。

楚汉相争之际，刘邦为了争取各方面的支持，曾对包括燕王臧荼在内的 7 个异姓王予以承认。公元前 202 年，刘邦称帝，兵围项羽于垓下，项羽突围逃往乌江，自刎而死。“十月，燕王臧荼反，攻下代地。高祖自将击之，得燕王臧荼。即立太尉卢绾为燕王”③。卢绾前后维持了 7 年时间，渐感羽翼已丰。但随着汉王朝中央集权统治的不断加强，韩信、彭越等异姓王的相继被剪除，卢绾亦欲谋反。公元前 195 年，卢绾谋反阴谋暴露，“二月，使樊哙、周勃将兵击燕王绾”。“立皇子建为燕王”④。直到公元前 128 年燕王刘泽“坐禽兽行，自杀，国除为郡”⑤，辽东郡才直接隶属汉中央政府管辖。

秦末汉初各燕王、辽东王更迭的历史过程，是中央集权与诸侯割据之间激烈斗争的集中反映。这些割据势力不仅对辽东社会经济的恢复和发展无益，同时也是西汉初年真正实现全国统一的隐患，是建立中央集权制国家的主要障碍。汉高祖刘邦先后平灭臧荼、卢绾，是汉初消除“异姓诸王”，削弱王国势力的重要决策。特别是决定在当时所封的楚、梁、燕、赵等“异姓诸王”中，着力铲除谋叛反汉的燕王臧荼，足以表明汉朝廷对燕王国所统治的辽东的重视。

西汉初年的同姓燕王是一种割据势力替代另一种割据势力的统治，随着其日益壮大，必然与中央政府产生严重的对立，吴楚“七国之乱”就是这种对立的激化。秦末汉初辽东的历史就是中央集权与割据分裂较量的过程，至汉武帝时，中央集权制最终取代了割据分裂，郡县制得以真正确立，辽东的经济得以恢复和发展。

---

① 《史记・张耳陈余列传》。

② 《史记・项羽本纪》。

③④ 《史记・高祖本纪》。

⑤ 《史记・汉兴以来诸侯王年表》。

二、汉代的造船业

经过汉初几十年的休养生息，到汉武帝时期，“国家无事，非遇水旱之灾，民则人给家足，都鄙廪庾皆满，而府库余货财。京师之钱累（百）巨万，贯朽而不可校。太仓之粟陈陈相因，充溢露积于外，至腐败不可食”①，呈现出经济繁荣、国力强盛的局面。

汉代的造船业兴盛，造船水平有了明显的提高，航海工具也日渐成熟。汉代的船舶高大，有多重甲板。《史记·平准书》有“治楼舡（船），高十余丈，旗帜加其上，甚壮”的记载。据折算，这种“高十余丈”的楼船高度约二十余米。东汉人刘熙在《释名》中解释汉代大型船舶上下有三层建筑，第一层曰“庐”，“像庐舍也”；第二层即“其上重室曰飞庐，在上故曰飞也”；第三层“又在上曰爵（雀）室。于中候望之如鸟雀之警示也”。

汉代较大的船一般已采用了横隔舱的结构，以增加整个船体的抗风浪强度。各地发现的两汉明器木船和陶船可以窥见汉代船舶之一斑。据1974年湖北江陵西汉墓出土的明器木船②和1980年广东德庆东汉墓出土的陶船③分析，汉代具有甲板与上层建筑的较大型船舶，一般已采用了横梁和隔舱板形成的分隔舱结构技术，以增加整个船体的抗冲击强度与抗沉没能力，从而为远洋航行提供了保证。

湖北江陵西汉墓出土的明器木船

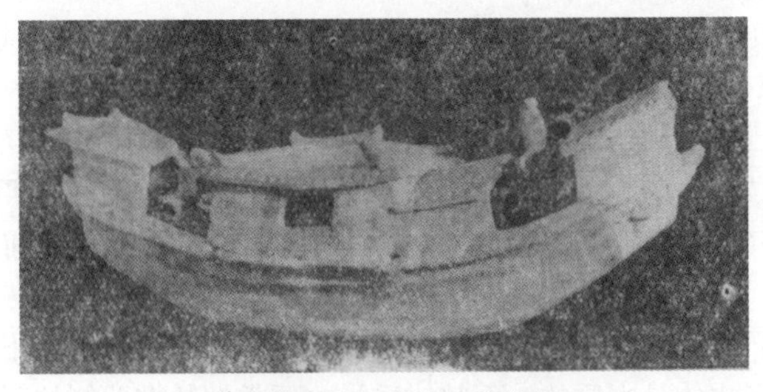

广东德庆东汉墓出土的陶船

① 《史记·平准书》。

② 长江流域第二期文物考古工作人员训练班：《湖北江陵凤凰山西汉墓发掘简报》，《文物》1974年第6期，第41－61页。

③ 杨耀林、谭永业：《广东德庆汉墓出土一件陶船模型》，《文物》1983年第10期，第96页。

汉代的船舶，尤其是水军战船种类繁多，各有用途。据《释名》所载："军行在前曰先登，登之向敌阵也；狭而长曰艨冲，以冲突敌船也；轻疾曰赤马舟，其体正赤，疾如马也；上下重床曰槛，四方施板以御矢石，其内如牢槛也；五百斛以上还有小屋曰斥候，以视敌进退；三百斛曰舠，舠，貂也；……二百斛以下曰艇，其行径梃一人所行也"。除此之外，还有"艆舶"与"艭"（栊）等，都是航海大船。

汉代船舶上的各种推进与操纵设备已基本齐全。新石器时代问世的短桨，在春秋战国时代已被长桨取代并盛行起来。到汉代，长桨依然是航行的利器，湖南长沙西汉墓出土的明器木船和湖北江陵西汉墓出土的木船模型上的木桨就是这种长桨。特别是湖北江陵西汉墓出土明器木船墓中还发现了一批木简，其上书有"大舟皆□二十三桨"、"大奴□櫂"等文字，可证西汉时已有20余人划长桨的船了。汉代已出现了新的推进与操纵工具——橹。橹是由长桨演进而来的，操作时纵置于船舷侧面，以手来回摇动橹柄，即可使柄叶在水中翻动，产生持续的推力，较间歇做工的普通船桨要提高许多功效。同时，还能控制船舶的航向。摇橹之名始见于西汉杨雄所著《方言》。刘熙《释名》对橹的定义是："在旁曰橹，橹膂也，用膂力然后舟行也"。可见摇橹驶船术至迟在出现在汉代。

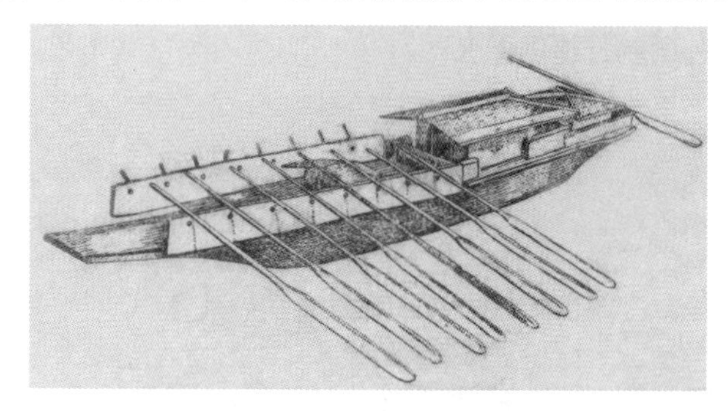

广州皇帝岗西汉墓出土的明器木船

西汉文献中大规模风帆远航的记录比比皆是，东汉马融《广成赋》有"方余皇，连舼舟，张云帆"之句。刘熙《释名》对帆的定义是："帆，泛也。随风张幔曰帆，使舟疾泛泛然也"。可见汉代风帆已普遍使用。

在西汉文献中已有明确的关于舵的记载。在西汉的《淮南子》和东汉的《说文解字》中已有舵的古体字"杕"。清代段玉裁注"杕"，"引申为舟舵"。刘熙《释名》对舵的位置和作用做了解释："其尾曰柂，柂拖也，在后见拖曳也。且言弼（辅）正船使顺流不使他戾（转向）也"。

至迟在汉代木石锚已普遍使用。广州先烈路出土的东汉陶船船首下垂的就是这种木石锚，只不过它的丫形主体是木质的，而整锚重量主要靠捆扎在两侧的石块产生。

汉代造船业的发达，航海工具的成熟，特别是风帆的改进和船尾舵的出现，是中国古代航海发展史上的一个高峰。从此，船舶在海洋上航行可以获得取之不尽用之不竭的自然动力源——海风；可以在波涛起伏的航向状态下有效地控制前进的方向，从而为中国古代的远洋航海奠定了重要的物质技术基础。

广州先烈路东汉墓出土的陶船

三、汉武帝的巡海活动

汉武帝与秦始皇一样，在位期间曾七次巡海。虽然其中不乏“信惑神怪”、寻求不老仙药的成分，但客观上对于巩固海防、宣示国威以及推动海洋探险和海洋交通活动等产生了积极的历史作用。

汉武帝的七次巡海，有两次来到辽宁沿海。

第一次巡海是元封元年（公元前110年）春正月，汉武帝在平定东南与南方沿海之后，即“东巡海上”，祭祀天地八神。此时，齐人“上疏言神怪、奇方者以万数”，汉武帝“乃益发船，令言海中神山者数千人求蓬莱神人”，并遣“公孙乡持节常先行，候名山，至东莱”；又为等待仙迹而“留宿海上”。夏四月，汉武帝封禅泰山，因“无风雨”，“而方士更言蓬莱诸神若将可得”，于是，他亦欣然希冀，“复东至海上望焉”。汉武帝不但派出数千人的大船队，而且“欲自浮海求蓬莱”，后经大臣东方朔巧谏乃止。但还是“并海上，北至碣石，巡自辽西”[1]，视察了渤海沿岸。绥中姜女石汉代行宫遗址当建于此时。

第二次巡海是元封二年（公元前109年）春正月，汉武帝再巡东莱，寻访仙迹，“复遣方士求神怪，采芝药，以千数”。[2] 其时，汉王朝与卫氏朝鲜关系日趋紧张，汉使涉何已赴朝鲜劝谕；汉武帝此行虽以求仙封禅为名，但实寓视察海疆之实。同年秋，汉武帝在劝谕不遂之后，即遣水陆大军往征朝鲜。

其余的五次巡海都没有到过辽宁沿海。

第三节　汉代辽东半岛与胶东半岛、朝鲜半岛的海上交往

一、汉代辽东半岛与胶东半岛的海上交往

两汉时期辽东半岛与中原地区在经济方面的往来、文化方面的传播，是通过胶东半岛来实现的，仍然是通过自新石器时代以来的经由庙岛群岛的那条传统航路。两汉时期中原

① 司马光：《资治通鉴》卷20，中华书局1956年版，第678－680页。

② 《资治通鉴》卷21，第682页。

地区先进的生产方式和技术在辽东半岛得到推广和普及，成为辽东半岛经济、文化的重要发展时期。

辽东半岛南部地近胶东半岛，便于中原地区先进的生产方式和技术向这一地区传播，辽东半岛南部地区形成了以大连营城子、张店城、陈屯城，营口盖州镇汉城、英守沟城、姜家岗城、温泉村城、进步村城等为中心的城邑，成为汉代辽东半岛南部的繁荣地区。张店城、陈屯城已被考证为汉代辽东郡的沓氏县、文县（文亭）①，也有将盖州镇汉城考证为文县（文亭）②，而姜家岗城、温泉村城、英守沟城则分别被考证为平郭盐官、平郭盐官一迁址和平郭铁官治所③。尽管有个别城址归属还有不同意见，但作为中心城邑是没有异议的。从上述城址内出土的绳纹大板瓦、筒瓦和“千秋万岁”瓦当、“长乐未央”瓦当等分析，上述城址内应有官府的建筑。城址内大多出土汉代的“半两”、“五铢”、“货泉”、“大泉五十”等货币，可以窥见当时的商业与流通。牧羊城附近出土的“河阳令印”和“武库中丞”封泥表明其与中原地区有着密切的联系。

两汉时期辽东郡人口增长较快，据《汉书·地理志》，西汉时辽东郡所辖 18 县共有 55 972 户，272 539 人，平均每县 3 110 户，15 141 人。不可否认，这个数字只是官府为征赋税而作的户数和人口的统计，很难包括“浮海而至”的沓、文、平郭等县周围的居民和大批来自山东、河北的垦荒农民，因此沓、文、平郭等县的户数和人口要远远大于统计的数目。考古材料证明，以上述城邑为中心，逐渐形成了若干处人烟稠密的聚居区。这些聚居区内房屋较多，呈现出繁荣的景象，周围分布着密集的墓葬或窖藏。

据《汉书·地理志》记载，汉代在全国设铁官 49 处，辽东郡的平郭设有铁官，辽东半岛自然有获得更多铁资源的便利条件。现今大连、营口地区即汉代辽东郡沓、文、平郭等县出土汉代铁器的地点主要有大连市旅顺口区牧羊城、大坞崖遗址、鲁家村窖藏，甘井子区营城子遗址，金州新区大岭屯城，瓦房店市陈屯城及窖藏，赵屯遗址和营口市盖州九垄地汉墓等。出土的铁器种类有臿、镬、锄、犁铧、镰、铚、斧等。上述铁器几乎包括了春耕、夏锄、秋收所使用的各种农具。瓦房店市赵屯汉代遗址中发现了一件较完整的铁犁铧，其宽 40 厘米，是一件罕见的大型犁铧。辽阳三道壕遗址也出土有这种巨型铁犁铧，长 40.2 厘米、后宽 40.6 厘米。如此大的犁铧，需要数头牛或马才能牵动，足见当时的农耕水平。如此巨大的铁犁铧的出现，反映出当时辽东郡的农业水平较高。汉代铁器普遍使用，不仅体现在农业生产方面，同时也渗透进人们的生活，铁制的盘、锅等生活用具均有发现。

据《汉书·地理志》记载，汉代在全国设盐官 35 处，有学者认为当时全国共设盐官 43 处④。辽东郡的平郭既设有铁官，也设有盐官。辽东半岛煮盐的历史至迟可以追溯到距今 3 000 多年前的青铜时代。在大连大嘴子遗址上层 37 号房址中发现的盛装鱼骨的大型陶壶、陶罐，内壁上多有盐碱状的物质，证明了当时已经使用了海盐，因为只有用盐腌渍后的鱼经晒干方可储存在陶器内。辽东半岛渤海沿岸是重要的海盐产地，拥有丰富的海盐资源和作业的天然优势。据文献记载，辽东半岛在春秋战国时期已经成为盛产海盐的地方。

① 刘俊勇：《辽东沓氏县、文县治所考订》，《博物馆研究》1993 年第 5 期，第 39－41 页。

② 阎海：《营口历史与文物论稿》，吉林大学出版社 2011 年版，第 2－10 页。

③ 崔艳茹等：《营口市文物志》，辽宁民族出版社 1996 年版，第 49－51 页。

④ 罗庆康：《汉代专卖制度研究》，中国文史出版社 1991 年版。

《管子·地数篇》中记有管仲对齐桓公所说："楚有汝、汉之黄金，而齐有渠展之盐，燕有辽东之煮，此三者亦可当武王之数。"这里的燕有辽东之煮即指辽东沿海的煮盐业。

汉武帝时，为增加政府财政收入，打击工商业者，实行盐铁由国家垄断经营，并设置行政机构统一管理。在中央于大司农之下设盐铁丞，总管全国盐铁经营事业，于地方各郡县设盐官或铁官经营盐铁产销。盐官营的办法是：民制、官收、官运、官销。募民自备生产费用煮盐，政府提供主要的生产工具牢盆（煮盐用的大铁锅）以间接控制其生产，产品由官府收购。辽东沿海的煮盐业对于汉王朝增加财政收入起到了积极的作用。

两汉时期的辽东半岛经济、文化在东北地区处于领先的地位。究其原因主要是辽东半岛南部地区地近胶东半岛，深受中原经济、文化的影响，与中原地区经济、文化融为一体。

西汉时期，辽东半岛南部地区墓葬形制为土圹木椁贝墓，也称为积贝墓。所用贝壳或直接取自海边，或取自附近的新石器时代、青铜时代贝丘遗址堆积。这种木椁贝墓当最早出现在胶东半岛，在蓬莱、莱州、长岛等地都发现有土圹木椁贝墓，辽东半岛南部地区的土圹木椁贝墓应是受到胶东半岛影响的产物。在辽东半岛南部地区土圹西汉木椁贝墓中出土有"公孙訢印"、"文賸之印"、"宋郟信印"、"射襄之印"、"唐長秋印"、"田钊"[①] 和"阴贺"[②] 等私印，表明辽东半岛南部地区在西汉时期至少有公孙、文、宋、射、唐、田、阴等姓居民，而这些居民大多应是来自胶东半岛和内地。

两汉时期的辽东半岛，特别是南部地区经济在汉武帝时郡县制真正确立之后，得到了较快的发展，体现在墓葬随葬品方面更为明显，西汉时期的土圹木椁贝墓中随葬品大多较为丰厚，有部分墓中随葬有鎏金车马具模型、鎏金嵌贝鹿镇、漆器等，明显地高出辽东半岛北部和东北其他地区。而这些精美的随葬品与胶东半岛和内地的同时期墓葬中出土的随葬品相一致。已有专家指出，从辽东半岛大连地区汉墓及其随葬品看，经济文化明显高出沈阳地区[③]。究其原因，主要是辽东半岛南部远离民族纷争的长城地带，农业和商业有长期稳定发展的条件，在地理上与胶东半岛隔海相望，往来便利，经济、文化深受中原文化的影响。

辽东半岛的砖室墓最早出现在西汉末期或新莽时期，是东北地区最早出现的砖室墓，显然是受胶东半岛和内地影响的结果。东汉后期辽东半岛南部地区流行的花纹砖室墓也是受到了胶东半岛和内地的深刻影响，筑墓的花纹砖就其形状来说，有长方形砖、方形砖，榫卯砖、楔形砖等。筑墓时均将有花纹砖的一面朝向墓室，倘若砌筑到墓室的转角处，则通常采用两面均有图案的花纹砖。长方形花纹砖用于墓壁；方形花纹和榫卯砖用于铺砌地面，其花纹多在正面模印几何图案；楔形砖用于墓顶和墓门起券。花纹砖或几块共同组成一个图案，或单独构成图案。花纹砖墓墓壁大多以花纹砖上模印的花纹为图案装饰，也有的在花纹砖上涂抹颜色，如黄、白、红色等构成彩色花纹。按其图案，花纹砖大体可以分为钱币纹、叶脉纹、动物纹、狩猎纹、圆圈纹、几何纹等，特别是鱼、羊、龟、鸟等动物图像，以及几种动物图像组合在一起的复合纹，分别寓意富贵、吉祥、长寿。[④]

两汉时期，特别是两汉之际及东汉末年，中原地区社会动荡，战争频仍，而辽东半岛

---

① 刘俊勇、刘婷婷：《大连地区汉代物质文化研究》，《辽宁师范大学学报》2012 年第 1 期，第 126－134 页。

② 贺雅贤：《营口市博物馆馆藏文物图集》，营口市博物馆 2005 年版，第 37 页。

③ 姜念思：《姜屯汉墓·序言二》，文物出版社 2013 年版，第Ⅵ页。

④ 刘俊勇，杨婷婷：《辽南汉代花纹砖室墓探析》，《辽宁师范大学学报》2014 年第 2 期，第 290－294 页。

此时却相对安定，中原饱学之士纷纷经胶东半岛渡海来到辽东半岛，对于儒学等思想在辽东半岛的传播起着重要的推动作用。西汉末年曾就学于长安的北海都昌人逄萌因王莽之乱“将家属浮海，客于辽东”。[①]。北海胶东人公沙穆“习韩诗、公羊春秋，尤锐思河洛推步之术”[②]，其为辽东属国都尉，死于任上。东汉安帝时，陈禅任辽东太守，竭力宣传儒家思想，“学行礼，为说道义，以感化之”。[③] 乐安盖人国渊、北海朱虚人管宁、邴原及平原人王烈，聚集于公孙氏统治下的辽东地区，皆以好学多识齐名。他们“讲《诗》、《书》，陈俎豆，饰威仪，明礼让，非学者无见也。由是度安其贤，民化其德”。邴原在辽东，“一年中往归原居者数百家，游学之士，教授之声不绝”[④]。《三国志》引《原别传》：“后原欲归乡里，止于三山”。《三国志》引《先贤行状》王烈“通识达道，秉义不回”，在辽东“居之历年，未尝有患。使辽东强不凌弱，众不暴寡，商贾之人，市不二价”。儒家等思想的传播和发展，给大连地区社会思想文化带来深刻影响。2003 年秋，在大连营城子汉代墓地第二地点的一座西汉土圹木椁贝墓中发现了一批汉代文字资料。在出土的 50 余件随葬陶器中，有 10 件陶器书写有“羹”、“鷄豚月”、“蹄月”、“脾釙”、“井” 等 22 字，字之笔画端庄秀丽，结体疏密有致，风格质朴典雅，为典型的汉隶书体。其“鷄豚月”三字兼有楷意；“羹”字波磔有度。上述文字可与迄今国内发现的汉简帛书文字相媲美。大连市刁家村发现的花纹砖上刻有：“吾从四月三日来，七日世辰有疾，至十日，伯辰入挽，一日来，二日启完，为事七日，世辰归”这样记载看望病人日期和死者病逝、下葬情况等内容文字，显然是一块记事砖。营城子也发现有类似的文字砖。营口市盖州九垄地 1 号花纹砖室墓发现有“永和五年造作，用庸数千，士夫莫不护助，生死之义备矣”和“叹曰：死者魂归棺椁，无妄飞扬，行无忧，万岁之后乃复会”两种模印文字砖，经考证，前者体现了汉代盛行的赙赗礼俗，后者则是先秦至两汉时期非常流行的“招魂复魄”的习俗。[⑤]

大连营城子东汉壁画墓主室北壁表现人间和天上共同祈祝死者升天的画面，当源于湖南长沙马王堆一号墓帛画[⑥]和河南洛阳卜千秋墓壁画[⑦]，是中原地区得道成仙观念在辽东半岛的体现。

二、汉代辽东半岛与朝鲜半岛的海上往来

据文献记载，西周初年就有中原地区人士到达朝鲜半岛，建立了古朝鲜国[⑧]。战国后期，燕昭王遣大将秦开大破东胡，“筑长城，自造阳至襄平。置上谷、渔阳、右北平、辽西、辽东郡以拒胡”[⑨]，其势力已达朝鲜半岛西北部地区，燕、齐居民开始向朝鲜半岛移

① 范晔：《后汉书・逄萌传》，中华书局 1965 年版，第 2759 页。
② 《后汉书・公沙穆传》，第 2730 页。
③ 《后汉书・公沙穆传》，第 2731 页。
④ 陈寿：《三国志・魏书・邴原传》，中华书局 1959 年版，第 350 页。
⑤ 阎海：《营口历史与文物论稿》，吉林大学出版社 2011 年版，第 133 – 139 页。
⑥ 湖南省博物馆、中国科学院考古研究所：《长沙马王堆一号汉墓》，文物出版社 1973 年版，第 39 – 45 页。
⑦ 洛阳博物馆：《洛阳西汉卜千秋壁画墓发掘简报》，《文物》1977 年第 5 期，第 1 – 12 页。
⑧ 《后汉书・东夷列传》。
⑨ 《史记・匈奴列传》。

居。秦朝，朝鲜半岛北部“属辽东郡外徼”[①]，西汉初年“燕王卢绾反，入匈奴。（卫）满亡命，聚党千余人，魋结蛮夷服而东走出塞，渡浿水，居秦故空地上下障，稍役属真番、朝鲜蛮夷及故燕、齐亡命者王之，都王险（今平壤）”。[②]“汉初大乱，燕、齐、赵人避地者数万口，而燕人卫满击破准而自王朝鲜，传国至孙右渠”，[③] 史称“卫氏朝鲜”。西汉元封三年（公元前108年），汉武帝遣楼船将军杨仆与左将军荀彘率水陆大军灭掉卫氏朝鲜。楼船将军杨仆所率水军就是经辽东半岛到达朝鲜半岛的。汉武帝遂在朝鲜半岛北部设立乐浪、临屯、玄菟、真番四郡，纳入了汉王朝的郡县制统治，史称“汉四郡”。虽然此后汉王朝所设置的郡县多有废合、治所迁徙等变动，但两汉一代朝鲜半岛北部始终是在汉王朝郡县的管辖之下。

以平壤一带为中心，朝鲜半岛北部遗留有包括城址、墓葬和各种文化遗物在内的丰富的汉文化遗存。

汉代城址多发现于朝鲜半岛的西北部地区，如平壤市土城里土城、平安南道温泉郡城岘里於乙洞土城、黄海北道凤山郡智塔里土城、黄海南道信川郡青山里土城，只有咸镜南道永兴郡龙冈里所罗里土城地处东部地区。上述城址大多数地处平原，坐落在便于眺望的丘陵之上，规模不大，其平面形制或呈方形，或呈不规则形。城内散布有砖瓦、础石等建筑材料、以灰色绳纹陶为主的日用陶器残片，以及箭镞、削刀等。城址附近往往分布有同时期的墓群，其性质为汉郡、县治城。

平壤土城里土城平面呈规则形，东西长约700米，南北约600米，周长约2 400米，面积约31万平方米。城内发现柱础石、甬路、水井和排水道等建筑遗迹，出土有云纹瓦当，“乐浪礼官”、“乐浪富贵”、“千秋万岁”、“万岁”等文字瓦当，“乐浪太守章”、“乐浪大尹章”等印章，以及乐浪郡所辖朝鲜等23县的令、长、丞、尉等印章的封泥。根据出土遗物并结合文献记载，可以确认该城址为乐浪郡治址，其年代为公元前2世纪至公元3世纪。

汉式墓葬在朝鲜半岛北部分布广泛，尤以平壤地区及其以北的大同江下游地区，以南的载宁江流域最为集中，仅平壤一带以乐浪郡治为中心的地区已发现墓葬近4 000座，并且经过了系统的研究。[④] 根据墓葬结构，可以分为土圹墓、木椁墓、砖椁墓、砖室墓和瓮棺墓等，都是汉王朝内地常见的墓葬类型。

朝鲜半岛北部两汉时期的城址和墓葬中出土的遗物种类丰富，数量众多，尤其是乐浪一带的墓葬出土甚丰。大致可以分为三类：第一类是在汉王朝内地制作传入该地的所谓“汉器”；第二类是在当地制作但具有汉文化特征的所谓“汉式器”；第三类是具有当地文化传统或当地特色的遗物，如细形铜剑、细形铜矛，以及具有当地特色的车马器等。前两类文化遗物直接反映了汉王朝和汉文化在这一地区的扩展。

陶器数量最多，包括日用器和明器两类。夹砂陶多呈褐色或灰褐色，胎土中掺杂较多

---

① 《史记·朝鲜列传》。

② 《史记·朝鲜列传》。

③ 《后汉书·东夷列传》。

④ （韩）高久健二：《乐浪古坟文化研究》，韩国东亚大学校大学院史学科文学博士学位论文，1994年；王培新：《乐浪文化——以墓葬为中心的考古学研究》，科学出版社2007年版。

的滑石和云母颗粒，器形主要是用作炊具的深腹罐，用作储藏器的瓮。陶器分为夹砂陶和泥质陶两种，呈灰色或灰白色，素面或器腹饰绳纹，器形有鼓腹罐、壶、瓮、盆等，属于汉式器。陶明器均为泥质陶，呈灰色或褐色，素面或彩绘。素面陶器有灶、釜、甑、尊、盆、盘、钵和杯等。彩绘陶仿自青铜器或漆器，常见有壶、尊、魁、案、盘、耳环、奁、匜、博山炉等，同样属于汉式器。

瓦当均为圆瓦当，一类是文字瓦当，另一类是云纹瓦当。文字瓦当有“乐浪礼官”、“乐浪富贵”、“千秋万岁”和“万岁”等，文字为篆书，排列方式采取四分式和两分式。云纹瓦当，其基本形制是圆形当心，用双线界格将当面分割四等份，界格之间饰凸起的云纹。根据云纹的形态可以划分为若干型式，但最常见的是圆形当心周围绕以凸线，主体纹饰为单体向心式卷云纹。

汉王朝钱币是乐浪一带的墓葬中较为常见的随葬品，少者随葬数枚，多者可达数十枚甚至更多。种类有半两、五铢、货泉、货布、大泉五十、小泉直一等，其中，五铢钱包括西汉五铢和东汉五铢。另外，平壤土城里土城还发现有半两钱的石铸范和石范模。

印章在乐浪一带的大中型木椁墓中常有出土，并且种类多样，包括官印和私印；其质地包括银、铜、玉、木等。石岩里 219 号墓出土龟钮银印、鼻钮铜印和木印各 1 件，其中龟钮银印印文为“王根信印”。贞柏洞 2 号墓出土银印 2 枚，印文分别为“夫租长印”、“高常贤印”。石岩里 52 号墓出土“王云”铜印。贞柏里 127 号墓出土的“乐浪太守掾王光之印”、“王光私印”木印。石岩里 205 号墓出土“五官掾王盱印”、“ 王盱印信”木印各 1 枚。石岩里 9 号墓出土“永寿康宁”玉印 1 枚。

封泥在平壤土城里多有发现，计有“乐浪太守章”、“朝鲜右尉”、“乐浪大尹章”、“提奚长印”、“前莫丞印”、“东暆丞印”、“昭明丞印”、“前莫右尉”、“遂城右尉”、“不而左尉”、“詌邯左尉”、“周思伤印”、“ 王□私印”等。除“乐浪大尹章”为新莽时期外，其余的提奚、前莫、东暆、昭明、遂城、不而、詌邯，均为乐浪郡属县。

汉王朝铜镜在乐浪一带的墓葬中随葬较为普遍。据对 150 余座墓葬的统计，其中 60 座墓随葬有铜镜的种类主要有星云纹镜、连弧纹带镜、四乳四虺纹镜、博局纹镜、云雷连弧纹镜、多乳禽兽镜、神兽镜、画像镜、夔凤镜、龙虎镜等，都是汉王朝内地常见的镜类，其年代自西汉中期至东汉晚期。另外，还发现少量铁镜。

乐浪彩箧冢出土的铜镜

铜器种类多样，主要有鼎、釜、甑、鐎斗、鐎壶、鍑等炊煮用器，碗、钵、盘、耳杯等饮食用器，扁壶、壶、钫、铚、樽、鉔镂等盛储器，盆、盘、洗、盂等盥洗器，以及灯、熏炉等家用器具等。除鍑为我国北方草原地带所特有的炊器外，其他器物都是汉器。

铁兵器较为常见，主要有铁长剑、短剑、环首刀、矛、戟、镞、弩机等。铁工具常见器类有竖銎镢、凹口锸、空首斧、锛、凿、锤、钳子和镰刀等，与汉王朝内地铁器相同。铁日用器具有铁镇、豆形灯、圈足臼和单耳罐形杯等。

车马器也是一种常见的遗物。乐浪一带的大中型木椁墓中多用拆卸的马车部件和马具随葬以象征车马，因而车马器多有发现。车马器以金属构件和饰件为主，木质部件常见伞盖及其盖柄。金属车马器有铁制、铜制（或铜制鎏金银）、银制品等，根据其文化属性大体可以分为两类：一类是汉器或汉式器；另一类是具有当地特色的青铜器制品。

漆器发现较多，大多出土于大中型木椁墓中，如石岩里 301 号墓（彩箧冢）出土漆器 30 余件，石岩里 219 号墓漆器 54 件，石岩里 194 号墓出土 80 余件，贞柏里 127 号墓（王光墓）出土 84 件。漆器种类多样，胎质有木胎、夹纻胎和竹胎等多种；髹漆工艺有单色髹漆、彩绘、扣器、镶嵌、锥画等；器形主要有壶、尊、盆、勺、匕、碗、盒、耳杯、盘、案、奁、匣、箧、卷筒、几、栻盘等。无论是器类、器形，还是制作工艺，均为汉王朝内地制作而传入的。根据铭文，可知上述大多来自蜀郡工官，有的为考工、供工等工官作坊所产，也有的是民营漆器作坊的产品。

乐浪彩箧冢出土的漆绘人物彩箧

乐浪五官掾王盱墓出土的漆盒

除上述遗物外，其他汉器和汉式器还有许多。如平壤土城里发现的铜带钩和绢、帛等丝织品。

辽东半岛隔黄海与朝鲜半岛相望，自然环境和气候也相近。在汉王朝与汉文化走向朝鲜半岛的过程中，辽东半岛理所当然地成为重要的枢纽和通道。文献记载和考古资料已经证明，辽东半岛建置始于燕秦，完成于两汉。燕昭王十二年（公元前300年）任秦开为将，出击东胡，东胡“却千余里”，为防备东胡再犯，“燕亦筑长城，自造阳至襄平，置上谷、渔阳、右北平、辽西、辽东郡以拒胡”，辽东半岛即属燕辽东郡辖地。经过汉初70余年休养生息之后，汉王朝迁徙山东、河北一带居民至辽东，中原地区先进的文化和生产方式被带入辽东，加速了辽东半岛与中原文化的交流，促进了经济的发展。汉武帝废燕王后，沿袭燕秦时期建置，辽东半岛仍为辽东郡辖地。

以辽东半岛南端大连地区为例，目前已发现的汉代城址有牧羊城、大潘家城、大岭屯城、东马圈子城、朱家屯城、张店城、黄家亮子城、陈屯城等。这些汉城中尤以张店城、陈屯城、牧羊城和大岭屯城最为重要。

张店城　坐落于渤海普兰店湾东北沿岸花儿山张店较开阔的地带。城址南北长340米，东西宽约240米，南面的小城可能为辽金时期所增筑。城内及其附近历年来出土战国、汉代至辽金遗物甚丰，有玉虎、枕状加重器、“临薉丞印”封泥、卷云纹瓦当、半瓦当、“千秋万岁”瓦当、绳纹板瓦、筒瓦、石磨、铜镞、铁镞、铜带钩、陶拍、五铢、货泉、剪轮五铢等。上述遗物中玉虎、枕状加重器为战国遗物；而“临薉丞印”封泥带有十字界格，与西安相家巷出土的秦封泥①风格相同，无疑为秦的遗物；一部分铜镞、铁镞属辽金遗物。据此分析，张店城应始建于燕，历经秦、两汉和辽金等几个历史时期。已有学者认为张店汉城应为两汉沓氏县城。② 沓氏县，又可称沓县，朝鲜平壤汉乐浪遗址曾出土“沓丞之印”封泥可证。

陈屯城　位于瓦房店市太阳王店北陈屯复州河右岸较平坦处。城平面呈方形，现存东壁长520米，宽12米。今人在原城壁之上加土增高修成水坝，上开水渠用以灌溉。北、西两壁已被后世所平。南壁因今之复州河改道，被1981年一场特大洪水所毁。城内有相当数量的陶片、绳纹砖、瓦、烧土、木炭、烧骨等。陶器可辨器形有罐、钵、盘、瓮等。在城内一断层中发现有铁镬6件，以及铁釜和其他铁器残片。据调查，以往农田基本建设中发现不少铁铤铜镞和五铢钱等。城周围分布有汉代贝墓、瓮（瓦）棺墓、砖室墓和石椁墓。现已发现的汉代遗址和墓地地点还有大河沿村城隍茔地、潘大村庙后地、金斗房村九天地等。从出土遗物和城址所处的地理位置来看，该城当为一县治所在地。王绵厚先生曾考定陈屯汉城为汶县所在地。城南所临今复州河，应即古“汶水”。

牧羊城　位于大连市旅顺口区铁山牧羊城村刁家屯西南的丘陵台地上，西濒渤海。据1928年考古发掘资料③，牧羊城建于青铜时代遗址之上。城址平面呈长方形，南北长约130米，东西宽约82米。城壁底部以石砌成，上部以土夯筑。现城壁高出地面约2米，北

① 刘庆柱、李毓芳：《西安相家巷遗址秦封泥的发掘》，《考古学报》2001年第4期，第509－544页。

② 刘俊勇：《综述旅大近年来考古新发现》，《辽宁文物》1981年第1期，第29－31页。

③ （日）原田淑人：《牧羊城——南满洲老铁山麓汉及汉以前遗迹》，东亚考古学会1931年版。

壁有一宽约12米的豁口，与文献记载的“门一”相符。城内出土战国遗物有铜镦、铸铜斧范、匽刀币、匽化圆币、一化圆币、铁器等；汉代遗物有各类陶器和板瓦、筒瓦、“长乐未央”瓦当、半两、五铢、货泉、大泉五十、铜镞、铁镞、环首铁刀等；城址附近还出土过“河阳令印”和“武库中丞”封泥。牧羊城周围还分布着几个战国至汉代墓地，如刁家屯墓地、尹家屯墓地，其种类有烧土墓、石椁墓、贝墓、砖室墓、瓮棺墓等。从城内出土遗物和周围墓地分析，牧羊城当始建于燕秦，西汉、东汉时期比较繁荣，以后便废弃了。从发现的“河阳令印”和“武库中丞”封泥，可知该城在汉代与中原地区有着密切的联系，可能是十分重要的沿海防御城。

大岭屯城　位于大连金州新区大李家大岭村青云河左岸平缓丘陵上，南隔西大山濒临黄海。据1932年日本学者三宅俊成发掘和测量，城址平面近方形，东西约156米，南北约154米。在30多条宽1米，长5米的探沟中，出土有石斧、石纺轮、石刀、石剑、铜镞、铜带钩、铁斧（镬）、匽刀币、货泉、陶（片）纺轮等。出土最多的是板瓦、筒瓦、半瓦当和各类陶片。从上述出土遗物分析，大岭屯城建于青铜时代遗址之上，始建于燕秦，东汉至三国魏时期成为重要城堡。笔者赞同《东北历史地理》东沓县在大岭屯古城之说。①

其他的几座城址或濒黄海，或濒渤海。如东马圈子城濒临渤海；黄家亮子城濒临黄海；朱家屯城则在黄海中岛屿上。其性质皆为沿海防御之城。而黄家亮子城始建年代可上溯到燕秦。

截至目前，仅辽东半岛南端大连地区经正式发掘的汉墓当不下千座，为研究汉墓的类型与分布、分期与编年等提供了重要的实物资料。

根据已发现的资料，辽东半岛南端大连地区汉墓可分为以下几种类型：土圹墓（数量极少）、土圹木椁贝墓（含贝石墓、贝砖墓）、砖室墓（含壁画墓）、石板墓、瓮（瓦）棺墓等。大体上可以分为六期，即西汉前期、西汉中期、西汉后期、新莽、东汉前期、东汉后期。辽东半岛南端大连地区汉墓出土的两汉时期陶器，绝大多数是质地较为坚硬的泥质灰陶。西汉前期陶器组合为鼎、盒、壶等仿铜陶器；西汉中期陶器组合多为鼎、壶、罐、盆等日常用器。随着丧葬习俗的改变，西汉中期特别是东汉以后还盛行制作各种专为随葬用的陶质冥器，如房、仓、灶、井、厕所、猪圈和俑及各种动物等模型。陶器作为随葬品多以组合形式出现，为断代提供了实物依据。

营城子第二地点76号墓是一座石、砖、贝合筑墓，具有重要研究价值。该墓四壁由卵石和碎砖筑成，内有贝壳壁，底部也铺有一层贝壳。该墓共出土4件青铜器，计有鼎、樽、承旋和洗各1件。鼎为常见的西汉典型式样，器身呈椭圆形，圜底，盖为圜顶，以子母口相扣合，腹下为三蹄足，器口两侧各有环耳，腹上部有一道突起棱线，盖顶是三枚环状柱头钮；樽为筩形，口沿与底部有凸起纹带，腹部两侧各有兽面衔环铺首，腹下为三蹄足；承旋是与筩形樽相配使用的器物，该承旋为圆案状，案面有繁缛的线雕花纹，下有3个蹲坐之人为足，人作深目、高鼻、大嘴状，以头部顶起圆案，因出土时与樽放置在一起，故定名承旋；洗为折沿，腹壁较直，两侧各有铺首，平底。与上述4件青铜器共出的

① 孙进己、冯永谦：《东北历史地理》，黑龙江人民出版社1989年版，第24－25页。

其他器物还有龙纹金带扣、铜印（因锈蚀严重，已不见印面文字，仅可辨出兽钮）、玉剑璏等。可以断定，墓主人生前具有很高的地位。该墓出土的这批器物，堪称迄今东北地区发现的汉墓之最。其年代上限为西汉后期，下限到东汉前期。

营城子第二地点76号墓出土的金质龙纹带扣平面前圆后方，略呈马蹄形。最大长度9.5厘米、最大宽度6.6厘米，表面凸起，重38.25克。带扣前端开弧形带孔，孔中间装有活动的扣针。边缘内折，折边穿有19个针孔。带扣表面饰有10条龙：1条大龙盘踞中间，9条小龙环绕其周。扣之周边及群龙之间镶嵌有绿松石，龙的背脊处为一串大小不一的金珠，整体构图有层次上的变化，带扣质料考究，构图生动，工艺精湛，堪称汉代金器之极品。其上镶嵌的绿松石作水滴状，而古波斯阿契米尼王朝的金器常镶嵌这种形状的绿松石，说明当时可能存在文化交流①。目前发现的汉代金质龙纹带扣仅见数件，除了大连地区营城子发现的这件金质龙纹带扣外，还在乐浪古墓及新疆博格达沁古城址各出土1件。与其他几件龙纹带扣相比，营城子金质龙纹带扣是龙的数量最多的一件。因其出土数量少，所以这件带扣的出土具有十分重要的意义。目前所发现的金质龙纹带扣，都不在汉王朝的统治中心地区，而都是在边陲地区。该墓中出土的兽钮铜印，虽已不辨印文，但从钮制分析，极有可能是汉王朝颁赐给少数民族首领的印章。

朝鲜半岛北部发现的汉代城址与中国辽东半岛南端大连地区和中原与其他地区的汉代城址晚期相同，城壁均为夯土版筑。不论无论文字瓦当还是云纹瓦当，都与中国长安城和大连张店城、牧羊城等地出土的汉代瓦当风格相同，如均有“千秋万岁”、“长乐未央”瓦当相同，属于典型的汉文化产物。据白云翔先生研究，朝鲜半岛北部出土的瓦当细部结构上又具有自己的特点，推测应为汉王朝工匠在当地设计制作的。②

朝鲜半岛乐浪文化墓葬与中国辽东半岛南端大连地区汉墓进行比较，从而发现两地墓葬有较多相似因素。

土圹墓　中国大连大潘家村4号墓为长方形竖穴单室土圹墓，一棺，死者为一男性。墓底置棺处两端各有一条深12厘米的东西向沟。从墓葬形制、随葬器物等分析，其年代当为西汉前期。随葬的成组陶豆尚留有先秦时期列鼎制度的残余。③

朝鲜半岛与中国大连大潘家村4号墓相似的有台城里9号墓，其墓圹平面呈长方形，一棺，死者头向北，墓圹北端放置随葬器物。

通过以上比较，可以发现，中国大连大潘家村4号墓与朝鲜半岛台城里9号墓有以下几个共同点：从墓葬形制上看，均为土圹墓，墓圹平面均呈长方形；从葬式来看，均为单人葬，且头向北。朝鲜半岛台城里9号墓随葬器物为汉式器物，显然是汉四郡设立以后才出现的。与中国大连地区和中原其他地区西汉前期土圹墓形制和随葬器物相比，其年代略晚，为西汉中期以后的墓葬。

木椁墓　可分为两类：一类是椁箱分为左右两侧，一侧纳棺，另一侧放置随葬品。

中国大连地区竖穴土圹木椁贝墓带有沿海特色。西汉前期的土圹木椁贝墓有大潘家村

① 孙机：《汉代物质文化资料图说》，文物出版社1991年版，第372－374页。

② 白云翔：《汉王朝与汉文化走向朝鲜半岛的足迹》，《辽海学术研究》2011年第1期，第1－12页。

③ 刘俊勇：《辽宁大连大潘家西汉墓》，《考古》1995年第7期，第661－665页。

2号、3号墓。2号墓呈长方形，为一仰身直肢男性单人葬。随葬品除铜带钩置于左上臂处外，其他均集中在北侧。3号墓亦呈长方形，单人葬，东壁处有一高出墓底20厘米的贝壳筑二层台，随葬陶器均置于台上。

与之相似，朝鲜半岛则出现椁箱内设有纵向隔板将椁箱分隔为左右两箱，一侧纳棺为棺箱，另一侧为放置随葬品的边箱。多数有头箱，或在棺箱的头顶部位留有放置随葬品的空间。如贞柏洞37号墓，二椁南北向并列，椁箱的一侧间隔出边箱，棺箱内置一棺，棺箱头顶部位留有空间放置随葬品。

中国大连大潘家村西汉墓葬与贞柏洞37号墓的相似之处在于，后者为南北向，前者3号墓接近南北向；由于前者3号墓木椁已朽，只能通过发现时的随葬品及人骨放置情况进行比较。中国大连大潘家村西汉墓葬2号、3号墓和朝鲜半岛的贞柏洞37号墓均是人骨和随葬品分置两侧，稍有不同的是贞柏洞37号墓在棺箱头顶另设空间放置随葬品。

另一类是平面呈“凸”字形的木椁墓。中国大连地区李家沟西汉土圹木椁贝墓平面呈“凸”字形，分成前后两室，后室大于前室。墓门设于墓室的南面，墓中只设木椁而无棺，此墓的木椁保存较好，并能推测其筑造工序如下：先挖成长方形的土圹，墓底铺10～20厘米的海蛎壳，上面铺木板作为木椁的底部；四周立椁板，形成木箱式的椁室；将死者及其随葬品埋好之后，再安上木板为椁盖，此后将四周的椁板与土圹之间的空隙填入大小不同的海蛎壳，加夯，椁盖上面也铺上一层海蛎壳，其上用土堆成封土。此墓系夫妻合葬，葬式为仰身直肢。右侧的骨架腰部发现有铜印章、带钩等，可能是男性。左侧的骨架已朽，其上有鎏金铜蒂，推测是女性。①

朝鲜半岛贞梧洞1号墓前、后椁箱分筑，后椁箱地面高于前椁箱地面，合葬的二棺纳于同一外棺之中。椁箱平面呈“凸”，由横长方形前椁箱和纵长方形后椁箱组成。前椁箱放置随葬品，后椁箱纳棺。安葬行为由椁箱上部进行，属于竖穴式墓葬。

中国大连地区李家沟西汉贝墓与朝鲜半岛贞梧洞1号墓相比较，相似点有四：一是墓平面呈现特殊的“凸”字形；二是二者均以“凸”字形上、下两部分划分为两个空间，且前部分都用以专门放置随葬品，后部分放置尸体。前者以“凸”字上半部分为前椁箱，放置随葬品，下半部分为后椁箱，一侧放置纳人的椁箱，一侧放置随葬品；后者由横长方形前椁箱，即“凸”字下半部分和纵长方形后椁箱，即“凸”字上半部分组成。前椁箱放置随葬品，后椁箱纳棺；三是二者都为合葬墓。四是安葬行为都是在木椁的上部安上木板为椁盖，再行封土。朝鲜半岛木椁墓最早在西汉武帝、昭帝时期，而以上所举均为昭帝以后至东汉前期。中国大连地区和中原及其他地区木椁墓朝鲜的年代均早于朝鲜半岛。

砖室墓　朝鲜半岛砖室墓多为穹隆顶，有个别室墓在砖壁上桁架木枋封盖为平顶。砖室墓设有墓门、甬道和墓道，即横穴式墓葬。

中国大连地区和朝鲜半岛都存在相当数量的砖室墓，可按墓壁不同划分为两类进行比较。

一类是墓室四壁平直，穹隆顶。中国大连沙岗子两座东汉初期墓葬，呈东西排列，相距5.85米，1号墓居西，2号墓居东，均为砖筑。两墓形制大致相同，均为长方形单室墓。

① 于临祥：《旅顺李家沟贝墓》，《考古》1965年第3期，第154－156页。

墓门以砖砌成拱形，墓内有铺地砖两层，系错缝平铺。墓砖饰有绳纹，规格为 36 厘米 × 18 厘米 ×6 厘米。四壁砌法为三横一竖，另有楔形砖，用于墓门券顶。两墓早期曾遭到严重破坏，墓顶塌陷；墓之四壁残高不等，墓室内填满坍塌的墓砖和沙土。1 号墓墓内有人头骨朽痕，葬具及葬式不清，随葬器物由于早期被扰乱杂乱置于室内东北处；2 号墓从室内存留的两具人骨分析，当为夫妻合葬墓，葬式为仰身直肢，葬具不清，随葬器物多置于室内东侧。①

朝鲜半岛的土城洞 45 号墓前、后墓室均为穹隆顶，墓门设于前室前壁左侧，东向，外侧有短甬道，甬道顶桁架石板。

另一类是墓室四壁向外弧凸，穹隆顶，单室，且无侧室。

一是墓室平面呈弧边长方形，墓门设于前壁中央或略偏向一侧，墓门南向。

中国大连地区前牧城驿东汉 802 号墓为穹隆顶单室砖室墓，呈长方形，墓底仅存两块残碎的人骨渣，葬式、性别、年龄已不可辨。墓室内随葬品因早年墓顶坍塌之前淤进厚约 1.1 米的细砂压在其上，故保存较完好，集中出在北部偏西处和东南角，有陶器、漆器、铜镜和石砚等。②

朝鲜半岛台城里 5 号墓，墓门南向，位于前壁中央外侧有砖筑甬道。

二是墓室平面呈长方形，侧壁外弧，前、后壁微弧或平直。

中国大连地区前牧城驿东汉墓 801 号墓为穹隆顶双室砖墓，墓道为长方形，顶部已塌，以砖封门，下部砖呈人字形排列，上部填以碎砖。四壁以绳纹灰砖筑成，砌法为三横一竖。两室之间有甬道相通。墓底以砖呈人字形铺砌。人骨腐朽无存。后室在近甬道处有一陶俑，其余陶器集中出在前室近甬道处，仅有银指环和五株、货泉各 1 枚散落在前室近西壁处。

朝鲜半岛楸陵里砖室墓，墓门南向，偏向右侧，外侧有砖筑甬道。另有梨川里 1 号墓，墓门南向，偏向左侧，外侧有砖筑甬道。这两座墓，墓室平面呈长方形，侧壁外弧，前、后壁微弧或平直，墓门偏向一侧（或左或右）。

通过中国大连地区汉墓与朝鲜半岛同时期墓葬的对比，可以发现在土圹墓、木椁墓和砖室墓 3 个类型上，二者存在许多相似因素。首先，二者的土圹墓均为竖穴，且墓平面呈长方形，单人葬，头向北。其次，二者的木椁墓有两类相似墓葬，一类椁箱分为左右两侧，一侧纳棺，另一侧放置随葬品；另一类为平面呈“凸”字形的木椁墓。最后，二者的砖室墓有两类相似墓葬，一类墓室四壁平直，穹隆顶；另一类墓室四壁向外弧凸，穹隆顶，单室，且无侧室。这类还包括墓室平面呈弧边长方形，墓门设于前壁中央或略偏向一侧，墓门南向的砖室墓和墓室平面呈长方形，侧壁外弧，前、后壁微弧或平直的砖室墓。从而可以看出中国大连地区在汉王朝与汉文化走向朝鲜半岛过程中所占的重要地位。朝鲜半岛的墓葬形制是深受包括大连地区在内的汉文化影响。

在文化遗物方面，朝鲜半岛出土的同时期的各类遗物与中国大连地区和中原及其他地区所出同类器物相同或相近。就陶器而言，朝鲜半岛典型陶器鼓腹罐、壶、瓮等，均与中

---

① 许明纲、吴青云：《辽宁大连沙岗子发现二座东汉墓》，《考古》1991 年 2 期，第 185 – 185 页，第 192 页。

② 旅顺博物馆：《辽宁大连前牧城驿东汉墓》，《考古》1986 年第 5 期，第 397 – 403 页。

国大连地区和中原及其他地区所出者略晚，如旅顺牧羊城Ⅱ号贝墓出土的瓦壶，形制与朝鲜半岛A型Ⅰ式瓮接近。[①]大连前牧城驿802号墓出土的“甲”字白陶瓮，形制与朝鲜半岛B型瓮接近。[②]就铜器而言，朝鲜半岛出土的铜鼎、樽、盆、洗、泥筒和鐎等，与中国大连营城子第二地点出土的铜鼎、樽、洗、泥筒相同，铜盆与大潘家、李家沟西汉贝墓出土同类器相同，铜鐎与新金县后元台西汉初年墓所出相同。[③]朝鲜半岛石岩里9号墓出土的金质龙纹带扣与中国大连营城子第二地点76号墓出土的金质龙纹带扣在形制、工艺、风格等方面完全相同，只不过是前者龙的数量少于后者，应为汉王朝工匠吸收了古波斯阿契米尼王朝金器上镶嵌水滴状绿松石的做法自己制作的。朝鲜半岛石岩里9号墓属于木椁墓第三期，即新莽至东汉前期，比中国大连营城子第二地点76号墓年代略晚。上述铜器和金质龙纹带扣等都应是汉王朝颁赐品。至于像钱币、铜镜、印章、封泥、漆器等，因有明确的文字，属于汉文化是毋庸置疑的事实。

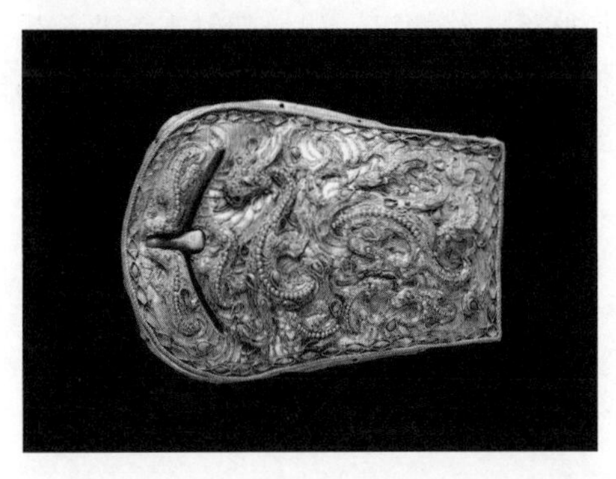

中国大连营城子第二地点76号墓出土的金质龙纹带扣

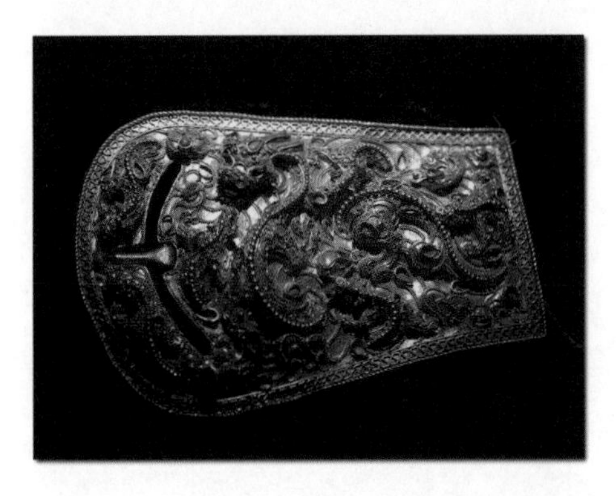

朝鲜半岛石岩里9号墓出土的金质龙纹带扣

汉王朝与朝鲜半岛的联系、汉文化向朝鲜半岛的传播，主要是通过“水路”和“陆路”两条路线来实现的。两汉时期有关大连地区的海路交通主要有两条：一条海路是自沓

① 《牧羊城——南满洲老铁山麓汉及汉以前遗迹》，东亚考古学会1931年版。

② 《辽宁大连前牧城驿东汉墓》，《考古》1986年第5期，第397－403页。

③ 许明纲、于临祥：《辽宁新金县后元台发现铜器》，《考古》1980年第5期，第478－479页。

氏县环黄海、渤海沿岸诸“沓津”，南下山东半岛之“东莱郡”或“齐郡”；另一条海路则是沿黄海海岸东北行至鸭绿江口。其中沓氏县“沓津”至东莱、齐郡之海路，是两汉时期辽东半岛与山东半岛之间经济、政治、文化往来的最重要的航线，起着连接两个半岛的桥梁和纽带作用，是通向朝鲜半岛的重要通道；至鸭绿江口的海路，是又一条沓氏地区乃至山东半岛东莱、齐郡等地通往朝鲜半岛的要道。汉武帝元封二年（公元前 109 年）秋，遣楼船将军杨仆率领 5 万人水军自齐跨越渤海，遣左将军荀彘率领陆军南下鸭绿江，两路共同夹击“卫氏朝鲜”王险城（今平壤）。元封三年（公元前 108 年）灭“卫氏朝鲜”，以其地置玄菟、乐浪、临屯、真番四郡。从考古学观察，朝鲜半岛北部发现的汉代城址和墓葬，大都集中在平安南道及其以南以平壤为中心的大同江下游地区和载宁江流域，并且无论是城址、墓葬，还是铁器、铜器、铜镜、钱币、印章、封泥等汉文化器物，除了漆器大多是来自汉王朝南方之外，其余都与汉王朝中原地区和大连地区最为接近，反映出朝鲜半岛北部与各地之间的密切联系。终两汉一代，朝鲜半岛北部乐浪一带同汉王朝的联系都是通过上述两条海路来实现的。在汉王朝与汉文化走向朝鲜半岛的历史进程中，大连地区起到了枢纽和桥头堡的重要作用。

第四章　魏晋南北朝时期的辽宁海洋文化

魏晋南北朝是中国古代北方民族大融合的历史时期，就辽宁而言，先是有公孙氏政权割据辽东50年，之后有曹魏和西晋的短暂统一。与此同时，原居住在长城之外的鲜卑人先后南下，进入辽东、辽西地区。晋世南迁，辽宁已处于鲜卑政权的掌控之下。5世纪初，高句丽政权占领了辽河以东地区，辽河以西地区则先后处于北燕及北朝各割据政权的统治之下。直到唐王朝灭掉高句丽政权之后才得以结束。

魏晋南北朝400年间，既是中华民族经受长期痛苦的时期，也是中华文明获得新生的时期，各种文明激烈碰撞，最终共同汇聚演变为隋唐文明。

第一节　公孙氏政权割据辽东时期的海洋文化

一、公孙氏政权割据辽东

东汉末年，统一的封建王朝被各地兴起的封建割据势力所代替，公孙氏政权就是当时在辽宁境内兴起的封建割据势力之一。从公元189年至238年，公孙度及其子孙统治辽东50年。公孙氏借辽东地区优越的自然条件，割据一方，招贤纳士，一度出现过安定的局面，俨然是世外桃源，社会生产、文化得到了发展。但以公孙渊为首的割据势力后来卷入了吴、魏之间的军事斗争，吴、魏先后用兵辽东，给社会生产带来了严重破坏。

公孙度，《三国志》有传。字升济，本辽东襄平（今辽宁辽阳）人。从公孙之姓，可知其为中原人士，而且是大姓。公孙度年少时随其父公孙延迁居玄菟郡，后担任郡吏。公孙度原名豹，由于与当时玄菟太守公孙琙之子同名，因此深得公孙琙喜爱，“遣就师学，为取妻”，并举荐公孙度为尚书郎，迁冀州刺史，但随即“以谣言免”。后由任董卓中郎将的同郡徐荣举荐，公孙度出任辽东太守。

辽东郡郡治襄平，向为东北重镇，从中原迁居东北的豪强贵族多聚于此，他们或仗势欺人，或横行霸道。由于公孙度出身卑微，由玄菟小吏起家，辽东郡地方豪强待其十分轻慢。公孙度为立声威，打击辽东豪强贵族的势力，于是找借口笞杀襄平令公孙昭及郡中名豪大姓田韶等，随后又先后“诛灭郡中名豪大姓百余家”，于是“郡中震栗”。公孙度以暴力手段消除了地方上的异己势力，为其独霸一方扫平障碍。威服辽东后，公孙度开始着手向外扩张，遂“东伐高句丽，西击乌丸，威行海外”。[1]

东汉初平元年（公元190年），即公孙度就任辽东郡太守次年，公孙度见东汉皇帝已经无力控制政局，天下大乱，军阀混战，各据一方，无暇顾及辽东，深知这是扩大自己势

① 《三国志》，第252页。

力的良好时机，对其亲信柳毅、阳仪等人说："汉祚将绝，当与诸卿图王耳。"[①] 并说谶书云"孙登当为天子，太守姓公孙，字升济，升即登也。""时襄平延里社生大石，长丈余，下有三小石为之足"。[②]这就是考古学家认定的最早见于文献的辽东石棚。公孙度亲信们深知其欲称王割据辽东之意，便迎合称"此汉宣帝冠石之祥，而里名与先君同。社主土地，明当有土地，而三公为辅也"。[③]于是公孙度自立为辽东侯，称平州牧。将辽东郡划分为辽东、辽中、辽西三郡，公孙度自任辽东太守，其余二郡也各置太守；同时，派兵自旅顺渡海攻占了山东半岛北部的东莱诸县（黄县、掖县、蓬莱等地），设置营州刺史；不久，玄菟、乐浪二郡也归公孙度所有。其最强盛时地域包括了辽东、辽中、辽西、玄菟、乐浪五郡之地及设在山东半岛的营州。公孙度以襄平为政治中心，任用柳毅、阳仪为谋士，"承制设坛禅于襄平城南，郊祀天地，籍田，治兵，乘鸾路，九旒，旄头羽骑"，俨然如一方之王。为了争取地主阶级的支持，特"立汉二祖庙"，以表示公孙氏政权对汉室的尊崇。此时曹操忙于同群雄角逐中原，无暇顾及辽东，为了笼络公孙度，表度为武威将军，封永宁乡侯。公孙度对曹操的表封不屑一顾，称"我王辽东，何永宁也?"但是，公孙度始终不敢树起与曹操公开对抗的旗帜。

公孙度掌控辽东 16 年。建安九年（公元 204 年），公孙度死，其子康继位。在公孙康统治辽东时，依然在某种形式上和曹操控制的中央政权保持着隶属关系。建安十二年（公元 207 年），曹操率军北征乌桓，袁绍之二子袁尚、袁熙"与乌桓逆军战，败走奔辽东"，妄图夺取公孙康的政权。公孙康立刻意识到"今不取熙、尚，无以为说于国家"，[④]遂将其二人诱杀，给曹操送上首级。曹操以功封康襄平侯，并左将军；黄初二年（公元 221 年），公孙康死，其弟公孙恭继任辽东太守。曹丕代汉后，公孙恭首先表示归附，因而魏文帝曹丕拜恭为车骑将军，封平郭侯；太和二年（公元 228 年），公孙渊胁夺恭位，魏明帝曹睿拜渊为扬烈将军、辽东太守。总之，公孙度及其子康、恭，虽然割据一方，但都对中央王朝保持着隶属关系。

公孙康统治辽东 17 年。此时，高句丽数次侵犯辽东。"建安中，公孙康出军击之，破其国，焚烧邑落"。同时，"公孙康分屯有县以南荒地为带方郡，遣公孙模、张敞等收集遗民"。[⑤]据《晋书·地理志》记载：带方郡，公孙度（度为康字之误）置，统县七，户四千九百。其统县为带方、列口、南新、长岑、提奚、含资、海冥。景初二年（公元 238 年），司马懿讨灭公孙渊，又潜军浮海，收乐浪、带方二郡，以迄于晋，仍其旧制。

二、公孙氏割据辽东时期的航海活动

公孙氏割据辽东时期的航海活动可以分为两部分：一是公孙度主政时期的航海活动；二是公孙渊主政时期的航海活动。

（一）公孙度主政时期的航海活动

公孙度主政时期的航海活动主要是通过辽东半岛南端与山东半岛进行的。公孙度主政

---

①~③ 《三国志》，第 252 页。

④ 《三国志》，第 207 页。

⑤ 《三国志》，第 851 页。

时期，除了陆路扩张外，还一度通过海路将势力发展到中原地区。史载其“越海收东莱诸县，置营州刺史”。从这段史料中可以看出，当时公孙氏政权已经可以通过海路由辽东半岛直达山东半岛，这正是自古以来沟通辽东半岛与山东半岛的最便捷的海道。公孙度向山东半岛的扩张必须有相当数量的军队，而这些官兵横渡渤海海峡必须有一定数量和规模的船只，可知，公孙度主政时期辽东已有了较为发达的造船业。

这种航海活动还表现在山东半岛居民纷纷渡海来到辽东以避战乱方面。当时中原地区战乱频繁，民不聊生，辽东由于地处偏远，受到战争的影响较小，自然成为了当时人们向往的一片乐土。加之山东半岛与辽东半岛之间海路距离短，因此很多中原地区的流民纷纷渡海赴辽东避祸，其中多数是以种地为生的贫苦农民。他们大都住在辽东半岛的南部，后来逐渐北迁。在辽东北部的山区里，“越海避难者，皆来就之而居，旬月而成邑”。正是在辽东居民和中原地区流民们的辛勤劳动之下，使得辽东地区经济迅速发展，保证了社会安定。同时也为公孙康主政时期打击高句丽的侵犯，奠定了坚实的物质基础。

渡海来到辽东的流民中有许多中原地区的名士。他们当中有在黄巾起义军打击下逃往辽东的邴原、管宁，有“董卓作乱，避地辽东”的王烈，还有政争失意暂避辽东的太史慈、刘政等人。这些文人名士的到来，推动了当地文化的发展。

（二）公孙渊主政时期的航海活动

《三国志》卷八载：“太和二年（公元228年），渊胁夺恭位。明帝即拜渊扬烈将军、辽东太守。渊遣使南通孙权，往来赂遗。权遣使张弥、许晏等，赍金玉珍宝，立渊为燕王。”[①]此后，公孙氏政权与东吴、曹魏发生了复杂的三角关系，卷入了激烈征战的漩涡之中。

公孙渊之所以主动与东吴交往，主要基于政治上借助东吴制曹魏，使曹魏不敢轻易用兵辽东；经济上利用海上通道与东吴进行贸易，以马匹和土特品交换江南物品，实现互通有无。正如无陆瑁奏疏所言：“夫所以为越海求马，曲意于（公孙）渊者，为赴目前之急，除心腹之疾也”。这“心腹之疾”，即曹魏。公孙渊和东吴从自身利益角度出发，一拍即合。公孙渊和东吴频繁发生交往，使曹魏极为不满。

魏明帝太和六年（公元232年），孙权遣将军周贺、校尉裴潜驾舟百艘至辽东，以买马为名与公孙渊政权联系。公孙渊想借孙权为外援，决定联吴拒魏，特派校尉宿舒、朗综等随周贺等返回江东，探听虚实，以便进一步与东吴结盟。

周贺的船队在返回东吴途中，于成山（今山东文登西北）附近中了魏将田豫埋伏，船只或触礁沉没，或搁浅，船上吴军为魏军所俘，周贺被杀，只有宿舒、孙综等所乘部分船只脱险到达东吴。孙权不纳群臣之谏，翌年（公元232年）特遣太常张弥、执金吾国许宴、将军贺达率领有万人的庞大舰队驶往辽东，“金宝珍货，九锡备物，乘海授渊，封渊为燕王”。[②]

公孙渊联吴叛魏后，曹魏立即集结军队准备武力征讨，同时传檄辽东，发布《告辽东、玄菟将校吏民》，号召他们起来反对公孙渊，归附朝廷。公孙渊惧曹魏征讨，复做出

---

① 《三国志》，第253页。

② 《资治通鉴》，第2284页。

投魏反吴的决定。东吴张弥等所率舰队到达辽东半岛，驻扎在沓县海口（又称沓渚、沓津，地在今辽宁大连普兰店湾一带）。张弥率吏兵400余人到达公孙氏政权统治中心襄平，向公孙渊宣读了吴主册封的诏命，转交印玺、符策及所有赏赐之物。公孙渊将东吴使者所带400余人分散几处安置，杀掉张弥，其余吏卒一律徙充边城。又派大将韩起率领军队到沓县，驱马群假装欲与吴人交易，诱吴军下船，准备全歼。幸而吴军已有戒备，下船者仅有五六百人，被韩起杀散。事后，公孙渊又把东吴赐给他的印玺、器物和吴将首级等一概献给曹魏。曹魏虽知其反复无常，但为了暂时安抚人心，仍册封他为大司马、乐浪郡公。

东吴招抚公孙氏之举失败后，又欲与辽东的高句丽政权联手对付曹魏。随张弥到襄平，被公孙渊隔置在玄菟郡百姓家的东吴中使秦旦、张群等在被围40余日后，聚众焚烧城郭，杀其长吏，逾城辗转逃到高句丽，谎称受吴主之遣前来结好，所赐之物均被公孙渊劫夺。高句丽王位宫信以为真，派人送吴使回江东，向孙权奉表称臣，并同时献贡品。曹魏得知这一消息，立即命幽州刺史遣官员警告高句丽，令其与吴绝交，如有吴使再来，必杀之以献其首于朝。吴嘉禾四年（公元235年），东吴遣谢宏等越海来辽东，准备册封高句丽王位宫为单于。谢宏等至安平海口（今丹东靉河尖古城），得知魏命高句丽王斩杀吴使的消息，立即扣留了高句丽遣吴使者30余人为人质，位宫无奈，只好献吴好马百匹以谢罪。此后东吴与高句丽仍暗中互相往来，青龙四年（公元236年），位宫斩吴使胡卫等，献首级与魏，双方才断绝了往来。

曹魏早在太和六年（公元232年）公孙渊与东吴交好之时，即命汝南太守田豫督率青州军出海路、幽州刺史王雄率军自陆路征辽东。但魏军在辽西与公孙氏军交战，一触即溃，田豫所率军队也接到撤回的诏命。田豫预料到东吴船队从辽东返回，必经成山避风浪，故在成山设伏，成功地袭击了东吴的船队。

景初二年（公元238年），魏明帝命太尉司马懿率4万大军分两路在此征辽东，陆路由幽州经今朝阳、义县、北镇、新民、台安渡辽河，逼近襄平。水陆则先克公孙度时期在山东设置的营州，然后自登州渡海至马石津（今旅顺口），再沿辽东渤海沿岸至营口辽河口，上溯至三岔河口入浑河转太子河，径至襄平。司马懿大军攻下襄平城，斩杀公孙渊父子于梁水（今太子河）上。襄平既破。司马懿野蛮屠杀城内军民，“男子十五岁以上，七千余人皆杀之，以为京观，伪公卿以下皆伏诛，戮其将军毕盛等二千余人”。①

此间，东吴也派水军在沓渚（今辽宁大连普兰店湾一带）登陆，与退守在此的公孙渊残部7 000余人会合，与魏军展开激战。吴军见大势已去，乘机将大批男女青壮劫掠南返。经过此次战争的浩劫，辽东地区田园荒芜，百姓被掳或战死，余者大部分逃亡山东。社会经济遭到严重破坏。

从景初二年（公元238年）襄平城破至正始元年（公元240年），曹魏为安置辽东大批逃往山东的吏民，在纵城（今山东淄博市淄川区罗村镇南罗村）设置新沓县。在齐郡西安、临淄、昌国县境置新汶县、南丰县。

公孙氏割据辽东时期与曹魏、东吴的海路交通主要有以下三条：

一是由山东登莱入海，经庙岛群岛，到达“马石津”（今辽东半岛旅顺口老铁山一

① 房玄龄等：《晋书·宣帝纪》，中华书局1974年版，第12页。

带），然后北行登陆的“沓津道”。这是一条最便捷的海上交通道，自新石器时代以来就是这样，此不赘述。不过，这一时期已不再是以民间的自然流徙和商业交流为主，而主要是由政治原因引起的泛海交通和舟楫往来，并且规模宏大。

二是由山东东来郡和齐郡东北海行入“安平口”和“列口”道。这一时期辽东海路交通除发自北海郡、东莱郡，经“三山”至“马石津”和“沓津”外，稍东北海行，又可入自鸭绿江口的“安平口”和今朝鲜大同江口的“列口”。这是由中原海道通往高句丽和乐浪郡的重要水路交通线之一。

三是由山东海行入“辽口”至襄平水道。这条水道由山东海行入“辽口”，溯“大辽水”和“大梁水”（今太子河）舟行至“襄平”道。这条水路交通皆在辽东郡腹地，主要经由大辽水的“辽口”入自内河航道，再溯“大梁水”（今太子河）可径至辽东郡首府襄平。魏景初二年（公元238年）司马懿讨灭公孙渊之役，其中一路走的就是这条水道。

这一时期大规模的远航是以造船业的发展为基础的，造船业在秦汉基础上有了更进一步的发展。赤壁之战动用了数千艘战船，就集中反映出当时的造船能力已达到很高的水平。曹魏在山东半岛和渤海湾沿岸的“青、充、幽、冀四州大作海船”，在内地则有洛阳建造船场。东吴的造船业最为发达，在沿海沿江一带设置了许多造船场，所造之船，体大、载重多。上海附近的青龙镇也是东吴的造船场，孙权曾在这里建造形似龙舟，船身涂以青色的青龙战舰。东吴已能造出载重万斛的大海船。正是基于发达的造船业，所以才有了东吴和曹魏动辄出动数百艘战船航海到辽东。

第二节　晋十六国时期的辽宁海洋文化

一、晋与前燕的海上往来

晋代，中国北方出现“五胡十六国”大分裂的割据局面。其中，前燕是慕容鲜卑建立的以辽宁朝阳为都城的政权。慕容廆系昌黎城人，其祖莫护跋曾在魏初从司马懿讨公孙渊有功，被封于大棘城，西晋元康四年（公元294年），慕容廆将其辖治大棘城（今辽宁北票），教以农桑，兴办礼乐，实行汉化的封建统治。及至西晋亡，晋元帝“以鲜卑大都督慕容廆为都辽左杂夷流民诸军事、龙骧将军、大单于、昌黎公”。慕容廆志在天下，本拟不受，后听其子翰及征虏将军鲁昌、处士辽东高诩之建议，决定接受东晋的赐封，并“勤王仗义”，“遣长使王济浮海诣建康劝进”。[①]东晋咸和八年（公元333年）夏，五月，慕容廆去世，由第三子慕容皝继位。八月，慕容皝遣长使勃海、王济等赴东晋告丧，翌年秋八月，“王济还辽东”，晋成帝“诏遣御史王齐祭辽东公廆，又遣谒者徐孟拜慕容皝镇军大将军、平州刺史、大单于、辽东公，持节承制封拜，一如廆故事”。于是，王齐、徐孟率船队，自建康（今南京）出大江（今长江）入海，循江苏、山东海岸北上，转料角（今成山头）至登州大洋（今渤海莱州湾），再由蓬莱角北渡渤海海峡，过大谢岛（今山东长岛县）、龟歆岛（今砣矶岛）、淤岛（今钦岛）、乌湖岛（今隍城岛），再北渡乌湖海（今

① 《十六国春秋辑补·前燕慕容廆》。

渤海海峡），至马石津登岸。马石津即今旅顺口，金毓黻考证，马、乌二字形似，马石山应作乌石山，今老铁山，其色焦黑，因此得名，故亦称乌石。[①]王齐、徐孟到马石津，即被慕容皝弟扣留，直到咸康元年（公元335年）十月才放行。同年十二月，王齐、徐孟又渡渤海到达前燕当时的都城大棘城，宣读东晋朝廷诏命，慕容皝才正式接受册封。[②]

王齐、徐孟由马石津至棘城的航行很可能是先循渤海东岸进行的，因在咸和九年（公元334年），慕容皝已兵进襄平（今辽阳市），并迁辽东大姓于大棘城。然而，因冬季渤海盛行偏北季风，船舶顶风航行，颇费周折，旷日持久。咸康二年（公元336年）九月，慕容皝击破辽东后，乃"遣长史刘斌、兼郎中令辽东阳景送徐孟等还建康"。[③] 由此可见，从东海长江口至黄渤海辽东半岛以及渤海辽东湾一线的海上航路，在东晋时还是畅通无阻的。

二、前燕与后赵的战争

慕容部欲西进中原，首先遇到障碍的就是后赵石氏政权。当时后赵已控制了包括幽、冀、并、青诸州在内的黄河流域大部分地区，利用鲜卑段部势力向辽西及东北地区发展，形势对慕容部不利。于是，慕容皝在咸康四年（公元338年）"遣将军宋回称藩于石季龙（后赵）"。但当石季龙（虎）出兵时，慕容皝却先掠段氏返回，不与后赵石季龙部会合。石季龙大怒，亲率14万大军逼大棘城，结果为慕容皝所败。后赵为报此仇，遂致力进行灭燕军事准备，其中一项是自山东派水军北上。

公元341年，赵遣曹伏率青州兵渡海至辽东半岛登陆，戍蹋顿城，即攻前燕。但因曹魏灭公孙氏之战，辽东民众渡海逃亡，十城九空，不具备驻军条件而退居沿海岛屿。石季龙运谷粮200万斛给这支水军，同时运30万斛给在高句丽滨海屯田的约万余赵军，命其从东边策应攻击前燕。又在青州造船千艘，以备运兵之需，后赵攻燕总兵力达50万人。但慕容皝不等后赵布置完毕，即先发制人出其不意占领冀州北部。东晋康帝建元元年（公元343年），慕容皝亲率2万骑兵，长驱蓟城（今北京北部），入于高阳，大败赵军，掠其人口3万余户而还。前燕击败高句丽、后赵政权，巩固和扩大了对东北的统治，实力增强。公元345年，始不受晋命。

三、北燕与刘宋、高句丽的联系

北燕是十六国时期东北最后一个政权，是由鲜卑化了的汉人冯跋所建。冯跋，长乐信都（今河北冀县）人。后燕时，任中卫将军。公元407年，占据龙城，拥立高云为燕王，建都龙城（今辽宁朝阳市十二台营子）。公元409年，高云在宫廷政变中遇害，众人拥立冯跋为天王。建都昌黎（今辽宁省锦州市义县），建元太平，国号燕。史称北燕。

北燕直接管辖的地区为今河北东北部和辽宁西部。此时辽东半岛基本上为高句丽所控制，但北燕势力也有一定影响。公元436年7月，在北魏进攻下，北燕天王冯弘率龙城军

---

① 金毓黻：《东北通史》上编，五十年代出版社1944年版，第109页。

② 《资治通鉴》，第3003页。

③ 《资治通鉴》，第3007页。

民焚烧宫殿东迁，投奔高句丽，初居平郭（今辽宁营口盖州市一带），不久徙北丰（今辽宁瓦房店北部）。此前，冯弘曾派使到南朝刘宋都城建康（今南京）称藩，上表请求迎纳。宋文帝立即派使者王百驹等去接迎，又下令高句丽以资遣送。[①] 高句丽不愿让冯弘归宋，于是在冯弘入辽东两年后（公元 438 年），派孙漱、高仇率兵在北丰杀掉冯弘及儿孙十余人。南朝刘宋谥冯弘为昭成皇帝。高句丽此举意在积蓄力量长期盘踞辽东，避免与魏发生争战而献媚北魏。当年，冯弘从北丰派人去南朝刘宋联系，均从陆路至辽东半岛南部海口，乘船达宋。后来，高句丽长寿王亦遣使与南齐交往，使者也是从辽东半岛南部海口南渡的。尽管高句丽于公元 404 年已占据辽东，但经辽东半岛至宋都建康的海路一直畅通。

① 《资治通鉴》，第 3867 页。

第五章　隋唐时期的辽宁海洋文化

隋、唐是在魏晋南北朝之后出现的两个统一王朝，是中国古代文明在经历一次长期的民族大融合之后，呈现的一个凸显整体性社会发展与文化整合的重要历史时期。

隋唐时期疆域辽阔，国力强盛，声威文教远播四方，是中国在东亚乃至世界文明史上大放异彩的时代。隋唐的典章制度、文化科技不仅加强了国内周边民族的文化内聚倾向，也吸引了周边国家派遣大批留学生和遣唐使到中国学习。中国文化在周边国家的传播，形成了一个以中国文化为核心的文化圈。

隋唐时期在维护国家统一方面不遗余力，先后与高句丽进行了多次的战争，最终取得了决定性的胜利。

第一节　隋代的辽宁海洋文化

一、隋代的造船与航海

公元581年，北周外戚、贵族杨坚建立隋王朝。史称隋文帝，公元589年，隋灭陈，结束了长达三个半世纪的分裂局面，重新统一中国。虽然，因隋炀帝的残暴昏庸和倒行逆施，使隋王朝仅存38年即二世而亡，但是，在隋初文帝时所进行的一系列重大政体改革，却使封建制度渐臻成熟，产生了深远的历史影响。

早在隋朝统一中国前，大将杨素即在黄河支流汾河畔的永安（今山西霍县）营建各种战舰。灭陈后，隋炀帝滥耗国力，大征兵力，凿运河，下江南，攻高丽。在濒江沿海处大造舟船，数量殊巨。如大业元年（公元605年）八月，隋炀帝巡游江都（今江苏扬州市）时，所乘船队有龙舟、翔螭、浮景、漾彩、朱鸟、苍螭、白虎、玄武、飞羽、青凫、陵波、五楼、道场、玄坛、板艙、黄蔑等数千艘之众，舳舻相接200余里，甚为壮观；大业七年（公元611年）初，为讨伐高句丽，又下诏在东莱海口赶造海船300艘，可见造船业之发达。

隋代的造船技艺有了明显的进步，所造船舶，结构精良，体势巨伟，适于远航。据史料记载，隋初杨素在永安大造战舰，其最大者，“名曰五牙，上起楼五层，高百余尺，左右前后置六拍竿，并高五十尺，容战士八百人，旗帜加于上”。即使是次一等的“黄龙船”，也可载兵士百余人。而隋炀帝泛江所乘之“龙舟”，体势也颇见庞硕，据司马光记载，“龙舟四重，高四十五尺，长二百丈。上重有正殿、内殿、东西朝堂，中二重有百二十房，皆饰以金玉”。①

① 《资治通鉴》，第5621页。

自三国时期吴国派遣卫温、诸葛直率万人船队到达台湾后，在两晋与南北朝时期，大陆与台湾之间的海上联系未见于史籍。隋重新统一中国后，台湾海峡两岸的通航活动又一次得到了恢复和加强。

台湾当时称为“流求”。《隋书·流求传》载：“流求国，居海岛之中，当建安郡东，水行五日而至”。[①]建安郡在今福建省北部，就方位与航期而论，流求非台湾莫属。据孙光圻研究[②]和史料记载，隋代至少有三次去流求的航海活动。

大业元年（公元605年），有海师何蛮等，每逢春秋两季的天清风静之时，东望依稀，似有烟雾之气，亦不知隔几千里之遥。大业三年（公元607年），隋炀帝令羽骑尉朱宽入海访异俗，由何蛮作向导，指挥船队到达了流求。因与岛上居民言语不通，仅带回一名岛民而返。[③]这是隋代第一次通航台湾。

第二次是大业四年（公元608年），隋炀帝再次派遣朱宽率船队前往流求进行慰抚，因仍不从，仍取其布甲而还。此时正值倭国使者来朝，见到朱宽带回之布甲，谓“此夷邪之国人所用也”。[④]“夷邪久”即“夷洲”之谐音，可证夷洲及流求，都是台湾之古称。

第三次是大业六年（公元610年），隋炀帝又派遣虎贲郎将陈棱、朝请大夫张镇州率东阳兵（今浙江金华、永康等县地）万余人泛海前往。陈棱先派通晓流求语言的南方昆仑人先去“慰谕”，又不从，始诉诸武力。据《隋书·陈棱传》称，隋军至时，“流求人初见船舰，以为商旅，往往诣军中贸易”。由此可知，早在隋代舟师抵达流求前，大陆与台湾民间业已存在一定的通商关系。虽然由于当时福建南部尚未开发，隋王朝这三次大规模的航海活动没有达到建立通贡关系的目的。但是，毕竟加深了大陆民众对台湾的认识。

二、隋代征高句丽时期的航海活动

高句丽是中国东北的民族之一，其形成的时间可上溯到商周时期，即高句丽民族起源之时。此后经过民族迁徙与融合，形成了一个具有自身特点的北方民族。周秦之际，中原政权对北方地区实行管理，高句丽人开始了与其他民族的交往和联系。汉武帝元封三年（公元108年）灭卫氏朝鲜，以其地设乐浪、玄菟、临屯、真番四郡。玄菟郡内置高句丽县。西汉王朝正式对高句丽人聚居之地设制管理。

西汉元帝建昭二年（公元前37年），夫余王子邹牟入主高句丽地区，建立高句丽国，成为西汉玄菟郡内一个民族地方政权。高句丽时服时叛，一方面向中原各王朝中央称臣纳贡，另一方面又乘隙蚕食辽东。直到唐高宗总章元年（公元668年）最后灭国，共存在705年，跨越两汉、三国、两晋、南北朝和隋唐。

隋王朝建立后，高句丽即遣使臣入隋朝贡，确立臣属关系，获得隋文帝赐予的大将军、辽东郡公封号。随着灭陈后统一中国政局的出现，高句丽渐感隋王朝对其继续占据辽东地区的严重威胁，于是“治兵积国，为守拒之策。”[⑤]隋开皇十八年（公元598年），高

① 魏征：《隋书》，中华书局1973年版，第1823页。

② 《中国古代航海史》，第255－256页。

③④ 《隋书》，第1825页。

⑤ 《隋书》，第1815页。

句丽婴阳王高元率靺鞨之众万余侵辽西，被隋营州总管韦冲击退。隋文帝“闻而大怒”，命汉王杨谅统率兵30万人，分水陆两路征讨高句丽，并“下诏黜其爵位”。[1]隋军水路由周罗睺指挥，自东莱（今山东莱州市），横渡黄海，直航平壤，途中遇到大风，船多漂没，几乎全军覆没，只得回师。高句丽婴阳王在隋军攻势的威慑下，遣使臣求和，上表称“辽东粪土臣”。高句丽婴阳王一旦臣服，隋文帝便赦之。但高句丽婴阳王高元仍然伺机进犯辽西，导致了后来隋炀帝的三次征伐高句丽的战争。

公元604年，隋炀帝即位，强化中央集权的封建统治，对周边少数民族恩威并施，对高句丽的政策有所改变。黄门侍郎裴矩向隋炀帝建议：“高丽之地本孤竹国也，周代以之封箕子，汉世分为三郡，晋世亦统辽东，今乃不臣，别为外域，故先帝疾焉，欲征之久矣。但以汉王谅不肖，师出无功。当陛下之时，安得不事，使此冠带之境，仍为蛮貊之乡乎”。[2] 隋炀帝凭借当时的强盛国力，采纳了裴矩的建议，有了后来的三次征伐高句丽的战争。

大业七年（公元611年），下诏天下兵，集中于涿郡。征兵中有江、淮以南水手万余人。又令东莱海口赶造海船300艘。大业八年（公元612年），隋炀帝率二十四路大军御驾亲征，遥为指授。水军由右翊卫大将军来护儿率领，“舳舻数百里，浮海先进，入至浿水（今大同江）”。与高句丽军相遇，首战告捷。接着，来护儿水军循海航达平壤，率精甲4万人攻城。被高句丽军诱入空城而击败，逃回船上仅数千人，被迫退兵屯于海浦，不敢再去接应陆路兵马。与之同时，陆路诸军行至鸭绿江时，因粮尽旋师，进退失度，复多败绩，时炀帝眼看胜期无望，只得虚设辽东郡与通定镇，率残都回朝。

大业九年（公元613年）的征伐高句丽战争是从陆路发兵，在猛攻辽东城出现胜机之时，传来了杨玄感起兵反叛，率兵攻打洛阳的消息，隋炀帝闻报大惊，火速回师。而当时右翊卫大将军来护儿正欲以舟师入海趋平壤，杨玄感诈称来护儿谋反起兵。第二次征伐高句丽战争仍然未果。

大业十年（公元614年），隋炀帝一意孤行，第三次发水陆兵将攻打高句丽，“时天下已乱，所征兵多失期不至，高丽亦困弊”。[3]在此形式下，隋炀帝下令进攻。水军仍由来护儿率领，唯航海行军线路与上次不同。这一次，他指挥舟师由山东半岛东莱（今山东莱州市）出发，渡渤海海峡，在辽东半岛南端等陆，攻打卑奢城（今辽宁大连市金州新区大黑山），“秋七月，……来护儿至卑奢城，高丽举兵逆战，护儿击破之”。[4]来护儿击破高丽句守军，并乘胜直趋平壤。高句丽婴阳王高元慌忙遣使求降，隋炀帝大悦，召来护儿还师。此时，来护儿召集众将曰“三度出兵，未能平贼，此还也，不可重来。今高丽困弊，野无青草，以我众战，不日克之。我欲进兵，径围平壤，取其伪主，献捷而归”。来护儿不肯按诏书退兵，长史崔君肃劝其退兵，来护儿认为：“贼势破矣，专以相任，自足办之。吾在阃外，事合专决，岂容千里禀听成规，俄顷之间，动失机会，劳而无功，故其宜也。吾宁征得高元，还而获谴，舍此成功，所不能矣”。崔君肃对众将曰：“若从元帅，违拒诏

① 《隋书》，第1816页。
② 《隋书》，第1581页。
③④ 《资治通鉴》，第5691页。

书，必当闻奏，皆获罪也。”众将畏惧，尽劝来护儿，于是奉诏而还师。[⑤]

隋炀帝班师以后，仍召高句丽婴阳王高元入朝，高元竟不从。隋炀帝虽敕令将帅整备以图再次征伐，由于诸多因素，未能付诸实行。

隋军三次对高句丽的军事航行，基本反映了我国北方海区的主要航路，即一条渤海和黄海沿岸航路，另一条横渡黄海的航路。从来护儿水军前败后胜的战绩分析，当时从山东半岛去朝鲜半岛，还是走渤海和黄海沿岸航路较为安稳，而走横渡黄海航路则风险甚大。此外，从来护儿4万人水军的规模以及至少拥有300艘海船的规模而言，隋王朝的航海实力已相当雄厚。

第二节　唐代的辽宁海洋文化

一、唐代的造船与航海活动

唐王朝凭借着强盛、发达的经济和灿烂的科技文化，与海外许多国家和地区建立了航海交往。为了适应外交与贸易需要，造船基地的数量大幅上升。据《资治通鉴》所载，当时的主要修造大船的地方即有：宣（今安徽宣城县）、润（今江苏镇江市）、常（今江苏省常州市）、苏（今江苏苏州市）、湖（今浙江湖州市）、杭（今浙江杭州市）、越（今浙江绍兴市）、台（今浙江临海县）、婺（今浙江金华市）、江（今江西九江市）、洪（今江西南昌市）等州及剑南道（今四川内）的沿江一带；同时，北方沿海的登州（今山东蓬莱县）、莱州（今山东莱州市），南方沿海的扬州、福州、泉州、广州与交州，也是著名的海船建造基地。上述地方的造船工场，均能承建大量的河船、海船与战舰。唐太宗征伐高丽时，一次就发江南十二州工匠造大海船数百艘。唐代出现了结构精良、舱室众多、体势巍峨、帆樯众多的船舶。沙船、福船、广船等在唐代均已成形。常见的一种名叫“沧舶”的远洋海船，“长二十丈，载六七百人”。

据孙光圻研究，[⑥]唐王朝与朝鲜半岛之间的海上航路，有两条经过辽东半岛沿海。一是贾耽在“登州海行入高丽、渤海道”中所述的，先由登州渡渤海海峡，再由辽东南岸西行至乌骨江（今鸭绿江口）。此后，前往朝鲜半岛的港岸航路是：“乃南傍海壖，过乌牧岛（今身弥岛）、贝江口（今大同江口，可循江溯流至平壤）、椒岛，得新罗西北之长口镇（今长渊县之长命镇）。又过秦王石桥（今瓮津半岛外岛群中一岛）、麻田岛（今开城西南方海中的乔桐岛）、古寺岛（今江华岛），得物岛（今大阜岛），千里至鸭绿江唐恩浦口（此句似误，应为鸭绿江千里至唐恩浦口，唐恩浦口为今仁川以南的马山里附近海口，以今图估测，似在牙山湾内）。乃东南陆行，700里至新罗王城（今朝鲜半岛东南部之庆州）”。这条沿岸航路，航程较长，但较为安全，当为主要航路。二是从山东半岛的登莱沿海起航，直接东航（或东北航），横越黄海，直达朝鲜半岛西岸的江华湾或平壤西南的大同江口。唐代几次对高句丽的海上用兵，其舟师就走过这条快速航线。

---

⑤ 《隋书》，第1516页。

⑥ 《中国古代航海史》，第276页。

二、唐征高句丽时期的航海活动

公元618年，李渊称帝，唐王朝建立。同年高句丽婴阳王高元去世，荣留王即位，是为高句丽第二十七代王。荣留王之世，高句丽诚心臣服于唐王朝，岁岁遣使朝贡，唐王朝皇帝亦派使臣前往册封、慰劳。东北地区30多年未发生战争。社会逐渐安定，生产得到恢复和发展。

公元642年高句丽东部大人盖苏文杀荣留王，立宝藏为王，国事由盖苏文专断。因盖苏文联合百济，攻打新罗，对唐王朝使臣玄奘带去的诏谕不予理睬，唐太宗决意亲征高句丽，主要基于以下原因：一是收复辽东故土，大定天下；二是讨伐盖苏文弑逆之罪；三是救助新罗，稳定朝鲜半岛局势。

贞观十八年（公元644年）七月，唐太宗命将作大监阎立德等督造大船400艘以载军粮，命营州都督张俭帅幽州、营州将士以及契丹、奚、靺鞨士兵先攻打辽东城，以观察高句丽军队的反应及军事布局。同时调集河北诸州粮草，督运河南诸州粮草入海。十一月，以刑部尚书张亮为平壤道行军大总管率战船500艘、水军4万余人，由东莱启程，渡渤海海峡，在都里镇（今旅顺口）登陆。贞观十九年（公元645年）帅军亲征高句丽。五月，张亮副将程名振攻下高句丽所占的辽东据点卑沙城（即卑奢城，故址在今辽宁大连市金州新区大黑山）。“四月，……癸亥，张亮帅舟师自东莱渡海，袭卑沙城，四面悬绝，惟西门可上。程名振引兵夜至，副总管王文度先登，五月，己巳，拔之，获男女八千口。”[①] 接着，张亮水军又与陆路张俭军合破高丽军于建安城（故址在今辽宁盖州市东北青石关堡高丽城村东山）；继而，张亮派总管丘孝忠率一支舰队直趋鸭绿江。后因久攻高句丽安市城不下，加之天寒地冻，粮草不济，班师回朝。

大黑山山城（卑奢城、卑沙城）

贞观二十一年（公元647年）三月，唐太宗诏令左武卫大将军牛进达为青丘道行军大总管、右武卫将军李海岸为副总管，率舟师乘楼船自莱州渡海而进。又以太子詹事李世勣为辽东道行军大总管，右武卫将军孙贰朗、右屯卫大将军郑仁泰为副总管，率亲兵3 000人，并节制营州都督府兵由新城道进兵，水陆两军同时进发，合击高句丽。七月，攻取石

① 《资治通鉴》，第6220页。

城，再攻积利城，得胜后引师而还。这次海上航行路线显然是先渡渤海海峡，然后循辽东南岸西驶，再溯鸭绿江入叆河。八月，唐太宗命造入海大船及巨舰 350 艘，欲以征伐高句丽。

贞观二十二年（公元 648 年）正月，唐太宗诏令右武卫大将军薛万彻为青丘道行军大总管、右卫将军裴行方为副总管，率舟师 3 万人，乘楼船、战舰自莱州泛海，渡鸭绿江，进击泊汋城，破高句丽援军三万众，然后凯旋返航。

同年四月，甲子，“乌胡镇（庙岛群岛北端之隍城岛，即乌湖岛）将古神感将兵浮海击高句丽，遇高句丽步骑五千，战于易山（《新唐书》作‘曷山’），破之。其夜，高句丽万余人袭神感船，神感设伏，又破之而还”。[①]

唐太宗三次东征高句丽，虽未能灭掉高句丽，但对高句丽给予了沉重的打击，极大地削弱了其军事实力，为此后灭掉高句丽奠定了基础。同时对于朝鲜半岛的形势产生了重要影响，形成了以唐王朝、新罗为一方，以高句丽、百济为另一方两大阵营。

唐高宗继位后，依然执行收复辽东与东征高句丽的国策。其时，朝鲜半岛上的“百济恃高丽之援，数侵新罗，新罗王春秋上表求救”。[②]显庆五年（公元 660 年），唐高宗为孤立高句丽，在半岛上取得立足点，即“以左武卫大将军苏定芳为神丘道行军大总管，帅左骁卫将军刘伯英等水陆十万以伐百济”。八月，“苏定芳引兵自成山济海”，[③] 横渡黄海，直趋朝鲜半岛西岸，一举灭掉百济。高句丽失去了一个盟友，处境更加孤立。

乾封元年（公元 666 年）高句丽莫离支盖苏文死，高句丽内讧。十二月，唐高宗命司空、英国公李勣为辽东道行军大总管，准备与高句丽进行决战。经过两年激战，总章元年（公元 668 年）九月，唐军攻陷平壤，唐王朝在其地“置都督府九，州四十二，县一百，又置安东都护府以统之。擢其酋渠有功者授都督、刺史及县令，与华人参理百姓，乃遣左武卫将军薛仁贵总兵镇之”。[④]至此存在了 705 年的高句丽政权灭亡了。高句丽移民被迁徙到各地，逐渐融入其他民族。

唐军对高句丽的几次军事航行，基本上走的是直接东航（或东北航），横越黄海，直达朝鲜半岛西海岸的江华湾或平壤西南的大同江口这条快速航线。这时的造船水平较之隋代又有了很大的进步，无论是战船和战舰的数量，还是规模，都是隋代无法比拟的。而唐军的几次军事航行几乎都是乘楼船水陆并进，成为古代战争史上的壮举。

三、唐代鸿胪井刻石与渤海朝贡道（鸭绿—朝贡道）

公元 713 年，郎将崔忻奉命出使渤海，册封其首领大祚荣为左骁卫员外大将军、渤海郡王、忽汗州都督。翌年崔忻在完成册封使命返回都城长安，途经都里镇（今旅顺口）时，为纪念这具有重大意义的事件，在黄金山北麓凿井刻石，文曰：“敕持节宣劳靺羯使鸿胪崔忻井两口永为记验开元二年五月十八日”。这东北著名的石刻在 1908 年由日本侵略

---

① 《资治通鉴》，第 6256 页。
② 《资治通鉴》，第 6320 页。
③ 《资治通鉴》，第 6321 页。
④ 《旧唐书》，第 5327 页。

者盗往东京，现存千代田区皇宫内建安府前院。如今原址处只有日本侵占旅顺口期间所立的“鸿胪井之遗迹”花岗岩石碑。

鸿胪井刻石与碑亭

鸿胪井刻石被盗往日本后，世人极少见到，有关刻石的大小、题铭等一直处于朦胧状态。日本学者渡边谅于 1967 年在东京皇宫内亲睹刻石后，著有《鸿胪井考》[①] 一文，对鸿胪井的位置、历代题刻、刻石大小等作了描述，使我们对鸿胪井刻石的情况有了比较确切的了解。

根据渡边谅所述，刻石正面宽 300 厘米、厚 200 厘米，从地表算起，高 180 厘米（一部分埋在皇宫地表下）。刻石正面有纵 120 厘米、宽 130 厘米的大小不规则且比较开阔的劈开面，其左上角，距刻石顶部 30 厘米处有崔忻的题记，刻在纵 35 厘米、横 14 厘米的面积之内。据渡边谅目睹，除崔忻和刘含芳题刻外，还有明嘉靖十二年查应兆题刻、明万历题刻、清乾隆四年题刻、道光二十年题刻等。

1. 嘉靖（下缺）渤海（下缺）松李钺，因圣母至黄井观太石。（下缺）故迹何其状哉，何其盛乎？余南巡至旅顺，观风访古，临黄井登奇石，因得览唐鸿妒故迹。自壮兹（下缺）游畅焉（下缺）。嘉靖十二年三月十二日，布政司右参议姑苏查应兆记。

2. 凿井（下缺），开元（下缺），万历（下缺）。

3. 镇守奉天等处地方、统辖满汉蒙古（下缺）陆路都统将军、总管事务督理、六边世袭一等轻车都尉加五级纪录七次，额洛图于大清乾隆四年岁次己未秋七月二十八日记。

4. 道光二十年秋九月，督兵防堵英夷，阅视水阵中有巨石一方，开元崔公题刻尚存，因随笔以志。嘱水师协领德特员觅匠铸刻，以垂其永。太子少保、盛京将军、宗室耆英书。其后面刻有“宫保尚书”、“宗室”两方印章。

5. 此石在金州旅顺海口黄金山阴，其大如驼。唐开元二年至今一千一百八十二年，其井已湮，其石尚存。光绪乙未冬，前任山东登来青兵备道贵池刘含芳作石亭粗之并记。

从上面题刻（因万历题刻缺字太多，排除在外）可以看出，能在鸿胪井刻石上再次题刻的官员，其品级都很高，不是一般官员所能企及的，如明嘉靖十二年（1533 年）查应

---

① 渡边谅：《鸿胪井考》，《东洋学报》1968 年第 1 期。见姚义田译文，载《辽海文物学刊》1991 年第 1 期，第 149－155 页。

鸿胪井刻石拓本

兆时任山东布政司右参议，而此时的旅顺口正属山东布政司管辖。

清乾隆四年（1739 年）额洛图时任奉天将军，是封疆大吏，旅顺口正属他的管辖；清道光二十年（1840 年）耆英时任盛京将军，也是封疆大吏，负有防御英军入侵的使命，尤其是海上和沿海的防御，视察旅顺口水军正是他的职责。最后一个在鸿胪井刻石上再次题刻的官员刘含芳虽然品级略低，但对旅顺口的海防建设做出了重大贡献。

根据明嘉靖十二年（1533 年）查应兆和清光绪乙未年（1895 年）刘含芳题刻，至迟在明嘉靖十二年（1533 年）崔忻题刻的“井”仍然存在。据查应兆题刻中“临黄井登奇石得览唐鸿胪故迹”，可知井在低处，崔忻所题刻石在高处。明万历题刻、清乾隆四年题刻、清道光二十年题刻中已见不到井是否存在。直到清光绪乙未年（1895 年）冬，刘含芳为鸿胪井刻石建石亭保护，并在崔忻题刻左侧再次题铭，“此石在金州旅顺海口黄金山阴其大如驼……其井已湮，其石尚存。”1967 年 5 月，渡边谅在记述石亭时写到：“正面的桁上用漂亮的楷书刻有‘唐碑亭’三字，……在一角柱上刻有‘奉天金州王春荣监造’的字样。”

鸿胪井刻石是唐王朝对渤海国有效行使统治的实物见证。刻石上的靺鞨，也就是渤海。渤海的历史悠久，商周称肃慎，是最早见于文献记载的东北民族，汉代称挹娄、勿吉，隋唐称靺鞨。《旧唐书・渤海传》载：“睿宗先天二年，遣郎将崔䜣往册拜大祚荣为左骁卫员外大将军，渤海郡王，仍以其所领为忽汗州，加授忽汗州都督，自是始去靺鞨号，专称渤海。”[①]鸿胪井刻石证明《旧唐书》中崔䜣，应为崔忻。据《新唐书·百官志》记载，勅命册封藩服为鸿胪卿的主要任务之一，因此崔忻前往渤海时领衔郎将摄鸿胪卿。鸿胪井刻石印证了这段史实。

鸿胪井刻石证明唐代都里镇（今旅顺口）已成为中央政府联结东北的重要交通枢纽。当时渤海国与唐王朝往来的道路有两条：一条是陆路营州道；另一条是陆路和水路的渤海朝贡道（鸭绿—朝贡道）。营州道因契丹兴起和“安史之乱”多次被阻，故多走渤海朝贡道（鸭绿—朝贡道）。崔忻册封大祚荣和之后渤海朝贡使就是通过这条朝贡道进行频繁的往来。据《新唐书·地理志》引贾耽《道里记》，“登州（今山东蓬莱）东北海行，过大谢岛（今山东长岛县长山岛）、龟歆岛（今长岛县砣矶岛）、末岛（今长岛县庙岛）、乌湖岛（今长岛县隍城岛）三百里，北渡乌湖海（今渤海海峡），至马（应为乌，金毓黻先生曾有考证）石山（今辽宁大连老铁山）东之都里镇（今旅顺口）二百里，东傍海壖，过青泥浦（今大连湾沿海）、桃花浦、杏花浦（今大连金州杏树屯）、石人汪（今庄河石城岛）、橐驼湾（今丹东市鹿岛北洋面）、乌骨江（今丹东市叆河）八百里……”。“自鸭绿江口舟行百余里，乃小舫溯流东北三十里至泊汋口，得渤海之境；又溯流五百里，至丸都县城（今吉林集安），故高丽王都；又东北溯流二百里至神州（今浑江市临江镇）；又陆行四百里至显州（今抚松县），天宝中王所都；又正北如东六百里至渤海王城（今吉林敦化）。”崔忻出使渤海往返都是这条经由都里镇（今旅顺口）的渤海朝贡道（鸭绿—朝贡道）。

这条渤海朝贡道（鸭绿—朝贡道）水路分为三段，即渤海段、黄海段、鸭绿江段。渤海段以山东登州为起点。登州自古以来就是著名的港口，如意元年（公元692年）置，当时州治在牟平。神龙三年（公元703年），州治移到蓬莱，由此航海东北行到辽东半岛最南端，这是一条自古以来最为便捷的航道。平卢淄青节度使兼押新罗、渤海两番使李正己割据山东时，在登州城内设有“渤海馆”与渤海国贸易。在这里“货市渤海名马，岁岁不绝”。[②]由此可知，登州不仅是出海口，也是与渤海国进行贸易的地方。崔忻当时由都城长安出发，经陆路到达登州，从登州乘船渡海，经过庙岛群岛，到达辽东半岛南端的马石山（金毓黻考证“马”实为“乌”字之误）之东的都里镇（今旅顺口）。黄海段由旅顺口乘船再沿辽东半岛东海岸东北航行，过青泥浦、桃花浦、杏花浦、石人江、橐驼湾、乌骨江，到达鸭绿江口。鸭绿江段由泊汋城又溯鸭绿江而行500里至丸都县城，又东北溯流200里至神州。由神州东北改为陆路，经显州至渤海王城。崔忻赴渤海时王都在旧国（今黑龙江敦化），往返都是这条渤海朝贡道（鸭绿—朝贡道），都经由了都里镇（今旅顺口）。

从大祚荣开始，渤海国向唐王朝派遣使臣140余次，有时一年多达四五次，向唐王朝述职、报告，参加朝会和各种礼仪活动，听取诏命，以至遣子入侍，留备宿卫等，以表忠诚。同时，以渤海国特产贡献朝廷。而唐王朝对渤海使臣也给予很高的政治待遇，在经济上则大加赏赐。唐王朝通过渤海朝贡，提高和巩固皇帝的权威和国家的地位，怀柔远夷，

① 《旧唐书·渤海传》，第5360页。

② 《旧唐书》，第3535页。

对朝贡者隆重接待，丰厚赏赐。渤海朝贡者在政治上则寻求大唐的认可和支持，同时开展贸易，得到经济实惠。

渤海国与唐王朝在经济上也有频繁往来的密切联系。这种往来和联系，丰富了渤海国社会的物产和经济生活，渤海国同样也以土特产品丰富了唐王朝的经济生活。渤海国和唐王朝的经济关系，主要是通过三种方式进行：一是朝贡，据《渤海国志长编·食货考》，渤海国与唐王朝进行的宫廷王室间贸易主要是土特产品及其他，如豹皮、虎皮、海豹皮、貂鼠皮、熊皮、羆皮、人参、牛黄、麝香、黄金、白银、金银佛像、玛瑙杯、玳瑁杯等，唐王朝以回赐的方式赠给渤海的主要是农产品、纺织品和金银器皿等；二是官方贸易，如前述平卢淄青节度使兼押新罗、渤海国两番使李正己和渤海国进行的马和铜的贸易；三是相当规模的民间贸易，当时的贸易中心在登州和益都，登州还设有“渤海馆”。渤海积极向唐王朝学习，派出大批使臣、留学生到唐王朝都城长安具体学习大唐文化。在渤海朝贡道（鸭绿—朝贡道）上往来的渤海人络绎不绝。

吉林和龙渤海墓出土的三彩瓶

吉林和龙渤海墓出土的三彩绞胎碗

鸿胪井刻石虽已被日本侵略者盗往东京，但唐王朝册封大祚荣的历史史实却是抹不掉的。正是大祚荣顺应历史潮流，才使渤海成为唐王朝不可分割的一部分。正如唐代诗人温庭筠送渤海王子归国时所写的那首著名诗篇：“疆里虽重海，车书本一家；盛勋归旧国，佳句在中华。定界分秋涨，开帆到曙霞；九门风月好，回首即天涯”。中原地区先进的文化、生产技术等大量传入渤海，使渤海的历史进入了一个崭新的阶段，成为“海东盛国”。

第六章　辽金元时期的辽宁海洋文化

辽金元是由北方民族建立的三个王朝，是中国历史上一个特殊且重要的时期。契丹、女真、蒙古族在保持自身文化特性的同时，它们兼容并蓄，吸收汉民族的优秀文化，创造出了许多先进的物质、文化财富，不仅推动了中国历史向前发展，同时丰富了中华文明的宝库。

唐玄宗天宝十四年（公元755年），身兼范阳、平卢、河东三镇节度使的安禄山趁唐王朝内部政治腐败、军事空虚之机发动叛乱，史称“安史之乱”。历时八年的“安史之乱”，虽然最终被平定，但却给唐代社会、经济带来了难以挽回的损失。“安史之乱”也成为唐代历史的转折点，尽管此后的统治者试图重振盛唐之风，但依然无法改变颓势，最终走向衰亡。

唐灭亡后，中国历史再次进入南北对立时期。具体来说，就是辽与北宋的对峙以及金与南宋的对峙，直到元王朝建立，终于结束了南北对立。

第一节　辽代的辽宁海洋文化

一、辽代东京与海上航线

以往史学界多将辽王朝归为内陆型草原国家。经过近年来专家学者的研究，确认辽王朝还是一个濒海政权。在辽朝的疆域范围内，不仅有广袤的山川草原和大片沃野良田，同时还有幅员辽阔的海域及其岸线。其东南疆域以辽东半岛两侧的渤海、黄海海域及其岸线为界，向东则达于日本海、鄂霍次克海域及其岸线一带，拥有长达近万千米的海疆岸线。正如《辽史》中所记“东至于海，西至金山，暨于流沙，北至胪朐河，南至白沟，幅员万里。”①

辽王朝所以成为濒海国家，主要是因为东京地区近海。辽代的东京，拥有西南起自辽河入海口，东北达于古代乌第河入海口之间长逾万里的海岸线。当辽之际，北部中国与中原地区、江淮所在的中国南部地区以及古代的高丽、日本之间通过海上路线实现的交通往来，大多都发生在辽东京所属的海口、海港及其与之相接的海上航线。

辽东京的海疆是随着辽朝的不断对外扩张形成的。早在辽朝建国之初，辽太祖耶律阿保机就据有了辽东地区。辽太祖二年（公元908年）辽王朝即在辽东半岛南端修筑了“镇东海口长城”，② 此时环渤海北部海域及其岸线，已为辽朝所有。至太祖五年（公元911

---

① 脱脱：《辽史》，中华书局1974年版，第438页。

② 《辽史》，第3页。

年)，经过数年的军事扩张，辽将其东部海疆界从辽东半岛南端拓展至鸭绿江入海口之间的黄海海域及其岸线一带。天显元年（公元926年）辽太祖灭亡渤海国，原属渤海国的海疆均归辽所有，辽的海疆及其岸线向东推进至今日本海北部和今俄属鄂霍次克海之滨，至此辽东京的海疆形成。会同元年（公元938年）辽太宗在占领了燕云十六州地区之后，将其海岸线向南拓展到黄河北流天津入海口，辽朝的海岸线完整地连接在了一起。辽的海岸线可大致分为两段："其一南起黄河北流天津入海口，沿海岸线经过今旅顺向东延伸至鸭绿江入海口；其二南起今朝鲜湾兴南市一带，北至今俄罗斯境内的乌古第河入海口"。[①]

二、辽代的海关与"三栅"

辽太祖二年（公元908年）辽王朝即在辽东半岛南端修筑了"镇东海口长城"。

据考古调查资料[②]，这段长城位于辽东半岛南端的黄海与渤海之间的狭窄地带，西北距金州城（辽苏州城）约9千米，现地属大连市甘井子区大连湾镇。关址南起盐岛村东海，经前关村台子东，至后关村、二道岭，北止于土城村烟筒山海边。全长约4千米。关址南段现多已夷为平地，中段至北段尚存有高低不一的土垄，大致可窥见关址的原貌。经实地考察，关门位于中间部位，即今后关村北金（州）大（连）公路穿过二道岭不远的山脊上，门宽5.8米。距门南约250米有一望台，类似关址在南、北段有4座。现存的前关村北、台子山东的南段关墙有马面基址，长30米、宽19米。北段尽头有边台，长32米、宽13.2米。

镇东长城残段

二道岭到土城村之间的北段关墙跨越沟壑处露有底部填土，可见关基是以大石块羼白灰浆加固。此段关墙剖面呈梯形，底宽6.3米、残高1~2米不等，向上内收。填土中可见南北排列的大圆木，间距15厘米，底层有东西向横牵小圆木。由此可知关墙系土木混筑。南段前关村内墩台附近散布有炮用石弹和碾、臼等遗物。

---

① 田广林等：《契丹时代的辽东与辽西》，辽宁师范大学出版社2007年版，第82页。

② 陈钟远：《试述哈斯罕关址的若干问题》，《大连文物》1986年第1期，第9-12页；刘俊勇：《百年来大连地区考古发现与研究》，北京图书馆出版社2004年版，第273-274页；冯永谦：《大连辽代长城调查考略》，《大连文物》2001年，第27-33页。

镇东海口所在的辽东半岛南端，西南隔渤海海峡与山东半岛相望，东南通过黄海海域与朝鲜半岛和日本列岛比邻，自古以来就是中国东北乃至东北亚通过海上通道与中原密切联系和沟通朝鲜半岛、日本列岛的枢纽，无论在军事还是经济方面，都具有重要的战略地位。田广林先生认为：辽王朝之所以在这里修筑长城，其用意显然在于加强新兴王朝的东南海防门户，以加强对于首都龙化州所在的辽东腹地的保卫工作。此外，还应该有着进一步与南部“五代十国”之间的海上互使通聘，加强各种形式的商贸往来管理方面的考虑。镇东海口长城是辽王朝设在其南疆门户的一个重要海关。①

据陆游《南唐书》卷十八《契丹列传》，南唐元宗李璟保大九年六月（公元951年，辽天禄五年，同年又改元应历），曾遣公乘鎔浮海出使契丹，第二年，公乘鎔在写给李璟的报告中说：“臣鎔自去年六月离罂油，七月至镇东关，遣王朗奉表契丹，九月乃有番官彝离毕部牛车百余乘及鞍马沿路置顿。十月至东京，留三日……又辽东以西，水潦坏道，数百里车马不通。今年方至幽州，馆于悫忠寺……契丹主……谕臣曰：‘使人远泛巨海而至，不期骨肉间倏起此事，道路所闻，必亦忧恐。’”

由于辽朝的内乱，加上从辽东京（今辽阳市）至幽州（辽南京，今北京市）之间的辽西走廊一带交通不便，所以公乘鎔途中先后经过6个月的波折，才于第二年正月最后到达辽帝驻跸的南京。既然公乘鎔是由南方“泛巨海”首先到达辽界镇东关，复北上经由辽东京最后到达辽南京。根据这样的行程路线分析，镇东关的具体位置显然应在辽东半岛南端的大连地区。所以，有理由认为，辽太祖二年（公元908年）在镇东海口所筑的长城，就是公乘鎔所经过的镇东关。

辽立国之初所以在辽东半岛的南端大连营筑镇东海口长城，其目的无非是强化对于这条重要海上通道的管理。兴宗朝辽东半岛增设了苏州，故址即今大连市金州新区，故辽晚期的镇东关遂称苏州关。金人王寂于明昌二年（1191年）曾到过苏州关，日记记道：“自永康次顺化营，中途望西南两山，巍然浮于海上，访诸野老，云此苏州关也。辽之苏州，今改化成县。关禁设自有辽，以其南来舟楫，非出此途不能登岸。相传隋唐之伐高丽，兵粮战舰，亦自此来。南去百里有山曰铁山，常屯甲士七千以防海路。每夕平安火报自此始焉。”②由于金代省并辽苏州为化成县，入金以后的苏州关因称化成关。又因为辽代的辽东半岛为女真的聚居地，辽曾置女真大王府于其地，入金以后，曾在这一带置曷苏馆路，故此时的化成关又称哈斯罕关。

辽王朝将部分女真贵族迁到辽东半岛地区统一管辖，而熟女真借助优越的地理位置与宋朝进行贩马贸易，辽朝发现后遂“去海岸四百里下三栅”，阻止女真人的贸易。《续资治通鉴》记载了女真去往登州贩马的道路被阻断后，前往宋求援的事：“宋太宗淳化二年（公元991年）女真首领野里雉等上言，契丹怒其朝贡中国，去海岸四百里下三栅，栅置兵三千，绝其贡路。于是汎海入朝，求发兵与三十首领共平三栅。若得师期，即先赴本国，愿聚兵以俟。帝但降诏抚谕，不为出师。其后遂归于辽。”③

① 《契丹时代的辽东与辽西》，第84页。
② 王寂：《鸭江行部志》，《辽海丛书》影印本，辽沈书社1985年版，第2540页。
③ 毕沅：《续资治通鉴》，中华书局1957年版，第376页。

辽设三栅后，宋为防御契丹，在登州置刀鱼寨，戍守蓬莱及沙门、砣矶等冲要岛屿。据《登州府志》，宋仁宗庆历二年（1042年）“置刀鱼寨巡检，水兵三百，戍沙门岛，备御契丹……每仲夏驻砣矶，秋冬引还南岸”。“为了保持刀鱼寨和庙岛群岛诸港口的联络，还在庙岛群岛的沙门岛、砣矶岛和南、北大谢岛上，安装了铜炮台，修建了烽火台。”①可见契丹对其产生的威胁之大。辽代设苏州关的目的是为了隔绝女真人越海通宋。“三栅”应为苏州关、大连市旅顺口区三涧堡土城子城和山东长岛县北隍城岛即乌湖岛。②有学者认为，“三栅”并不是单独的一个设置，而是有三处。北宋所置刀鱼寨巡检有水兵三百人，而辽在“三栅”置兵三千，兵力如此悬殊不太可能。较为合理的推测是栅三处，合计三千人；三栅”分别位于镇东海口长城、旅顺老铁山和接近庙岛群岛北宋驻军的某岛；“去海岸四百里”应指的是距离最远的一处驻军。③

三、辽代东京的海防

辽代东京疆域以辽阳府为中心，“东至北乌鲁虎克四百里，南至海边铁山八百六十里，西至望平县海口三百六十里，北至挹娄县、范河二百七十里。东、西、南三面抱海”。④“辖州、府、军、城八十七”⑤，据孙玮统计，实际见于《辽史·地理志》记载的州县有163个，此外还有失载州、军，实际数目是远远大于辽史记载的。其中沿海州有19个，这些沿海军州构成了辽东京的海防体系。⑥这19个沿海军州全部分布在今辽宁境内。

据《辽史·地理志》，这19个沿海军州分别为：

辰州。《辽史·地理志》：“奉国军。节度。井邑骈列，最为冲会。……隶东京留守司。统县一：建安县。”⑦据考⑧，治所在今盖州市盖州镇古城。

渌州。《辽史·地理志》：“鸭渌军，节度。……隶东京留守司。”⑨据考，治所在今营口市老边区二道沟乡村东十里原土城子村辽城址。

定州。《辽史·地理志》：“保宁军。高丽置州，故县一，曰定东。……隶东京留守司。统县一：定东县。”⑩定州与辰州、渌州同属于东京统军司。军事建制相同的州县相距都不太远，因此定州也应在今营口地区。学者根据考古调查将其定位于辽宁省盖州市什字街乡刚屯村辽城址。

归州。《辽史·地理志》：“观察，太祖平渤海，以降户置，后废。统和二十九年伐高

---

① 单兆英等：《登州古港史》，人民交通出版社1994年版，第142页。

② 《百年来大连地区考古发现与研究》，第274页。

③ 孙玮：《辽朝东京海事问题研究》，辽宁师范大学2011年硕士学位论文，第22－23页。

④ 《辽史》，第456页。

⑤ 《辽史》，第457页。

⑥ 《辽朝东京海事问题研究》，第7页。

⑦ 《辽史》，第460页。

⑧ 以下考证基本采自冯永谦：《辽东京道失考州县新探》辽宁省辽金契丹女真史研究会．辽金历史与考古第一辑，辽宁教育出版社2009年版；《辽宁地区辽代建制考述（上）》，《东北地方史研究》1986年第2期；《辽宁地区辽代建制考述（下）》《辽海文物学刊》1987第1期。

⑨ 《辽史》，第462页。

⑩ 《辽史》，第459页。

丽，以所俘渤海户复置。兵事隶南女直汤和司。统县一：归胜县。”[①]考古调查资料证实归州城遗址在今盖州市西南滨海归州村。

卢州。《辽史·地理志》：“玄德军，刺史。本渤海杉卢郡，故县五……皆废。户三百。在京东一百三十里。兵事属南女直汤和司。统县一：熊岳县。熊岳县，西至海一十五里，傍海有熊岳山。”[②]卢州为安置渤海遗民的侨置州县。治所在今营口盖州市熊岳城。

铁州。《辽史·地理志》：“建武军，刺史。本汉安市县……渤海置州……统县一：汤池县。”[③]铁州也应是渤海遗民的聚居地。治所在今营口大石桥市汤池镇北汤池村古城址。

宁州。《辽史·地理志》：“观察。统和二十九年伐高丽，以渤海降户置。兵事隶东京统军司。统县一：新安县。”[④]宁州也是安置渤海遗民的地区，且宁州并不是统和二十九年（1011年）才设置，而是早已存在用来安置渤海遗民的地区，开泰八年（1019年）部分被强迁至他处，新增渤海遗民也安置于此。治所应在今营口盖州市熊岳城与大连瓦房店市之间的辽东半岛南部。

复州。《辽史·地理志》：“怀德军，节度。兴宗置。兵事属南女直汤河司。统县二：永宁县、德胜县。”[⑤]复州即扶州，与苏州相邻，且与山东半岛北部的登州、青州隔海相望，治所在大连瓦房店市复州城。

苏州。《辽史·地理志》：“安复军，节度。本高丽南苏，兴宗置州。兵事隶南女直汤和司。统县二：来苏县、怀化县。”[⑥]治所在今大连市金州新区古城。

镇海府。《辽史·地理志》：“防御。兵事隶南女直汤和司。统县一：平南县。”[⑦]镇海府记载简略，其在兵事上隶属辖有卢州、归州、复州、苏州的南女直汤和司，镇海府应与其他四州相去不远。而卢州、归州、复州、苏州自北向南沿辽东湾一侧分布，东面面临黄海的一面却没有设置，“镇海”一词应与沿海防御有关，有学者推测镇海府治所为大连庄河市城山镇土城子村古城址。

顺化城。《辽史·地理志》：“向义军，下，刺史。开泰三年以汉户置。兵事隶东京统军司。”[⑧]故址在今普兰店南部。

开州。《辽史·地理志》载：“镇国军，节度。……圣宗伐新罗还，周览城基，复加完葺。开泰三年，迁双、韩二州千余户实之，号开封府开远军，节度，更名镇国军。隶东京留守，兵事属东京统军司。统州三、县一。开远县。本栅城地，高丽为龙原县，渤海因之，辽初废。圣宗东讨，复置以军额。民户一千。”[⑨]开州治所在今丹东凤城市境内。

盐州。《辽史·地理志》：“本渤海龙河郡……户三百。隶开州。相去一百四十里。”[⑩]盐州治所在今丹东东港市西土城子村古城址。

---

① 《辽史》，第475页。
② 《辽史》，第460页。
③ 《辽史》，第460－461页。
④ 《辽史》，第474页。
⑤ 《辽史》，第476页。
⑥ 《辽史》，第475页。
⑦ 《辽史》，第473页。
⑧ 《辽史》，第474页。
⑨⑩ 《辽史》，第458页。

穆州。《辽史·地理志》："保和军，刺史。……户三百。隶开州。东北至开州一百二十里。统县一：会农县。"[①]穆州在开州的东南，在今丹东东港市大洋河下游。

贺州。《辽史·地理志》："刺史。……户三百。隶开州"。[②]治所在今凤城市大堡古城址。

保州。《辽史·地理志》载："保州，宣义军，节度。高丽置州，故县一，曰来远。圣宗以高丽王询擅立，问罪不服。开泰三年（1015）取其保、定二州，统和末，高丽降，于此置榷场。隶东京统军司。统州、军二，县一：来远县。"[③]

治所当在今丹东市振安区九连城镇叆河上尖村古城。

宣州。《辽史·地理志》："定远军，刺史。开泰三年徙汉户置。隶保州。"[④]据实地调查，治所在今丹东市振安区九连城镇夏家堡子村辽城址。

怀化军。《辽史·地理志》："怀化军，下，刺史。开泰三年置。隶保州。"[⑤]今地无考，应在今丹东市。

来远城。《辽史·地理志》："本熟女直地。统和中伐高丽，以燕军骁猛，置两指挥，建城防戍。兵事属东京统军司。"[⑥]来远城即保州驻地来远县。

辽代东京地区的归州、辰州、渌州、定州、卢州、铁州等沿海军州大致分布在辽东湾东部沿岸今营口地区，控制辽河沿岸及入海口，多用来安置渤海遗民；宁州、复州、苏州、顺化城、镇海府均分布于辽东半岛的顶端今大连地区（含金州、瓦房店、普兰店、庄河）主要控制出海口及渤海、东海海域；而开州（下辖盐州、贺州、穆州）、保州（下辖宣州、来远城）密布于辽朝与高丽交界的鸭绿江入海口处，今丹东地区，很明显是用于震慑和防戍高丽的。[⑦]

第二节　金代的辽宁海洋文化

一、金代的造船与航海活动

文献中对于金代的造船与航海记载很少。其实生活在白山黑水之间的女真人很早就掌握了造船技术。女真人生活的地区分布着黑龙江、松花江、辽河等众多的河流，为了适应在这种环境中，制造舟船是必然之事。但是由于女真人落后的生产力和缺乏与先进民族的交流，他们在较长一段时间所造的船多为小舟。曾出使金国的宋使洪皓记载，"其俗剖木为舟，长可八尺，形如梭，曰梭船。上施一，止以捕鱼，至渡车则方舟或三舟。后悟室得南人，始造船如中国运粮者，多自国都往五国头城载鱼"。[⑧]据周峰先生研究[⑨]，这种小船实为长八尺的独木舟，上面只有一桨，因为是捕鱼之用，因而至少能乘坐两人，一人操桨，一人捕鱼。如果用于渡口摆渡车辆及众多人员，则须将两舟或三舟并排连接。可证这

①~⑤　《辽史》，第459页。

⑥　《辽史》，第460页。

⑦　《辽朝东京海事问题研究》，第13页。

⑧　《松漠记闻》，《辽海丛书》影印本，辽沈书社1985年版，第209页。

⑨　周峰：《金代的造船与水战》，《博物馆研究》2008年第1期，第31－34页。

时女真人的造船技术还比较原始、落后。后来，在所俘宋人的帮助下，完颜希尹主持建造了与宋运粮船即漕船一样的船舶，并多用于从五国头城向国都的渔产品运输中。由于金建国前造船的落后状况，使女真人往往“济江河不用舟楫，浮马而渡”。[①]即使在太祖完颜阿骨打起兵伐辽时，渡江所用舟船也得不到保证，收国元年（1115 年）“八月戊戌，上亲征黄龙府。次混同江，无舟，上使一人道前，乘赭白马径涉，曰：‘视吾鞭所指而行。’诸军随之，水及马腹。后使舟人测其渡处，深不得其底。熙宗天眷二年（1139 年），以黄龙府为济州，军曰利涉，盖以太祖涉济故也”。[②]

金代大规模的造船是在海陵王完颜亮时。正隆四年（1159 年）二月，“造战船于通州”。[③]完颜亮这次大规模的造船工程，耗费了大量人力、物力，由于负责造船技术的是宋降臣倪询等三人，因而所造船舰都是仿照宋的“通州样”。船造好后，山东东路海州所属东海县恰好发生了反对完颜亮横征暴敛的人民起义，完颜亮也得到了检验新造船只的机会，正隆五年（1160 年）“三月辛巳，东海县民张旺、徐元等反，遣都水监徐文、步军指挥使张洪信、同知大兴尹事李惟忠、宿直将军萧阿窊率舟师九百，浮海讨之，命之曰：‘朕意不在一邑，将试舟师耳’”。[④]虽然完颜亮所造金代船只的实物至今尚未发现，但是从现存的山西省繁峙县岩山寺的金代壁画和海船镜，可以窥见形象和规模。岩山寺壁画是金代“御前承应画匠”即宫廷画师王逵等人于世宗大定七年（1167 年）所绘。其海船遇难图画大船一艘，扬帆行驶于惊涛骇浪之中，表现的是佛传故事中的五百海商遇难场景。画面上的海船虽然因壁画经年历久，不甚清晰，但是仍然可以看出它是一艘双层大船，有着巨大的桅杆和风帆，其上下层之间有着楼梯相通。这幅壁画反映了金代海船的原貌。[⑤]金代海船镜也可见证金代的海船形象和规模。海船镜也称海舶镜，是最具代表性的金代铜镜，其海船图案是研究金代航海的重要资料。黑龙江阿城金上京遗址出土的海船镜[⑥]和吉林前郭尔罗斯吉郭屯金墓出土的海船镜[⑦]图案相同，都是帆船上的三片风帆迎风招展，呈扬帆状行驶在波涛汹涌的大海之中，水中还有跳跃着的龙、鱼，钮上方铸有“煌丕昌天”铭文。黑龙江阿城金上京遗址出土的海船镜镜缘刻有“上京警巡院（押）”，表明此镜经过官府检验。四川雅安宋墓出土的海船镜[⑧]，三片风帆呈落帆状，无“煌丕昌天”铭文。

目前发现的海船镜都是菱花形镜，铸造相对较精，应是海陵王时期或以后的官铸铜镜，不属民间私铸之物。金代工匠以其丰富的想象力与创造力，在小小的海船镜上，表现出了栩栩如生的画面，生动地再现了驭舟之人劈波斩浪、勇往直前的大无畏精神。

---

① 《大金国志校证》附录三《金志·初兴风土》，中华书局 1986 年版，第 613 页。

② 脱脱：《金史》，中华书局 1976 年版，第 26－27 页。

③ 《金史》，第 110 页。

④ 《金史》，第 111 页。

⑤ 张亚平、赵晋樟：《山西繁峙县岩山寺的金代壁画》，《文物》1979 年第 2 期，第 1－2 页；潘絜兹：《灵岩彩壁动心魄——岩山寺金代壁画小记》，《文物》1979 年第 2 期，第 1－2 页；席龙飞：《中国造船史》，湖北教育出版社 2000 年版，第 143－144 页。

⑥ 那国安、王禹浪：《金上京百面铜镜图录》，哈尔滨出版社 1994 年版，第 95－96 页。

⑦ 张英：《吉林出土铜镜》，文物出版社 1990 年版，第 93 页。

⑧ 孔祥星、刘一曼：《中国铜镜图典》，文物出版社 1992 年版，第 853 页。

山西繁峙县岩山寺海船遇难图壁画

黑龙江阿城金上京出土的海船镜

吉林前郭尔罗斯吉郭屯金墓出土的海船镜（拓本）

二、金代的辽东海运

金代自熙宗之后，社会生产得以恢复和发展，特别是世宗即位后，社会经济得到较快的发展。《金史》记载：“世宗、章宗之隆，府库充实，天下富庶”；[①]“章宗在位二十年，

① 《金史》，第2416页。

承世宗治平日久，宇内小康”。[①]明昌元年（1190 年）四月，“上封事者乞薄民之租税，恐廪库粟积久腐败”，为防腐败，“令诸路以时曝晒，毋令致坏，违者论如律。”[②]明昌三年（1192 年）始置常平仓，定其永制。时全国常平仓共有519 处，积粟3786.3 万余石，可备官兵食5 年；米810 余万石，可备4 年食用。

东京路、咸平路是金代富庶地区，米粟素饶。明昌三年四月，尚书省奏：“‘辽东、北京路米粟素饶，宜航海以达山东。昨以按视东京近海之地，自大务清口并咸平铜善馆皆可置仓贮粟以通漕运，若山东、河北荒歉，即可运以相济’，制可。”[③]这是金代为数极少的海运记载，而实际上辽东歉收和受灾之时，山东、河北等地的米粟也经海运至辽东。

三、金代的海盐生产

盐是金代重要的税收和经济来源。盐铁是人们日常生活中不可或缺的生产、生活资料。盐铁官营，以此获取高额利润是历代王朝通行的政策，金王朝自然也不例外。“金制，榷货之目有十，曰酒、麴、茶、醋、香、矾、丹、锡、铁，而盐为称首”。[④]金代生产的食盐主要有两种：一是井盐；二是海盐。辽东地区是海盐的产地。

东京路海盐产地分布于盖州和婆速路。

盖州。《金史》记载：“（大定二十一年）十一月，又并辽东等路诸盐场为两盐司。”[⑤]《金史》记载：“大定四年，（张万公）为东京辰渌盐副使，课增，迁长山令。”[⑥]从“东京辰渌盐副使”推断，东京路辰州和渌州为海盐产地。辽代曾设辰渌盐司，金代沿袭。金代盖州即辽代辰州。《金史》：“盖州，奉国军节度使，下。本高丽盖葛牟城，辽辰州。明昌四年，罢葛苏馆，建辰州辽海军节度使。六年，以与‘陈’同音，更取盖葛牟为名。户一万八千四百五十六。县四、镇二。”[⑦] 今有盖州西海盐场，当为盖州海盐产地。

婆速路。金代沿袭辽代制度，设辰渌盐司。辽代渌州在金代属婆速路管辖，位于鸭绿江中游，东临日本海，西濒黄海，适宜于从事海盐生产。婆速路（治所在今辽宁丹东市九连城镇）是隶属于东京路的州级政区。产盐地点当为东沟（今东港市）盐场。

北京路海盐产地分布于广宁府、锦州、瑞州。

广宁府广宁县。《金史》：“是时，窝斡乱后，兵食不足，诏（梁）肃措置沿边兵食，移牒肇州、北京、广宁盐场，许民以米易盐，兵民皆得其利。”[⑧] 这里所说“广宁盐场”当指北京路广宁府盐场。《金史》北京路：“广宁府，散，下，镇宁军节度使。本辽显州奉先军，汉望平县地，天辅七年升为府，因军名置节度。天会八年改军名镇宁。天德二年隶咸平，后废军隶东京。泰和元年七月来属。”[⑨] 可知泰和七年（1207 年）七月以后，广

---

① 《金史》，第285 页。
② 《金史》，第1059 页。
③ 《金史》，第683 页。
④ 《金史》，第1093 页。
⑤ 《金史》，第1094 页。
⑥ 《金史》，第2101 页。
⑦ 《金史》，第556 页。
⑧ 《金史》，第2982 页。
⑨ 《金史》，第559 页。

宁府属北京路管辖。广宁府有广宁、望平、闾阳三县，只有广宁县濒临渤海。广宁县（治所即今辽宁北镇市）当为海盐产地。

锦州。据许亢宗《宣和乙巳奉使金国行程录》记载：锦州以南九十里有红花务，“红花务乃金人煎盐之所，去海一里许。”①锦州有永乐、安昌和神水三县，红花务属于何县，待考。

瑞州。《金史》：“瑞州，下，归德军节度使。本来州，天德三年更为宗州，泰和六年以避睿宗讳，谓本唐瑞州地，故更今名。②辖瑞安、海阳、海滨三县，海阳有迁民镇。海阳、海滨二县《金史》：“北京（路）宗、锦之末盐，行本路及临潢府、肇州、泰州之境，与接壤者亦预焉。”③所谓“宗、锦末盐”，就是宗州和锦州所生产的海盐。泰和六年（1206年），宗州改称瑞州。瑞州海阳（治所在今河北秦皇岛市东北）、海滨（治所在今辽宁兴城市西南）二县辽代均为海盐产地④，金代可能仍为海盐产地。

第三节　元代的辽宁海洋文化

一、绥中三道岗沉船的发现和出水遗物

三道岗沉船位于辽宁省绥中县三道岗海域，绥中县现属葫芦岛市，位于葫芦岛市的南部，濒辽东湾。东隔六股河与兴城市相望，南临渤海，西与河北省秦皇岛市山海关接壤，北枕燕山余脉与建昌县毗邻，素有“关外第一县”之称。三道岗沉船即位于绥中县塔屯镇大南埔村南面约5.5千米的海域。1991年7月，渔民在该海域进行捕鱼作业时，打捞出一批古代瓷器和一些破碎的船板，由此展开了对该沉船的考古发掘工作。绥中三道岗沉船的考古调查工作自1991年至1997年，历时7年，发掘出水了大量精美的瓷器，并被评为1993年中国十大考古新发现之一。

经水下考古调查和发掘，三道岗沉船中没有发现明确的纪年物遗存，但出水遗物具有明确的时代特征，尤其是大批的瓷器可以肯定是元代磁州窑系的产品。从沉船遗址采集的一件朽烂船板标本经^{14}C测定为距今740年±80年，与瓷器的时代吻合，因此可以肯定这是一艘元代沉船。船的长度为20～22米、宽度为8.5～9米，全船深度为3.2～3.75米，吃水深度在2.1～2.5米之间。三道岗沉船遗址历年采集、征集和发掘出水的沉船遗物有瓷器、少量陶器、铁器和零星船体构件等，总计标本613件。

瓷器标本共计599件。品种有白瓷（包括白地黑花或白地褐花）、黑瓷、翠蓝釉瓷三类，器型种类有盆、罐、坛、梅瓶、碗、碟、器盖等。白瓷胎体较厚，胎质较疏松，胎色白中略显浅黄，胎体表面被釉层覆盖的部分通常有一层白色化妆土。多数器物在化妆土上用黑、褐等颜料绘出各种纹样、图案，然后在其上施一层透明釉，形成所谓釉下“白地黑花”（或“白地褐花”）。有的则是在白瓷器的外腹施成片酱黑釉或在局部施酱黑釉点彩装

① 《大金国志》卷四十。
② 《金史》，第559页。
③ 《金史》，第1095页。
④ 《辽史》，第489页，第930页。

绥中三道岗沉船出水的磁州窑瓷器

饰。多数器物釉面有不规整的冰裂纹。黑瓷胎质与白瓷相同，一般釉下未施化妆土。釉色有酱黑、黑色，釉面莹亮，有的还在釉面装饰褐彩纹样和图案。翠蓝釉瓷数量较少，胎同白瓷，一般是在化妆土和褐彩纹饰上罩一层翠蓝色釉层，也有仅将翠蓝釉装饰于器物的局部如口、圈足部位的。

陶器数量很少，仅出陶瓶4件。其中2件器身近似橄榄形。尖唇，敛口，短颈，颈中部出沿一周，斜肩，直腹，下腹至底处斜收，小平底微凹。肩上一对桥型系。深色灰胎，胎质较细密，胎体较薄。器身里外均有明显旋削痕，施褐色薄釉，里釉仅施至口沿下，外满釉，局部釉层脱落。另外两件器身似橄榄形，尖唇，平沿，敛口，短颈，颈中部出沿一周，溜肩，鼓腹，下腹斜收，小平底。

根据水下调查的大型沉积物块内涵的情况，三道岗沉船中大宗的货物是铁器，但因长期受海水浸泡，大部分铁器锈蚀严重，已于海底凝结成难以搬动的巨大物体。少部分散落于遗址周围的较小凝结块得以打捞出水，但也大都难辨器型。经初步处理后获得的标本中可见的器型有犁、釜等。①

绥中沉船出水瓷器属磁州窑系，即以磁州窑为代表的磁窑系列。磁州窑位于河北省磁县，北朝时期烧制青瓷，五代末至宋初，开始烧制白瓷，属民窑体系。窑工流传着“北有彭城镇，南有景德镇”。磁州窑的主要窑厂位于磁县西部，有两个中心：一个是漳河流域的观台、冶子、东艾口等窑群；另一个是滏阳河上游的彭城、临水、富田一带的窑群。经专家研究，三道岗沉船遗址发掘出水的罐、盆、碗、碟、梅瓶等主要器型与磁州观台窑同类器型对比，多数有较为明显的区别。特别最具特色的龙凤罐、婴戏罐等磁州窑精品，造型和装饰风格均与观台窑的产品迥然相异。磁县彭城镇窑，多生产白地划花（鱼藻纹）、白地绘黑花（多绘龙纹）、黑釉（白地梅花点）等瓷器，器型多为盘、碗、盆、瓶、罐之类，有的在碗心写“君”、子”、“亭”、“主”等字，或“风花雪月”。绥中三道岗沉船出水的磁州窑系产品从器型和装饰上来看，都与彭城窑较为相近。尤其是装饰内容，如出水的鱼藻纹鱼盆，其构图与彭城窑所发现的标本基本一致。还有彭城窑遗址中发现的“风花

① 张威：《绥中三道岗元代沉船》，科学出版社2001年版，第82－127页。

绥中三道岗沉船出水的磁州窑龙凤罐

雪月”题刻，同样见于三道岗沉船出水的龙凤罐上。因此，三道岗沉船瓷器属于磁州彭城窑的可能性较大。由此可以确定，绥中三道岗沉船是一艘装载磁州窑系产品的元代贸易商船，瓷器应属磁州彭城窑。

绥中三道岗沉船出水的磁州窑孔雀绿釉花卉小罐

绥中三道岗沉船出水的磁州窑云雁纹罐

绥中三道岗沉船出水的磁州窑鱼藻纹盆

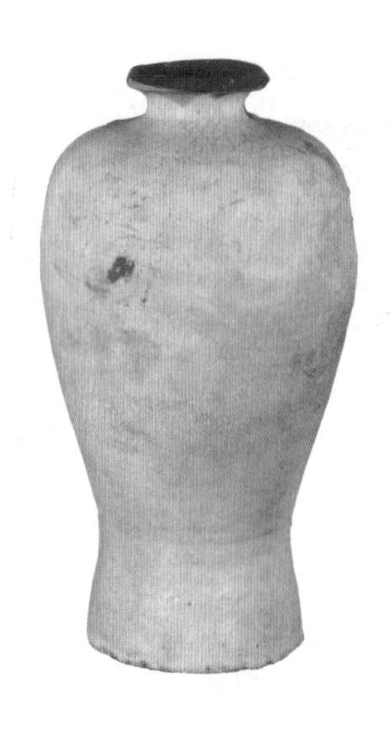

绥中三道岗沉船出水的磁州窑白釉梅瓶

二、绥中三道岗沉船的始发港和目的港

水下考古调查和发掘表明，三道岗沉船所运载的大宗货物是磁州窑瓷器和铁器，在交通工具较为落后的古代，用水路运输是适宜的。磁县不仅作为磁州窑的产地闻名于外，同时也盛产铁，而且煤炭资源丰富。

据研究，如果从原产地磁县装船出发，所经的路段有两条：一条是由滏阳河装船，顺流而下经磁县南以东 4 千米的南开河村，进入漳河故道，由此北上经新河县，青县入运河达直沽；另一条是从滏阳河漳水南支，从州城东南向东，在馆陶入御河，北上经临清、直沽、东行出界河口。从这两条路线来看，三道岗沉船不太可能是从磁县装货起航的。漳河、滏阳河在磁县境内的南开河汇流，漳河河床宽阔，最宽处有 2 000 ~ 2 500 米，而滏阳河河床狭窄，在南开河村西南弯曲很急。1975 年在南开河村东漳、滏两河的汇流处，发现 6 艘元代平底沙河船[①]，其中有两艘全长在 16 米以上，难以辗转航行于滏阳河；从船上所发现的瓷器来看，有大批的白釉碗、碟、盘，无论胎质还是釉色都与观台、冶子和艾口覆窑址的瓷片相似，所以此船被认为是从观台方向沿漳河顺流航行来的。如果说内河长 16 米的船在某些河段都航行困难，那么 20 多米的绥中三道岗沉船似乎不太可能到达滏阳河上游的彭城窑所在地。

元代南渤海沿岸的大港有登州和直沽，从磁州所处的位置及航运的线路看，从磁州跨运河，过黄河，再沿海岸航行到登州港无异于舍近求远，这种可能性不大。因此，这批货物的集散、装船、始发港应该是直沽。多年来天津河西务漕港遗址发现分类堆放的元代龙泉窑、磁州窑、景德镇窑瓷器仓储、集散遗存，便是重要的佐证。直沽港的发展不仅确保了南北海陆漕运的畅通，也促进了沿渤海海上民间贸易的发展。

① 磁县文化馆：《河北磁县南开河村元代木船发掘简报》，《考古》1978 年 6 期，第 388 – 399 页。

三道岗沉船的目的港和航线，应从该船所处的位置入手。沉船位于渤海湾西侧，处于出直沽往东北方向行驶近200千米的海域。是属于环渤海西侧的国内贸易船呢，还是开往朝鲜或日本的商船呢？元代从中国驶往朝鲜、日本的航路有南北两条。北路形成较早，从山东半岛的莱州出发，经大同江口趋平壤。7世纪时唐军进袭高丽即取此道，日本遣唐使从博多（福岗）出发，经朝鲜西海岸也曾寻此路抵华。南路在11世纪后半期形成，从中国的庆元（宁波）出发，历东海、黄海和朝鲜的马岛（安兴）、竹岛而到日本。而三道岗海域地处渤海西北岸的辽东湾西侧水域，这一地理位置正好处于元代环渤海沿岸航线的中段，而偏离了直沽或山东半岛跨越黄、渤海赴日本和朝鲜的离岸航线。三道岗沉船经复原为一艘适合于沿岸航行的沙船形态，而有别于新安沉船等远洋离岸航线上的海船形态，也是一个重要的证据。因此，绥中三道岗沉船应该是环渤海西岸的一艘国内贸易船，它的目的港很可能是东北渤海湾沿岸地区。1959年辽宁旅顺甘井子区沟村元墓出土的两件磁州窑白釉褐花大碗与白釉小碗①，无论胎质还是釉色图案等，均与三道岗沉船出水的磁州窑瓷器极为相似。说明在元代，确实有磁州窑产品运至东北、辽东一带。综合起来，绥中三道岗元代沉船是从直沽承接内河来的瓷器、铁器等贸易商品，后沿海岸线航行，转运至渤海的东北等地时在绥中倾覆的。

三、元代的辽东海运

海外瓷器贸易也促进了中国造船业的发展。至元（1264—1294年）间，元朝廷曾一次拨款10万锭钞造海船。管理对外贸易的行泉府司，在世祖忽必烈后期拥有海船达15 000艘，可见海运力量的雄厚和造船业的发达。

元代辽东的海上航运港口主要是盖州、锦州、金州几处。盖州大清河入海口的连云岛，时称盖州港。盖州港在当时与同为辽东半岛的主要海运码头，是元初“立辽东路水驿七”之一。② 至元三十年（1293年），辽东沿海“置水驿，自耽罗至鸭绿江，凡是以所，令洪君祥董之”。③洪君祥时任辽阳行省右丞，可见水运码头级别之高。当时高丽国是元朝的藩属国，对元朝称臣纳贡，这些“水驿”的开通主要就是建立起辽东半岛与朝鲜半岛的水上交通线，而这条交通线的起点就是盖州港。

有元一代，盖州港见于文献的几乎都是辽东和高丽之间运输粮谷的记载。朝鲜半岛山多地少，粮食产量很低，遇到自然灾害，必然发生饥荒。元朝作为高丽的宗主国，有义务对其进行赈济。反之，辽东发生饥荒，高丽也会运来粮食接济。所有这些粮食的转运都是在盖州港进行的。据史料记载，至元九年（1272年）高丽发生饥馑，辽阳发运粮食2万石至高丽；④ 至元二十九年（1292年），“五月甲午，辽阳水达达、女直饥，诏忽都不花趣海运给之”。⑤同年，高丽再次发生饥馑，辽阳又发运粮食十万石。⑥至元二十六年（1289

① 许明纲：《旅大市发现金元时期文物》，《考古》1966年第2期，第96－99页，第111页。
② 宋濂等：《元史》，中华书局1976年版，第117页。
③ 《元史》，第371页。
④ 《元史》，第141页。
⑤ 《元史》，第362页。
⑥ 《元史》，第364页。

年），辽阳行省发生饥荒，由于“江南险远，船运粮斛不敷散给。辽东与高丽接境，乞令本处措粮十万石，前来接济。……辛卯，（高丽）遣监察司丞吕文龙、直史馆陈国等以船四百八十三艘，水手一千三百十四名，转米六万四千石于盖州”。[①]自盖州返航后，高丽“漕船坏者四十四，遭风而失者九”。可见这条海上交通线并非风平浪静，以当时的航海条件如此航运是要冒着极大风险的。

元代盖州港作为当时辽东重要的海运枢纽，开创了营口历史上的国际航运的先河，盖州港在元代成为最辉煌的一个港口。

① 《高丽史·忠烈王世家》。

第七章　明代的辽宁海洋文化

明朝廷实行陆防、海防并重的战略。边防“东起鸭绿，西抵嘉峪，绵亘万里，分地守御”。[①]“沿海之地，自广东乐会接安南界，五千里抵闽，又二千里抵浙，又二千里抵南直隶，又千八百里抵山东，又千二百里逾宝坻、卢龙抵辽东，又千三百余里抵鸭绿江。岛寇倭夷，在在出没，故海防亦重”。[②]

明初，中国沿海分为6个防区。洪武八年（1375年）十月始置辽东都指挥使司，是为辽东防区，其沿海卫所包括今山海关渤海沿岸起经今葫芦岛、营口、大连直至鸭绿江口，即广宁前屯、宁远、广宁中屯、广宁左屯、广宁右屯、海州、盖州、复州、金州9卫，还有广宁中前、广宁中后、宁远中右、宁远中左、广宁中屯、金州中右6千户所。其中，又以金州、复州两卫为重点，而金州卫又是重中之重。

第一节　明代的辽东海防

一、明代加强辽东海防的原因

明代加强辽东海防最主要的原因，是为了防御来自日本的倭寇对辽东沿海地区的骚扰和侵略。

“倭寇”是指13世纪初至16世纪中叶300余年间，从事劫掠中国和朝鲜半岛沿海地区的日本海盗集团。元末，正是日本南北朝混战时期。在这场混战中一些失败的封建主纠集武士、浪人、海盗、武装集团等，以北九州的松浦、濑户内海和对马海峡的对马岛、壹岐岛为根据地，疯狂掠夺朝鲜半岛和中国沿海地区。

倭寇之患几与有明一代相始终。前期倭寇侵扰的主要目标，除了朝鲜半岛沿海地区，就是山东半岛和辽东半岛的沿海地区，由此逐渐南下至江浙沿海地区。

辽东半岛沿海地区在倭寇的侵扰中首当其冲，成为重灾区。据史料记载和学者研究，自洪武二十六年（1393年）冬十月至永乐十七年（1419年）六月，倭寇多次入侵辽东半岛，他们烧杀抢掠，无恶不作，严重地威胁着辽东沿海尤其是金州沿海地区人民的生命财产安全，时人谈倭色变。[③]

---

① 张廷玉等：《明史》，中华书局1974版，第2235页。

② 《明史》，第2243页。

③ 张本义：《明初辽东倭乱与望海埚大捷》，《大连文物》1993年第1期，第24－28页。

二、明代以陆防海战略的实施

明代海防缘起于倭寇之患。有明一代，明朝廷在辽东地区实行的是以陆防海的策略。明朝廷以陆防海战略主要表现在修筑城堡和烽火台两个方面。

（一）修筑重要城堡

1. 金州卫城

金州卫城是辽东都指挥使司在辽东地区修筑最早的一座城池，是金州卫主要的屯兵之所。洪武八年（1375 年）明朝廷设辽东都指挥使司，金州城成为金州卫指挥使司治所。随着其陆、海防，特别是海防地位的提高，金州土城改筑砖城。

新修筑的金州城，周围六里，高三丈三尺。门四：东“春和”、西“宁海”、南“承恩”、北“永安”。城墙外环以护城河，深一丈二尺，宽六丈五尺。嘉靖四十二年（1563 年）右佥都御使、辽东巡抚王之诰主持增设四座角楼。①

清代的金州城

2. 复州卫城

清代复州城东壁一段

复州卫城位于今瓦房店市复州镇内城内。洪武十四年（1381 年）九月，明朝廷设复州卫。永乐四年（1406 年），复州卫指挥使蔡真督修的外砖内石结构的复州城告竣。新修筑的复州城，周围四里三百步，高二丈五尺，池深一丈五尺。门三：东“通明”、南“迎恩”、北“镇海”。嘉靖四十二年（1563 年）右佥都御使、辽东巡抚王之诰主持添设门禁，增设望台三座（东北二座、西面一座），三座城门外又增设护门台各一座。② 上述新增设施，大大提高了复州城的军事防御能力。今存

① 李辅：《全辽志》，《辽海丛书 · 全辽志》影印本，辽沈书社 1985 年版，第 509 页。

② 《全辽志》，《辽海丛书 · 全辽志》影印本，第 507 页。

东门和一段残墙。

3. 旅顺城

旅顺城分为南、北二城，位于金州卫城南 120 里（60 千米），俱临海。北城在今大连市旅顺口区九三小学一带。洪武四年（1371 年）七月，马云、叶旺率军从山东登莱渡海在狮子口登陆，改狮子口为旅顺口，即令军士“树木为栅”，修成木栅城，用以防守。洪武二十年（1387 年），明朝廷为防倭寇侵掠金州沿海，决定将金州卫中左所调往旅顺驻守。由于旅顺城作为防御倭寇的前沿，战略地位越来越显重要，于是在永乐元年（1403 年）又于旅顺设立都司官备御。永乐十年（1412 年），金州卫指挥使徐刚主持将木栅城改筑为砖城。新筑的旅顺北城，周围一里一百八十步，池深一丈二尺，阔二丈。门二：南“靖海”、北“威武”。[①] 明代末年后金南下时，北城被拆毁。

南城位于北城之南，永乐十年（1412 年），金州卫指挥使徐刚主持将土栅城改筑为砖城，略大于北城。周围一里三百步，池深一丈二尺，阔二丈五尺。门二：南“通津”、北“仁和”。登州卫海运军需至此，并由此再运往各地。[②]嘉靖四十四年（1565 年）《全辽志》纂修时，南城已废弃。

除上述金州卫城、复州卫城、旅顺南城和北城外，明代金、复二卫内还有若干城堡，如木场驿、石河驿、红嘴堡、归服堡、黄骨岛堡、栾古堡、羊官堡等。这些城堡皆处于要塞之地，驻有官兵，设有烽火台等，监控周围地区。有些城堡同时又是驿站。

4. 木场驿

木场驿，又作木厂驿，位于金州卫城西南 60 里（30 千米），今大连市甘井子区营城子街道前牧城驿村，其地处金州卫城与旅顺城交通要道中段，为金州到旅顺必经之路。建于永乐十三年（1415 年）后，其状长曲如船，当地又称船城，南宽北窄，南北长 594 米，东西最宽处 270 米，周长 1 548 米。“周围二里二百四十一步，南、北二门”。[③] 城内有百户所和驿站官署、递运所，常驻守城官兵和驿卒。木场驿城外东、西山岗上尚存烽火台遗址。

木场驿城门

①② 《全辽志》，《辽海丛书·全辽志》影印本，第 509 页。

③ 乔芝三：《南金乡土志》，新亚印务公司出版部 1931 年版，第 29 页。

5. 石河驿

石河驿位于金州卫城北 60 里（30 千米），今大连市普湾新区石河街道，其地处金州卫城与复州卫城之间，为两卫城交通要道。建于永乐十三年（1415 年）前后，长方形，砖石结构。“周围一里二百四十步，南、北二门”。[①] 经实测，周长 366 米。城内有百户所和驿站官署、递运所，常驻守城官兵和驿卒。

6. 红嘴堡

红嘴堡又称镇海关、独木（目）关，当地称西城子，位于金州卫城东北 120 里（60 千米），今普兰店市皮口街道西郊，与归服堡同时修筑于永乐二十年（1422 年），唯规模仅及归服堡的三分之一。城为砖土合筑，城墙内壁为红色和黄色土夯筑，外包以青砖。平面近正方形，经实测，南北长 84 米，东西宽 80 米，城墙高约 8 米，底宽 3 米，顶宽 2 米。门一，位于南面，宽 6 米，半圆形拱顶，前临黄海。红嘴堡曾一度废置，嘉靖三十三年（1554 年）恢复设防，重修时于四角添建角台，门上嵌有“镇海关”三个大字的石额，驻守官兵 135 名。今已修复一段城墙。

7. 归服堡

归服堡位于金州卫城东北 160 里（80 千米），今普兰店市城子街道一带濒临黄海，东连黄骨岛堡，西接红嘴堡，与今长海县大长山岛隔海相望，地理位置十分重要。修筑于永乐二十年（1422 年），与红嘴堡同时修筑，城为砖石合筑，城墙内壁石筑，外包以青砖。平面呈长方形，经实测，南北长 150 米，东西宽 125 米，城墙高约 10 米，基宽 3 米。门二，南、北各一，石砌券顶，门宽 5 米。南门为正门，门上嵌有“归服堡”3 个大字的石门额，门外环以瓮城。归服堡曾一度废置，嘉靖三十三年（1554 年）重修，恢复设防，驻守官兵 130 名。“归服堡”石门额被当地居民保存到城内建于明万历年间（1573—1620 年）的三清观院内，后来被嵌在观内墙上。今仅存北城墙和西城墙各一段。

归服堡石门额

8. 黄骨岛堡

黄骨岛堡位于今庄河市东约 15 千米的黑岛镇黄贵村城街屯北，《全辽志》和明代辽东

① 《南金乡土志》，第 29 页。

文献中有记载。据文献和现有调查资料，城墙为砖石合筑，今已不存。城内面积约 2.4 万平方米。《辽东志》记载“黄骨岛堡，官舍余丁二百一十员名”；《全辽志》记载“黄骨岛堡，官军二百一十四员名”；黄骨岛堡当建于明代正统八年（1443 年）《辽东志》纂修之前，曾一度废弃，嘉靖三十三年（1554 年）重修。在金州卫下的诸堡中，其驻守官兵数量是最多的，仅次于金州卫城，其地位十分重要。

9. 栾古驿堡

栾古驿堡又称栾古关、岚崮堡、岚崮城，位于复州卫城东南 60 里（30 千米）岚崮山东南侧，今瓦房店市九龙街道栾崮村。明代为防倭寇，在复州卫下设栾古驿堡和羊官堡二堡。栾古驿堡以方石砌筑，平面呈方形，门南。城北有麻河（今岚崮河），洪武二十一年（1388 年）于麻河（今岚崮河）边设栾古驿（当为栾古驿堡北 500 米处今栾古店村）。城东小山上有烽火台，为栾古驿堡中心烽火台。城内驻有官兵 150 名。

10. 羊官堡

羊官堡又称杨官寨堡，位于复州卫城西南今瓦房店市仙浴湾镇宁家村羊官堡屯，西临渤海复州湾。城平面呈长方形，以红褐色石块砌筑，城墙分内、中、外三层，内、外为方整的大石块，中间填以小石块。城周长 841.9 米，门二，南、北各一。2009 年 4 月 6 日在进行明清海防设施调查时，找到了“羊官堡”石门额。羊官堡至迟建于明代正统八年（1443 年）《辽东志》纂修之前。城内常年有 150 名官兵驻守。今存残城墙、古井和城外烽火台遗址。

羊官堡城东壁一段

羊官堡城城门石门额拓本

（二）烽火台

烽火是我国古代军事警备与通讯的一种重要制度与设施，古称烽燧，至迟出现在西周时期，《史记·周本纪》云：“幽王为烽燧大鼓，有寇至则举蓬火”。汉代的烽火制度十分发达，具有承上启下的作用，在我国军事史上占有重要地位，《后汉书·光武帝纪》李贤注：“前书音义（指《汉书音义》）曰：边防紧急，作高土台，台上作高桔槔，桔槔头上有兜零，以薪草置其中，常低之，有寇则燃火举之，以相告，曰烽。又多积薪，寇至即燔之，望其烟，曰燧。昼则燔燧，夜乃举烽”。白天能够望见烟形，故燃烧柴薪或狼粪成烟，曰燧。因而烽火台又称为狼烟台。夜晚火光明亮可辨，故用桔槔举起燃烧的柴草，曰烽。辽东地区沿海烽火台至迟建于汉代，至今长海县广鹿岛朱家屯汉城附近还保存着当年土筑烽火台。

永乐十四年（1415 年），时任辽东总兵官的刘江在巡视金州海防时发现望海埚一带战略地位十分重要，于是奏请在金州旅顺、望海埚、左眼、右眼、西沙洲、山头、爪牙山修建 7 座烽火台。此为金、复二卫烽火台建设之始。

有明一代烽火台大多建于洪武至永乐和嘉靖两个时期。从洪武至永乐十七年（1419 年）刘江率军取得望海埚抗倭大捷，是为金、复二卫烽火台建设的第一个高峰期。第二个高峰期是嘉靖时期。究其原因，永乐十七年（1419 年）望海埚抗倭大捷后，辽东安定，经济发展较快，大部分物资基本可以自给，山东至辽东的海运渐停，辽东地区的城堡墩台也渐废弛。嘉靖中期，倭寇再起。明朝廷加紧修复、新建城堡墩台。“盖自刘江望海埚之捷，而倭寇不敢北侵。自山东海运废，而墩（指墩台）空日益废弛，于是旅顺诸堡视无复用，识者有隐忧焉。自嘉靖三十三年巡抚江东题增人马三千，改备御为守备，专一防倭。嘉靖四十年（1561 年）以来，巡按议行，凡城堡墩架锐意修筑，思患预防，颇为得策。是以沿海一带甲兵鳞集，城堡牙制，墩架星列，非特可以备倭夷，而北虏侵轶亦可无患矣”。①

上述沿海烽火台以金州卫数量为最多，而复州卫、盖州卫和广宁卫则数量少，且记载简略。

金州卫城墩架 95 座分布呈 3 条线，可分为 9 个监控区。3 条线分别为金州至旅顺线、金州至复州线、金州至庄河线。金州至旅顺线上除金州本城监控区外，还有木场驿和旅顺口城 2 个监控区；金州至复州线上有石河驿和盐场堡 2 个监控区；金州至庄河线上有望海埚堡、红嘴堡、归服堡、黄骨岛堡 4 个监控区。每个监控区都以城堡为中心，根据地势设置数量不等的墩架。

学者钟有江对明代金州卫境内的烽火台有翔实的考证。② 金州本城监控区 6 座墩台即城北北庙台、城东大黑山台、城南善山台、城西南和尚岛台、城西北陈家岛台和兔岛台。善山即今大连市金州新区南山；陈家岛台即今大连市金州新区大魏家荞麦山村台山遗址；兔岛在卫城西北 30 里，当指今大连市金州新区七顶山台子山遗址；北庙疑今大连市普湾新区北乐老爷庙村的龙凤寺或北屏山；大黑山、和尚岛与今地今名一致。3 座墩架分别为

---

① 《全辽志》，《辽海丛书·全辽志》影印本，第 565 页。

② 钟有江：《明代金州烽火台考略》，《大连文物》1993 年第 1 期，第 31－33 页。

金州二十里堡烽火台

城西15里红巖子架、城西南黑风楼架和城南90里石门架。今大连市甘井子区南关岭古称黑风口，黑风架当在南关岭附近；石门架在今大连市中山区寺沟附近。

木场驿监控区以今大连市甘井子区营城子前、后牧城驿村为中心，监控黄羊川台、平岛台、沙河口台、青泥凹台、罗家口台、双庙山台、营城山台、鞍山台、牛心山架台9座墩台和木场山架、虎狼山架、泉水山架、独山架、狗儿峪架5座墩架。木场驿监控区内墩架名称大多与今之地名发音近似，如黄羊川即今黄泥川，平岛即今小平岛，沙河口即今沙河口，青泥凹即今青泥洼，鞍山即今鞍子山等，监控范围包括今大连市甘井子、沙河口两区和旅顺口区一部分。罗家口在今大连市甘井子区革镇堡附近。孙宝田《旅大文献征存》卷二："古墩　即烽火台，金州处处有之。遗址早就湮没，惟革镇堡（原名葛针堡）村东之烟墩，未甚颓废，其完整者南北两面各约九丈五尺，东西两面各约30米，高约10米。石筑方形。传说旧时每台置守备兵五六人，传达通信机关，又行旅居民，遇敌时为收容避难之所。多为明代建筑"。[①] 孙宝田所记墩台当为罗家口台；双庙山在今大连市甘井子区营城子附近；独山当指今大连市甘井子区营城子磊子山；狗儿峪去金州城南75里，当指今大连市沙河口区马栏河谷。

旅顺口监控区以旅顺口为中心，监控今大连市旅顺口区大部分地区，包括铁山台、黄井山台、爪牙山台、磐石洞台、西山顶台、山头台、沙州台、中眼台、左眼台、右眼台、长沙空台、南门台、石门台、羊头凹台、野鸡岛台、马练山台、伯母山台17座墩台和和八里庄架、庙儿山架、荞麦山架、埚塔山架4座墩架。旅顺口监控区内墩架名称大多也与今地今名一致或相近，与今地今名一致者有铁山、山头等；与今地今名相近者有黄井山、羊头凹等。黄井山为明代名称，今称黄金山；羊头凹即今之烟大轮渡大连一侧港口羊头洼港（旅顺新港）。左眼、右眼台始建于永乐十四年（1415年），而中眼台可能略晚。伯母山台在今大连市旅顺口区长城和甘井子区营城子双台沟交界处城山山巅，台已不存，围墙保存较好，其东面为悬崖峭壁，南、西、北三面绕以属筑围墙，呈马蹄形。经实测，北段长23.8米，西北角长9.1米，西段长36.4米，西南角长14米，南段长108.5米，周长191.8米。马蹄口处南北相距72.8米。

---

① 孙宝田：《旅大文献征存》，大连出版社2008年版，第63页。

石河驿监控区以今大连市普湾新区石河街道为中心，监控北至普兰店，南至大王山，东至石河东沟，西至簸箕岛范围。共有 3 座墩台，即平岛台、孛罗台和石头寨台。钟有江考证，平岛台当为乾岛台，乾是干的繁体字，《辽东志》载，乾岛在卫城北 70 里，当指簸箕岛上的烽火台遗址而言。孛罗台即普兰店饽饽山上的烽火台。石头寨台当指石河街道东北山上烽火台。

石河烽火台

盐场堡监控区，堡在复州卫城南 80 里，只有缸窑台 1 座墩台，监控今瓦房店市复州湾一带。

望海埚堡监控区，堡在今大连市保税区亮甲店街道泉水村赵王屯东岗上，是个椭圆形石堡，现虽被毁，遗址仍可辨。监控区内有 18 座墩台、墩架，其监控范围南至海，西至大黑山，北至小黑山，东至大沙河。这 18 座台、架包括海青岛台、卢家口台、豹子山台、马雄岛台、塔儿山台、空心台、小黑山台、孛兰台、老鹳嘴台、旧老鹳嘴台、红山儿台、青山儿台 12 座墩台和曲旗屯架、花心架、丁字凹架、清水河架、吴家岭架、何旗屯架 6 座墩架。海青岛台，《全辽志》载（下同）：海青岛在卫城东南三十里，其台当为今金州新区海青岛街道老座山烽火台遗址；卢家口台，在卫城东三十五里，其台当为今金州新区董家沟后老虎山烽火台遗址；豹子山台，在卫城东四十里，其台当今为金州新区董家沟太山遗址；马雄岛台，在卫城东九十里，其台为今金州新区大李家西太山遗址；塔儿山台，塔儿山音近团儿山，疑塔儿山即团儿山，在卫城东七十五里，其台当为今金州新金石滩什字街老座山遗址；小黑山台即今大连市金州新区小黑山烽火台遗址；孛兰台为今普兰店市东南矿洞子北台子山遗址；老鹳嘴台，在卫城东九十里，其台为今大连市金州新区登沙河街道海头村台子底遗址；旧老鹳嘴台，为今大连市金州新区登沙河街道段家村王家庄遗址；红山儿台，红山岛在卫城东北百里，今大连市金州新区杏树屯镇潘家村有红泥山，其台当为红泥山附近台子村遗址；青山儿台，青山岛在卫城东北一百二十里，其台当为今大连市金州新区杏树屯镇猴儿石青台山遗址；曲旗屯台，当为今大连市金州新区大沙河右岸下曲家屯华岩寺附近烽火台遗址；花心台，疑指今大连市金州新区粉皮墙北柏岚子北台山遗址，其地附近有地旧名“花房”；丁家洼台，即今大连市金州新区杏树屯镇邹家村丁旺烽火台遗址，洼与旺音近，丁家洼即今丁旺屯；清水河架，非指今之大连市金州新区清水河，疑为今青云河，今青云河右岸亮甲店西六台子古有烽火台，系望海埚至金州卫城中间的一座烽火台。

红嘴堡监控区以今普兰店市皮口街道西清水河左岸红嘴堡城为中心，监控西至大沙河，东至赞子河一带。监控区内墩台有旧石山儿台、红嘴台、韩家滩台、峰堠岭台、谎烟台5座墩台。红嘴台即今普兰店市皮口街道红嘴堡城（西城子）附近。其余各台有待考证。

归服堡监控区以今普兰店市城子坦街道古城为中心，监控今普兰店市东部地区。监控区内墩台有榆树庄科台、杨家套台、欢喜台、平阳台、窟窿台、涌道台、松子台、滥石台、虎头台9座墩台。

黄骨岛堡监控区以今庄河市黑岛黄贵城为中心，监控今庄河市西南沿海一带，监控区内墩台有七宝台、中心台、总管台、望海台、出海台、背阴台、青石台、九转台、皂隶台、龙湾台、虎头台、褡裢台、接火台、样台14座墩台。

目前，对红嘴堡、归服堡和黄骨岛堡监控区内28座烽火台，尚不能和今地、今名一一对应，需进一步工作和考证。

复州卫城墩台29座分布呈3条线，亦即3个监控区。复州本城监控区有15座墩台；羊官堡监控区有11座烽火台；栾古驿（堡）监控区有3座烽火台。学者杨致民对明代复州卫境内的烽火台有翔实的考证，[①] 长生岛即今大连长兴岛临港工业区，《辽东志》载：长生岛在城西南八十里，有塔，长生岛大山台当在岛内横山；大孤山台当为长兴岛内大孤山遗址。1982年在文物普查时，于今瓦房店市驼山乡排石村北海岸的一处高岗上，发现1座较为完整的烽火台，但具体为何台，尚不能确定。

羊官堡监控区11座烽火台即流星岛台、松山台、北青海口台、石家岛台、骆驼山台、老鸦岛台、野猪山台、横头山台、胖头山台、大黄山台、大孤山台。据杨致民考察，羊官堡周围8千米内有11座烽火台，与《全辽志》所记羊官堡属台11座完全吻合。

羊官堡西山南烽火台

栾古驿（堡）监控区3座烽火台即古城铺台、沙河铺台、栾古山台。古城铺台疑在今

① 杨致民：《浅说瓦房店境内的烽火台》，《瓦房店文史资料》，1992年第1期，第14－21页。

瓦房店市复州城东南，今杨家满族乡有台前、台后两村，推测古城铺台当在此地；栾古山台在今瓦房店市九龙街道岚崮村原栾古堡东小山上之烽火台。

《全辽志》中所记的金州卫城墩架数目较为翔实，而复州卫城墩架数目却相对简略，而且多有重复，如骆驼山台、松山台、流星岛台分别见于复州本城和羊官堡属台；沙河铺台分别见于复州本城和栾古堡属台。杨致民根据多年调查，发现许多烽火台为《全辽志》所未记，如以今瓦房店市为中心，还有以今地名称之的南从西林台、磊山台、司口台、云台、新华台、祝店台、蔡房身台等一直延伸到熊岳城（属明代盖州卫）；东从元台（路台）、云台、周屯台、太阳沟台、大四川台等一直传递到复州卫城。鉴于此，复州卫城墩架数目与今之所在地，还需认真调查和考证。即使是《全辽志》中所记的金州卫城墩架数目也远远少于后来的调查之数。[①] 同样，盖州卫城墩架，尤其是沿海墩架的数墓也远远少于目前文物部门所掌握之数。

据阎海考证，盖州卫城梁房口台在今营口市西市区附近；狼山台（按：疑为《辽东志》白狼山墩）在今盖州西白狼山；伴仙山台在今盖州市鹤羊寺山；深井台在今鲅鱼圈墩台山；兔儿岛台在今盖州市九垄地镇仙人岛；归州台在今盖州市归州镇仰山。[②]

除了沿海墩架外，还在交通要道上设有路台。《全辽志》载："路台，嘉靖二十八年，巡抚蒋应奎自山海直抵开原每五里设台一座，历任巡抚吉澄、王之诰于险要处增设加密，每台上盖更楼一座，黄旗一面，器械俱全。台下有圈，设军夫五名，常川瞭望，以便趋避"。由此可知，路台始建于明嘉靖二十八年（1549 年）。

《全辽志》载："金州卫地方，路台无。""复州卫地方，古城铺、栾石台、沙河铺台、龙王山台、八家铺台。"考金州卫地方，也有路台设置。今普兰店市皮口街道新台村大李屯东北小丘陵上有一路台，呈圆柱状，系砖石结构。台基以花岗岩石块筑砌，台身用大青砖砌成，高约 10 米。台四周原有石筑围墙，门南，有"永安台"石门额嵌于门上。20 世纪 90 年代找到了石门额。测得石门额长 103 厘米、宽 46 厘米，自右向左阳刻"永安台"3 个大字，上款阴刻小字"金州卫指挥使□福重修"，下款阴刻小字"万历十八年五月吉旦立"等字。万历十八年（1590 年），其台称"永安台"源于自名。同时，也明确了此路台属于金州卫所辖。站在永安台上，周围数十里一览无遗，尤其是可以监视黄海海面，是明代防御倭寇和保障海运的重要军事设施。"永安"二字反映了明代军民企盼永久平安的美好愿望。嘉靖四十四年（1565 年）《全辽志》纂修时，称"金州卫地方，路台无"，未载此路台。永安台及石门额文字证明该路台是《全辽志》失载之路台。

复州卫地方路台有今瓦房店市元台镇后元台村后元台屯北约 50 米的平地上，今之镇、村、屯名皆源于境内此台。台呈圆柱状，系砖石结构。台基以燧石石块筑砌，台身用大青砖和土坯筑成，外砖内坯，高约 10.4 米。元台应为复州卫地方路台之一，明代名称已不可考。

金、复、盖三卫境内的烽火台最主要的功能是，监视海面、防备倭寇从海上入侵，诚

① 据日本学者三宅俊成 1935 年出版的《关东州史迹图》和第三次全国文物普查资料，可知金、复二卫沿海烽火台数量远远超出《全辽志》所记数目。

② 曲景泰主编：《辽宁地域文化通览·营口卷》，吉林文史出版社 2014 年版，第 176 页。

永安台

永安台石门额拓本

如《辽东志》、《全辽志》所称“沿海城堡墩架”。这些烽火台大体分为石筑、砖筑和土筑3种，而以石筑为最多，其形制大多为正方形。复州卫羊官堡周围西山、东山、南山的4座烽火台，台体均为石筑，呈正方形，其外或环以一道石墙，或二道石墙。现保存较好的大连市保税区金州卫二十里堡烽火台，以石灰岩石块和青砖筑成，呈梯形，底大顶小，高7米。台顶近方形，南北长5.3米，东西宽5米；底面南北长7.9米，东西宽7.2米。台外近3米处环有第一道石筑围墙，宽1.8米，墙内外砌石，中间填土；隔此围墙3.6米处，再环以第二道石墙。另一保存较好的瓦房店市驼山复州卫排石烽火台，是复州卫境内发现最大的石筑烽火台，台呈六角形，周长36米，其外环以围墙。盖州市九垄地镇盖州卫城兔儿岛台屹立在渤海之滨的小岛上，俯瞰海面，台体呈正方形高约14米，台基以石条砌筑，其上砌以青砖，由下而上逐渐内收，高约15米台身上部每面设有2个石吐水口，共8个，台上四周有垛口。明代辽东残档“□□□关于严修城垣墩台的呈文”，记载了当时修复烽火台的情况，其时代当为嘉靖三十三年（1554年），从中可以窥见当时修复墩台之一斑，“一、修复墩台明瞭望，以便趋避。照得盖、复、金三卫，自耀州迤南迷针山台起，至金州旅顺口止，计四百八十余里。沿海陆路，原设墩台约一百四十余座，俱在峰山之上，每台设余丁五名，并各衙门问发徒夫，常川哨瞭。每□委官一员，管理巡视，遇警举放炮火。近因迭遭兵荒，卫所官员，视为末务。余丁逃亡，不行佥补。墩台倒塌不加修葺，遂至废弛，止存基址。如近年大虏入犯，直至城下，尚不之觉，四野居民，杀虏极其惨酷。警防之预，不容少缓。臣批行苑马寺查议，准令动支……先年卖粮余剩银二百八十两，每台……有不敷，临时区处，选委廉慎官员，支领前银，分投……调附近人夫，上紧修筑，务要坚固如前。佥兵瞭守，委官巡视，多备火器。遇虏入犯，夜则举火放炮，日则烧烟扯旗，传相递警。如此则峰堠既明，人知趋避，是亦坚壁清野之一助也”。[①]

三、望海埚大捷及其深远影响

望海埚位于金州卫城东北 60 里今大连市保税区亮甲店街道泉水村赵王屯金顶山上，当地人称“望海砣子”。其地势高敞，东南临黄海，登沙河、青云河由此入海。洪武（1368—1398 年）年间都督耿忠为防倭寇入侵，于此筑堡。此堡当为土筑。永乐八年（1410 年），刘江在随成祖北征元朝残余势力，因功任左都督，被派往镇守辽东。永乐九年（1411 年），刘江任辽东总兵官。

刘江，《明史》有传，宿迁（今江苏宿县）人，本名刘荣，从军时冒用父名。刘江为人“雄伟多智略”，“为将常为军锋，所向无坚阵。驭士卒有纪律，恩信严明。”

刘江到任后，即巡视沿海各地，令金州卫指挥使徐刚等修筑或改筑旅顺南城、北城，在沿边地带增筑烟墩城堡，务求高厚坚固，多置药絮等物备用，广积粮草。永乐十四年（1416 年）刘江奏请增筑金州等处海防军事设施，得到批准后，即开始修筑望海埚、左眼、右眼、三手山、西沙洲、山头、爪牙山 7 座烽火台。据《明实录》记载，永乐十六年（1418 年）秋，刘江上奏称：“近因巡视各岛贼人出没之处，至金州卫金线岛西北望海埚上。其地特高，可望老鹳嘴、金线、马雄诸岛，其旁可存千余兵守备，离金州城七十余里。凡有岛寇至，必先过此，实为滨海襟喉之地。已用石垒堡筑城，置烟墩瞭望。”可知这时的望海埚堡，已是砖石合筑城堡，形状如瓮，北窄小而南宽大，周长约 200 米，下部石筑，上部砖筑，门南。其东侧为军马营，东南为樱桃园城堡。

永乐十七年（1419 年）六月十三日夜，正在望海埚烽火台上瞭望的士兵，首先发现东南方王家岛一带海面举火，知倭寇进犯。于是，迅疾上报。刘江率军连夜赶赴望海埚，令都指挥钱真率马队隐藏在丛林断其后路，都指挥徐刚率步兵埋伏在山下，百户姜隆率壮士潜入海中，专烧敌船。翌日，见倭寇分乘数十船，直逼望海埚下，登岸如入无人之境。按照刘江的部署，步兵且战且退，诱敌深入。当倭寇进入伏击圈后，刘江下令鸣炮，伏兵四起，激战一天，大败倭寇。倭寇残兵败将走投无路，逃入山下樱桃园空堡内。刘江故意开西壁纵之，然后分两路，全歼入侵倭寇。“自是倭大创，不敢复入辽东”。[②]

望海埚全歼倭寇的捷报传到京师，成祖大悦，下诏刘江入朝，“封广宁伯，禄千二百石，予世券，始更名荣”。[②]跟随刘江作战有功的 294 名将士也得到了封赏。永乐十八年（1420 年）刘江死于任上，赠侯，谥忠武。

关于望海埚大捷歼敌数目，文献记载不尽相同。《明史 · 刘荣传》作：“斩首千余级，

---

① 辽宁省档案馆，辽宁省社会科学院历史研究所编：《明代辽东档案汇编》，辽沈书社 1985 年版，第 186 – 187 页。

②② 《明史》，第 4251 页。

望海埚遗址

生擒百三十人”；《明实录》作：“俘获百三十人，斩首千余级”；《明史·日本传》作：“斩首七百四十二，生擒八百五十七”；《辽东志》作：“生擒八百五十七名，斩首七百四十二级”。上述文献中，《明史·刘荣传》和《明实录》记载一致，而《明史·日本传》和《辽东志》记载一致，可见资料来源不同。其中《辽东志》成书距望海埚大捷年代较近，又是地方志书，其记载是可信的。本书从《辽东志》和《明史·日本传》，即望海埚此役生擒八百五十七名，斩首七百四十二级。

重建的广宁伯祠

望海埚大捷具有重大的历史意义，影响极为深远。

首先，望海埚大捷是明初抗倭斗争的第一次重大胜利，沉重地打击了自元代以来日益猖獗的倭寇势力。《明史·日本传》称：“自是，倭不敢窥辽东”；《明史·刘荣传》作：“自是倭大创，不敢复入辽东”。历史表明，自望海埚大捷直至万历初年倭患解除，辽东地区再未发生倭寇侵掠的严重事件，有效地保证了辽东地区人民生命财产安全，社会经济文化得以发展。

其次，望海埚大捷保证了辽东与山东之间的海路畅通，内地的粮食、棉花、布匹等物资源源不断地被运入辽东，对辽东地区的经济发展起到了至关重要的作用。

最后，望海埚大捷鼓舞了其他地区的抗倭斗争，在刘江和辽东军民抗倭斗争精神的激励下，明代中后期其他地区的抗倭斗争也取得了最后的胜利。

辽东地区特别是金州军民念念不忘刘江镇守辽东和领导的望海埚大捷，在刘江去世后86年即明正德元年（1506年），金州军民在金顶山望海埚北山修建了“得胜庙”（又称真武庙），为刘江塑像立碑以为纪念。真武者，古代神话传说中北方之神玄武，道教以玄武与青龙、白虎、朱雀为护卫神，宋真宗改玄武为真武，尊为“镇天真武灵应祐圣帝君”，简称“真武帝君”，其形象作披发仗剑，足踏龟蛇状。人们传说刘江就是真武帝君下凡，谥号又是“忠武”，便把刘江塑成真武帝君形象。得胜庙碑碑阳记述了望海埚的战略地位、望海埚堡修筑年代、倭寇侵掠给当地人民造成的危害和刘江率领军民全歼入侵倭寇的经过；碑阴为发起建庙的军地官员和百姓姓名。现得胜庙碑虽文字已漫漶过半，但借助文献仍可辨读。

万历十七年（1589年），以“守望海埚堡□□□　金州卫指挥……”领衔重修得胜庙，再立“重修真武行祠以崇得胜庙碑记”碑。遗憾的是，此碑今已无存，仅见于《满洲金石志》等著录。根据著录可知碑文记述了永乐时刘江统兵全歼入侵倭寇的经过、“得胜庙”的由来，以及万历十七年（1589年）当地因春旱祈雨而重修得胜庙的过程与规模。

重塑的广宁伯刘江像

自明正德元年（1506年）始建得胜庙，500余年来拜谒凭吊者络绎不绝。

明代辽东海防缘起于倭寇之患。明朝廷在辽东地区实行的是有别于山东、浙江、江苏、福建、广东地区的海防策略，水具战舰，舟师防海是上述地区保卫海疆的重大措施之一。辽东地区实行的是以陆防海的海防策略，并未设置巡检司，因而也就没有水军。但辽东地区在沿海广建城堡、墩台、驿站，构成严密的防御监控系统方面却卓有成效。从洪武四年（1371年）明军自山东登莱渡海入辽，开始修筑金州城起，经永乐九年（1411年）刘江任辽东总兵官后再度增筑金州卫城等海防军事设施，到永乐十七年（1419年）前，辽东地区已兴建起一大批城堡、墩台，驿站畅通无阻，形成了一道坚固的抗倭防线，为望海埚大捷夯实了基础。

望海埚大捷和以后的抗击倭寇侵略，证明了明朝廷以陆防海基本策略是可行的，在山东、浙江、江苏、福建、广东这样的地区同样是起到了重要的作用。“嘉靖间，东南苦倭患，（汤）和所筑沿海城戍，皆坚致，久且不圮，浙人赖以自保，多歌思之”。[①] 永乐十七年（1419 年）望海埚抗倭大捷后，辽东安定，经济发展较快，大部分物资基本可以自给，山东至辽东的海运渐停，辽东地区的城堡墩台也渐废弛。嘉靖中期，倭寇再起。明朝廷不得不再次重视辽东地区的海防，加紧新建城堡墩台，修复先前已废弃的城堡墩台，同时，设置路台。明代辽东地区的城堡墩台几乎都是洪武至永乐和嘉靖年间修筑或修复的。辽东地区的城堡墩台对于保卫边疆起到了极为重要的作用。

第二节　明代的辽东海运

一、明初登辽海道的重要地位

明初加强辽东海防一个重要原因，就是为了保障辽东与山东之间的海运畅通。登辽海道成为明初辽东的生命线。明初的山东登莱是明王朝经略辽东的战略基地。洪武初年的辽东存在着哈喇张、高家奴、也先不花、洪保保几股元朝的残余势力，尤其是元丞相纳哈出拥兵数十万，威胁着刚刚建立的明王朝。虽然明军已占领中原，但从陆地进攻辽东存在着诸多困难。但明军在此前与陈友谅、方国珍等势力的交战中已经积累了较为丰富的水上作战经验，故拟定了从海路夺取辽东半岛的战略。洪武三年（1370 年），朱元璋命断事黄俦“赍诏宣谕辽阳等处官民”[②]。在明军强大的震慑之下，故元辽阳行省平章刘益于洪武四年（1371 年）“以辽东州郡地图，并籍其兵马钱粮之数”[③] 从海路遣使归降。当朱元璋得知纳哈出将南犯的消息后，深感事态严重，于是派遣马云、叶旺率军由山东登莱渡海北上，直抵狮子口（明初因山东至辽东海上航行旅途平顺，改为旅顺口），迅速占领了辽东半岛南端，屯兵金州。稍后将辽东全境纳入明朝统治之下。此为登辽海道在明代经略辽东边疆中首次发挥的重大作用。

明初的辽东地区较长时期处于地广人稀，经济相对落后的状态。“辽东地遐远”，“民以猎为业，农作次之”。明军登陆辽东后，物资明显供应不足，所有的军需后勤补给都要依靠登辽海道从山东转运。早在马云、叶旺于辽东半岛南端登陆之后，明朝廷即命靖海侯吴祯“率舟师运粮辽东，以给军饷”。“初，大军俸粮之资仰给朝廷，衣赏则令山东州县岁运布钞棉花量给。由直隶太仓海运至（辽东）牛家庄储支，动计数千艘，供费浩繁，冒涉险阻”[④]。明初的辽东军粮由东南太仓一带产粮区供给，而棉衣等物则需从山东、山西等地运送。

---

① 《明史》，第 3755 页。

② 毕恭等：《辽东志》，《辽海丛书・辽东志》影印本，辽沈书社 1985 年版，第 464 页。

③ 《明太祖实录》卷六一洪武四年二月壬午条，黄彰健等校勘，台北“中研院”历史语言研究所，1962 年，第 1191 页。

④ 《辽东志》，《辽海丛书・辽东志》影印本，第 464 页。

这条登辽海道是明初内地与辽东之间唯一的交通道路，参与海运的官军们“昼则主针，夜则视斗，避礁托水，观云相风，劳苦万状”[①]。正是通过登辽海道运送的大量物品和官兵、百姓的人力资源，才使得明初军队有效地对辽东进行控制、经营。据《明太祖实录》，从洪武七年（1374 年）至洪武二十九年（1396 年）通过登辽海道运往辽东的军饷和其他物资数量巨大。

洪武七年正月壬申，“命工部令太仓海运船附载战袄及裤各二万五千事，赐辽东军士”[②]。

洪武九年正月癸未，“山东行省言，辽东军士冬衣每岁于秋冬运送，时多逆风，艰于渡海，宜先期于五、六月顺风之时转运为便。户部议，以为方今正拟运辽东粮储，宜令本省具舟下登州所储粮五万石运赴辽东，就令附运棉布二十万匹，棉花一十万斤，顺风渡海为便”[③]。

洪武十八年五月己丑，“命右军都督府都督张德督海运粮米七十五万二千二百余石往辽东”[④]。

洪武二十一年九月壬申，“航海侯张赫督江阴等卫官军八万二千余人出海运粮，还自辽东”[⑤]。

洪武二十九年三月庚申，“命中军都督府都督佥事朱信、前军都督府都督佥事宣信总神策、横海、苏州、太仓等四十卫将士八万余人，由海道运粮至辽东，以给军饷。凡赐钞二十九万九千九百二十锭”[⑥]。

洪武二十九年四月戊戌，“中军都督府都督佥事朱信言，比岁海运辽东粮六十万石，今海舟既多，宜增其数。上命增十万石，以苏州府嘉定县粮米输于太仓，俾转运之”[⑦]。

以上仅是见于《明太祖实录》的记载，显然不能包括全部海运到辽东的粮食和布匹、棉花等物资。从文献记载可知，辽东军士几乎完全依赖通过登辽海道运送的这些粮食和布匹、棉花等物资。除了山东投入的大量人力物力外，明朝廷还调集太仓、苏州等地粮食运往辽东。

明初山东对辽东的贡献不仅是粮食、布匹和棉花，山东的人力也不断输入辽东。许多山东籍军士和家属[⑧]被安排在辽东驻守，进行最初的恢复与重建工作。据记载，设在辽阳的定辽左卫就是由 5 600 名青州土军组成，而定辽右卫的军士则包括 5 000 名莱州土军[⑨]。在后来设立的沈阳中、左二卫的人员中，也包括许多山东校卒[⑩]。

正是由于山东与辽东这种密切的联系和依赖，洪武二十九年（1396 年）十月，当全

---

① 《五岳山人集》卷三八《先昭信府君墓碑一首》，四库全书存目丛书本，齐鲁书社，1997 年，第 3－4 页。

② 《明太祖实录》卷八七洪武七年春正月壬申条，第 1544 页。

③ 《明太祖实录》卷一〇三洪武九年春正月癸未条，第 1738 页。

④ 《明太祖实录》卷一七三洪武十八年五月己丑条，第 2638 页。

⑤ 《明太祖实录》卷一九三洪武二十一年九月壬申条，第 2901－2902 页。

⑥ 《明太祖实录》卷二四五洪武二十九年三月庚申条，第 3553 页。

⑦ 《明太祖实录》卷二四五洪武二十九年四月戊戌条，第 3560 页。

⑧ 《明太祖实录》卷一三四洪武十三年十二月戊午条，第 2132 页。

⑨ 《明太祖实录》卷八七洪武七年正月甲戌条，第 1544－1545 页。

⑩ 《明太祖实录》卷一七九洪武十九年八月辛丑条，第 2706 页。

国进行按察分司的设置调整时，辽东都司所属地方被编为山东按察司下属的辽海东宁分巡道[①]，使辽东的司法监察事务隶属山东管辖，两地之间正式建立起行政制度上的关系。到正统年间，山东布政司下属设立辽海东宁分守道[②]，使辽东全境的民政事务也正式纳入山东管辖之下。

这是历史上唯一一次以辽东隶属山东的行政设置。明人总结其原因，认为是登辽海道将两地联系在了一起。《全辽志》载巡按周斯盛言："国家建置之初，以之（辽东）隶山东者，止以海道耳。"[③] 辽海东宁分巡道和分守道的设立，正是朝廷对登辽之间紧密联系既成事实的肯定。由于登辽海道和海运的存在，当时辽东对山东的依赖比对其他周边地区都更强烈，故而受山东管辖也最为合理。

除后勤转运职能外，明初的登辽海道还是从都城到辽东主干道的组成部分。因当时国都尚在南京，从都城前往辽东，登辽海道是必经之途。据洪武二十七年（1394 年）成书的《寰宇通衢》记载，由京城出发至辽阳有两条路径：一条是北上山东蓬莱，然后经登辽海道渡海到辽阳的海陆兼行路径，总共经过 40 驿，行程 3 045 里；另一条则是绕行今山海关到辽阳的陆路，总共需经过 64 驿，行程 3 944 里，比前者多了将近 1 000 里。因此这条路线成为都城与辽东之间的主要交通道路，辽东官员任免、朝鲜使臣往来都需经此道进行。

二、明后期登辽海道的重开

洪武三十年（1397 年）后，辽东屯田已大见成效，辽东军民的粮食基本可以自给，此前大规模的海运军粮随告停歇，登辽海道沉寂下来，但布匹、棉花的物资仍靠山东供应，荒歉之年内地赈济的粮食仍然需要通过登辽海道运抵辽东。

嘉靖初年，倭寇沉渣泛起，明朝廷实行海禁，登辽海道原有的海运功能被取消，两地之间的正常贸易交往也随之被禁。实行海禁之后，山东、辽东海防建设逐渐废弛，城堡、墩台也被弃置。"自山东海运之废，而墩寨益废，于是旅顺诸堡亦无复用"[④]。可能辽东城堡、墩台被弃置的时间更早一些，"盖自刘江望海埚之捷，而倭寇不敢北侵。自山东海运废，而墩（指墩台）空日益废弛，于是旅顺诸堡视无复用，识者有隐忧焉"[⑤]。登州和旅顺两地原驻有备倭的南方水兵，其月食粮银一般在土兵的两倍左右，可谓衣食无忧。实行海禁后，水军训练不能正常进行，到万历后期，已是"登兵饱食安眠，老之陆地，旅兵孤悬一堡，徒守枯鱼水道……御倭专重水战，而南水兵二十年不闻水操，则与土兵何异"?[⑥]"自嘉靖三十三年巡抚江东题增人马三千，改备御为守备，专一防倭。嘉靖四十年以来，巡按议行，凡城堡墩架锐意修筑，思患预防，颇为得策。是以沿海一带甲兵鳞集，城堡牙

① 《明太祖实录》卷二四七洪武二十九年十月甲寅条，第 3592 – 3593 页。

② 《全辽志》，《辽海丛书 · 全辽志》影印本，第 581 页。

③ 《全辽志》，《辽海丛书 · 全辽志》影印本，第 539 页。

④ 《明太祖实录》卷一四五洪武十五年五月丁丑条，第 2284 页。

⑤ 《全辽志》，《辽海丛书 · 全辽志》影印本，第 565 页。

⑥ 陶朗先：《陶中丞遗集》卷下《登辽原非异域议》，《明清史料丛书八种》第 4 册，北京图书馆出版社，2005 年版，第 79 – 80 页。

制，墩架星列，非特可以备倭夷，而北虏侵轶亦可无患矣”①。

其间虽有嘉靖三十七年（1558 年）、嘉靖三十八年（1559 年）辽东大灾，在官民的强烈要求之下，朝廷下令解除海禁，“军民人等偶闻欲开海运，不啻重见天日，远迩欢腾，不止金州一隅而已”②。但此次解禁只短短数月，即因惧怕辽东官军逃亡和岛民“弃业啸聚”而复行海禁。尤其是在隆庆年间（1567—1572 年），山东、辽东官员更是奉命禁止所有商贩船只，“寸板不许下海”。万历初年稍宽一些，辽东各海口允许保留 3 只小船，用以“搬运火薪，捕采鱼虾”，其余的小船“尽行劈毁”，民间的大船则给价改为官船③。直到万历十四年（1586 年）辽东发生水灾缺粮，始以天津通州仓粮海运入辽，辽东海禁才告解除。

万历二十六年（1598 年）为援朝驱逐倭寇，明朝廷派军队入朝作战，山东、天津每年海运粮食 24 万石入辽，运往朝鲜，保证了明朝援军的补给。

三、明末登辽海道的终结

万历四十四年（1616 年），建州女真首领努尔哈赤统一了女真各部，在赫图阿拉建立了“大金”国，史称“后金”。万历四十六年（1618 年）四月，后金攻陷抚顺城，掠人畜 30 万，毁城而去。此事引起朝野震动，讨伐之声不绝于耳，而后金此时又转攻叶赫部，叶赫即向明朝廷告急。于是明朝廷以杨镐为辽东经略，调集福建、浙江、四川、甘肃等地军队 9 万人，并邀叶赫、朝鲜出兵，准备从四面讨伐后金。众多士兵的粮饷成为必须解决的问题。可此时的明辽东常平仓所存积谷已不足 20 万石。户科给事中官应震提出从一水之隔的青州、登州、莱州三府向辽东转运粮饷的建议：“夫民间米粟既少而且贵，常平夙积又渐成乌有。则此数万兵，糗饷将从神运耶？鬼输耶？山东青、登、莱三郡滨海，可与辽通。发银彼中，雇船买米，直抵辽阳”④。应震的建议无疑是解决辽东粮饷的良方，明朝廷很快就批准了这个建议。可是辽东由于长期实行海禁，海运体系已被破坏，加之各地商人对辽东战乱极为恐惧，均不愿往辽东运粮。故海运重开之时，竟然形成船无一只，水手无一人的严重局面。

山东巡抚李长庚本来是出于保护本省利益，每每就所征粮饷和军士数目与朝廷辩争。于是朝廷改李长庚为户部侍郎，由其负责督运辽饷。此时的李长庚角色已经转变，同他的继任者山东巡抚王在晋进行交涉。诚然，山东的负担也确实过重，加之万历四十七年（1619 年）夏登莱一带旱灾严重，援辽粮饷成为沉重负担。

随着辽东战场形势的变化，山东负责筹运的粮饷数额也日渐增加，“初议运三万石至（辽东）三犋牛，渐至三十万石，增至六十万石”⑤。直到天启元年（1621 年）三月，辽阳陷落后，才结束了这场长达 3 年的海运。虽然山东完成了支援辽东的任务，但辽东战场上依然显露出管理不善的弊病。当时的海运粮草在送抵辽东后，并未能进行妥善存储和迅

① 《全辽志》，《辽海丛书·全辽志》影印本，第 565 页。

② 《全辽志》，《辽海丛书·全辽志》影印本，第 659 页。

③ 《明神宗实录》卷二八万历二年八月壬戌条，第 691 页。

④ 《海运摘抄》卷一，《北京图书馆古籍珍本丛刊》第 56 册，书目文献出版社 1998 年版，第 2 页。

⑤ 方震孺：《陶中丞传一》，《陶中丞遗集》附录，第 129 页。

速发放，只是大量简单囤积在卸货地盖州套，以至于辽河以东地区陷落时，盖州存粮都为后金所有，“当海运初通，登莱米豆尽积盖套，暴露于风雨，腐浥于潮湿，狼戾殊甚。比盖州陷没……尽为盗资，奴之盘踞辽阳，数月不忧饥馁，且将壮丁迁徙盖州以就食”①。

山东辽饷起运之地分别为登州和莱州；河北辽饷起运之地位天津。运卸之地主要是旅顺口、三犋牛（今大连湾一带）、北信口（今瓦房店市境内沙河入海口处）、盖州套（今盖州市西海湾处）等地。

不可否认，这一时期的海运给登莱等地带来了沉重的负担，但也使得山东沿海经济迅速得到发展，获得了商机。“辽地既沦，一切参貂布帛之利由岛上转输，商旅云集，登之繁富遂甲六郡”。②然而重开海运后，辽东的逃军、难民等问题也随之而来，给山东沿海带来了新的困扰。尽管早在海运初开之时时，朝廷就“明旨敕辽东部院，凡沿海地方船只，下海无容夹带一人”③，但饱经战难的辽东军士还是不断地渡海南逃。“营兵逃者，日以百计。五六万兵，人人要逃，营营要逃，虽孙吴军令亦难禁止……自海禁弛，而辽人无固守之志。土兵不肯守而募客兵，客兵又不能守……以沈阳为死路，以海为生门，开此径窦，足以亡辽矣”④。随着辽阳陷落，地处辽东半岛南部的金、复、海、盖四卫官民“望风奔窜，武弁青衿，各携家航海，流寓山东，不能渡者，栖各岛间”，⑤其中一次就“接渡辽左避难官民，原任监司府佐将领等官胡嘉栋、张文达、周义、严正中等共五百九十四员名，毛兵、川兵及援辽登州、旅顺营兵三千八百余名，金、复、海、盖卫所官员及居民男妇共三万四千二百余名，各处商贾二百余名”。⑥

如此数量众多的难民涌入，给山东沿海的社会安定和经济生活都造成了沉重压力，影响了山东土著居民的正常生活，加深了两地人群之间的矛盾。

天启年间（1621—1627 年），明辽东总兵、左都督毛文龙部以辽东金州沿海、朝鲜皮岛一带为根据地，屡次袭击后金的后方，给后金军造成了威胁。崇祯元年（1628 年），袁崇焕督师辽东，处死毛文龙，收编了该部。但毛文龙的部下仍分散驻扎在辽东半岛南部、山东北部沿海及渤海湾长岛等岛屿上。由于没能得到朝廷的信任，加上后金政权的分化利诱，这支军队不时有小规模的叛乱和闹事，并最终酿成了孔有德之乱。崇祯四年（1631 年）十一月，原毛文龙的部下孔有德率军援辽东，至直隶吴桥，遇大雨雪，众无所得食，遂领 3 000 士卒反明，连破山东陵县、临邑、商河、青城、新城等城，进抵登州。明登州总兵张可大、巡抚孙元化合兵与叛军战于城东。官军先胜后败，损兵折将甚多。崇祯五年（1632 年）正月，叛军在明登州守将耿仲明的配合下，攻占该城，“杀官吏绅民几尽”。⑦

登州是明军制造新式火炮和训练炮兵的基地，有近百名葡萄牙等外籍炮师与工匠，以及大批经过训练的炮兵，俱为叛军所获。后又连下黄县、平度。并诱杀由天津前来招抚的

① 《三朝辽事实录》卷六，第 12 页。

② 毛霦《平叛记》卷上，四库全书存目丛书本，齐鲁书社 1996 年版，第 11 页。

③ 《三朝辽事实录》卷一，第 23 页。

④ 《三朝辽事实录》卷二，第 2 页。

⑤ 《明熹宗实录》卷八天启元年三月丁卯条，第 409 页。

⑥ 《明熹宗实录》卷一〇天启元年五月癸丑条，第 513－514 页。

⑦ 《崇祯实录》卷五崇祯五年正月辛丑，《台湾文献史料丛刊》第 3 辑，台北：大通书局，1984 年版，第 109 页。

明将孙应龙及其所带3 000士兵，获得大批舰船。八月，山东巡抚朱大典奉命督总兵官金国奇等率兵数万平叛。孔有德几战失利，闭城固守登州。官军筑长围，断粮道，使叛军陷于困境。孔有德、耿仲明等于十一月留千余人守登州水城，暗率万人乘船出海。不久，明参将王之富等以坑道爆破攻克水城，尽歼留守叛军。孔有德于六年春至旅顺（今属辽宁）。明守将黄龙出师拦击，迫其退至小平岛（今旅顺东70里）。叛军被困于该岛附近海域半月，因伤亡被俘及重投明军等因，减员数千。孔有德遣部将潜至盖州，向后金请降。在后金军及朝鲜军的接应下，孔有德和耿仲明领兵1.2万余人于镇江（今丹东附近）登陆。后金帝皇太极遣贝勒济尔哈朗将孔有德迎至盛京（今沈阳），任命其为都元帅，耿仲明为总兵官。

吴桥兵乱持续一年有余，给山东沿海造成严重损失，“所至屠戮，村落为墟，城市荡然，无复曩时之盛矣”。[①]而被孔有德军带至后金的西洋火炮是当时最先进武器，此消彼长，改变了明与后金的军力对比，也给日后的明清战局造成了深远的影响。明代立国时建立起的登辽相辅互助关系与登辽海道，终以两地军民互相残杀而告终。

第三节　明代的辽宁海洋文学与海神崇拜

明代辽宁海防和海运，使得海洋文学和海神文化得以出现和发展，出现了许多有关海洋文化的文学作品。随着福建等地天妃崇拜的传入，在旅顺口建立了辽宁乃至东北最早的天妃庙，并深刻地影响到以后。

一、明代的辽宁海洋文学

明代是辽宁海洋文学得以发展的重要时期。由海禁造成的危害，有识之士每每谏言，条分缕析，力陈海禁之弊，极力主张开禁海运，具体体现在朝廷臣子的奏议之中。

边备佥事刘九荣《海运议》，极力主张开禁海运：

海运之废，已非一年。若以打造船只，装运布花为名，则价值苦征取之难，造作惜人工之费。使执风波险阻之说。查屡年不缺之卷，不问船何如造，法何如立。与夫脚价之省费木料之大小，水夫之多寡，万无可通之时。看得辽东三面阻夷如物坠囊中，出入无路。幸有旅顺口一带，似天设地造，阴为辽东之门户也。自唐以来，久为经行之路，数十年闭而不开，何古今通塞不相侔欤。况山东与辽名为一省，如人一身，当使元气周流而无滞，兹者关隔于中，使两地邀越千里。若不相属，不图转运之利。反置诸无用之地矣。又况军民人等，偶闻欲开海运，不啻重见天日，远迩欢腾，不止金州一隅而已。人情如此，地理可知为今之计，随民间有力者，各置船只从先年故道自先贸易，往过来续如陆路然，登今两岸官司设法稽查，其岁月布花，仍依原议，征收折色，照旧从关，起解庶事不假岁月而举。当道亦不惮烦劳而允矣。

刘九荣的分析丝丝入扣，百姓偶闻欲开海运的欣喜心情跃然纸上，所提出的对策切实可行，是一片难得的好文章。

① 《增修登州府志》卷一三《兵事》，第15页。

苑马寺卿陈天资的《海道奏》与刘九荣《海运议》有异曲同工之妙：

窃惟辽东之于山东，原为一省。辽海自金州抵登州仅二宿程，国初布花由海运抵旅顺；粮米由海运经登州趋旅顺直抵开原。开原城西有老米湾，即其卸泊处也。正德初，登州守臣具奏布花暂解折色，比本色仅可当半，盖一时纾省民之意。年复一年，至循为永古。海防之禁，不知何所见而云尔也。方今天下一统，虽异方异国犹得懋有无以阜财，裒多寡以利用。矧此同封共省之区，岂有犾一府之故。遽分彼此而闭关绝谢也。或有一患风波履溺为说者，然江浙闽广苏松之间，海舟往来，未始以风波，故遽绝海估。纵有之，亦估客贪利，舟载溢量，兼之舟人驾驭不谨致然耳。风波虽内河时亦不免，岂特辽海之中能溺人哉？或又有以虑倭寇为说者。然倭自刘江望海埚之捷至今怀畏，未敢萌一念以窥辽右，且其国距辽远甚，而辽又居登莱海岛之内，东南山一带险巘隔海千余里，倭岂能飞度至辽也。辽不自怯，而登人反代辽忧，果何为也！或又以虏逃军为说者。然考海商之出自辽者，引给于察院，挂号于苑马寺，验引有金州之守备，验放有旅顺之委官，抵登则又有该府通判之验，有备倭都司之验，法亦严密甚矣，逃军岂能越度。况辽余谷粟而乏丝枲，一切抚夷赏军及民间日用之物，皆惟内地之赖。今宁前一线官道虏阻不通，商货罕至，时事可虞，而金复海岛之民往往有盗驾输者，奚若明开此禁，使辽粟日输于南，而南货亦日集于辽。货集则税增，税增则用裕，足国安边莫大于此。失今不为之所，辽之忧未有纪极也，故欲裕全辽之边储，必先开登州之海禁而后已。

陈天资开宗明义指出"辽东之于山东原为一省，辽海自金州抵登州仅二宿程。国初布花由海运抵旅顺，粮米经登州趋旅顺直抵开原"，作者逐一驳斥了实行海禁的理由，论辩有力，一气呵成。

纂修龚用卿、给事中吴希孟《使朝鲜回奏》，为陈边务固边疆，图长久平安，将考察辽东地方人情土俗安危利病，摘为五事上奏，伏乞详议实行。其中，议复海运以贻远谋事奏道：

访得辽东地方，棉花布疋取给于山东，由登莱海船运送，风帆顺便，一日夜可达辽东旅顺口。由是每年给散布花，颇得实用。近因正德初该府具奏，暂解折色，较之原领本色仅可当半。照得原题止为风波损坏船只，而不知致覆溺者，每见辽东木植贱多，顺为贸易。且驾驭之徒，总摄之职，不行，用心亦或不保，不知风波之患，不独海运为然，漕河时亦时有之，岂可惩羹吹诿。况今辽东金复海盖四卫山氓，亦各有船往来登辽贸易度活。就令撑驾官船，转运布花，给予脚价，编为号数，则彼无私通之罪，吾有公输之偿，壮军气，实边储矣。

龚用卿、吴希孟驳斥了不开海禁的各种理由，提出改私人贸易为官府贸易，实为明智之举。

《全辽志》作者的海道总述，则是对登辽海道兴废的总结之作：

辽东，古青州之域。自周以下，辽东属燕，青州属齐，疆域难分，海道无异。至于汉代朝鲜，遣杨仆从齐泛渤海，荀彘出辽东。而隋唐东征亦分师航海，岂非循习其旧哉。国初，置辽东，即发兵数万戍辽，命镇海侯吴祯率舟师万人，由登莱转运，岁以为常。至永乐四年，平江伯陈暄犹督运至辽。其后设有屯田，粮运始废，止令山东岁运布花，以给军士，皆由登州发运，至金州旅顺止卸。当时倭寇偶犯，而总兵刘江遂有望海埚之捷，其患亦绝。岁运至弘治十八年，船坛暂止。山东乃征以轻赍灌输，岁丰用充不暇购求。嘉靖七年，巡按王重贤先为即墨知县，言有司若干布花折色，乃请通海道复旧制。金州刘训导明言：家世登州，自海运不通，生理萧条。然则在山东亦自有利害矣。三十七年，辽东荒歉，乃欲求通。先是边备刘九荣查议。曰：海运之废，已非一年。若以打造船只装运布花为名，则价值苦征取之难，造作惜人工之费，万无可通之时。为今之计，暂疏海禁，随民间有力者各置船只，从先年故道自相贸易，登金两岸设法稽查。其岁运布花仍从原议，征收折色照旧从关起解。巡按周斯盛奏，曰：国家建置之初，以之隶山东者止以海道耳。自旅顺口以望登莱烟火，可即泛舟而往，一日可至。以山东之人适山东之地，通舟楫自有之道，因天地自然之利，更何所顾忌也。巡抚侯汝亮奏请，一开天津海道，一通山东籴买。与总督王忬科道先后所言同。山东当事者虽多设事变，而户部犹执前议。舟通数月，逮前巡抚路可由设言：岛人一闻调船，必弃业啸聚，即请停止。部遂据以却诸议而不虞。其为越吟也。夫辽东既以山海为关，亦宜以海防为津。先年通运之时，宁无稽查之法，且倭国与闽浙相对，去辽本远，先固未尝以望海一咽，而遂推诿于后也。十七年，巡抚孙禬差都指挥闵忠赍咨赴催。然为冯驩责债，得致无几，近积欠至七十余万，即是则海禁之意，不在所言之害，而恐通后吾执左券以责备耳矣。其运船本南京龙江关承造，正德初以湖广灾伤暂议停止，今并编列金州旅顺口达登州水关岸，水程海岛于左方。使后得料远近考废兴备成法焉。

右，金州旅顺口关口，南达登州新河水关岸，经五百五十里水程适中洋岛，名曰羊埚，有石碣，上镌南岸达北岸共五百五十里，两日内风力顺可到。先一日辰时自旅顺发航，至晚北抵三汊河泊岸。盖自旅顺口起抵海中羊埚、黄城二岛约三百里，自黄城南抵钦岛、鼍矶岛约三十里，钦、鼍岛抵井岛约七十里，井岛抵沙门等岛一百三十里，沙门岛抵新河水关仅二十里，总括其数亦五百五十里。各岛相接如驿递，而岛之住户，俱属纳水利银两于金州。

作者在追溯明代之前的登辽海道后，重点对明初海运与后来的海禁之争作了详细的论述，堪称研究明代登辽海道兴废的重要文献。

明代涉及辽宁海洋的诗歌甚少，仅见数首，个中原因当与海禁有关。嘉靖年间监察御史温景葵《金州观海》仿佛就是一幅风景画：

青山碧水傍城隈，驿使登临望眼开。柳拂鹅黄风习习，江流鸭绿气皑皑。

浮槎仿佛随云去，飞鹭分明自岛来。极目南天纷瑞霭，乡人指点是蓬莱。

他的另一首《永宁涧道中即事》，不仅描绘了永宁涧苑马寺，也写了沿海的海防：

黄鸟飞飞青犊眠，循行骢马又南还。夭桃欲笑含春露，嫩柳低垂带晓烟。

海国山河联百二，江村駥牝畜三千。却思骠骑时方赖，为赋毛诗駉駉篇。

《全辽志》作者李辅《金州道中》既描绘了辽南山海的秀美，也写出了战乱给百姓带来的疾苦：

万山罗列霭熹微，海水浮天白日飞。满地黄花迷野径，数行衰柳掩柴扉。

客中多病寒偏早，马上看云意独违。扰扰宦游南北路，不堪风动别时衣。

明代辽东海防和登辽海道的兴废，为海洋文学的发展提供了素材，产生了一批海洋文学作品。

二、明代辽宁的天妃崇拜

明初，朱元璋派遣的大军自山东登莱渡海，在辽东半岛最南端的狮子口登陆。为保证大军的粮饷，登辽海道往来船只频繁。为求得海神保佑，旅顺口兴建了辽宁最早的天妃庙。

相传五代时福建莆田人林愿第六女林默，卒后曾屡应于海上。元世祖封天妃神号，清康熙时又加封为天后。元、明时天妃庙、天妃宫和清康熙后的天后宫遍及各通海之地。

旅顺口天妃庙建于白玉山东南麓海边。旅顺博物馆藏有明永乐六年（1408 年）“重修天妃庙记”碑，记述了明初旅顺天妃庙重修过程。

重修天妃庙记碑

碑为花岗岩质，碑额及身部分残缺，失座。碑额为双钩体篆书阴刻 2 行 6 字，碑文为阴刻楷书 17 行，满行 30 字。录文如下：

碑阳　碑额刻：重修天妃庙记

西淮程樗撰　于越白圭篆额　番易何谦书

□□□□□□□依者人也。神而依人，则足以显其灵而扬其威；人之所以□□□□□□而事神，则足以赖其休而蒙其福。夫以神之与人，初未尝不□依□相□也。使其相须而不相依，抑何足有以显其灵而赖其福哉！此神之不可以无人，而人之不可以无神者，然也。金州之旅顺口，旧有天妃圣母灵祠，岁久倾塌，不堪瞻仰。永乐丙戌春三月，推诚宣力武臣保定侯以巡边谒庙。睹其事，召其郡之耆旧谓曰“天妃圣母，海道勒封之灵神也，克庇于人，食民之祭，往昔然矣。今之渡鲸波而历海道者，莫敢不致祭敬于祠下，咸蒙其祐。兹欲重新创造，汝辈其效勤焉!”众曰：“诺。”于是各拼帑输金，鸠工抡材，兴工于永乐丙戌之二月二十六日，毕工于永乐丁亥之八月十五日。殿堂门庑，黝垩丹雘，妆塑庙貌，焕然一新。岂意久稽奠享，致形梦寐，有不可为言者乎！于是遣官进礼于祠下，而立石焉。嗟夫！世谓神依人而灵，人依神而立，是抑盖有由者矣！于此见吾侯之心诚感孚，而神之所以孚祐吾侯者，有不可为言者欤。于是乎书。

永乐六年岁次戊子夏四月吉日

奉天靖难推诚宣力武臣特进荣禄大夫柱国保定侯孟善立石

碑阴　碑额刻：福户

助福　辽东都指挥徐刚

立石　定辽前卫千户段诚

提调　百户闫安

□□致仕千户　郝方　□□惠安

镌石匠　邬福海　刘旺

木　匠　张福　泥水匠　赵牌

塑　匠　祁福名　邓智

画　匠　夏叔良　杨春　胡善　王智

碑文中“永乐丙戌春三月，推诚宣力武臣保定侯以巡边谒庙”之“永乐丙戌春三月”，为“永乐乙酉春三月”之误[①]。

“重修天妃庙记”碑记载了天妃庙的重建过程，同时也揭示了重修原因和背景，以及天妃庙在当时海运中的重要地位。

旅顺口原名狮子口，自古以来就是海上交通要塞，兵家必争之地，尤其在明朝初年，旅顺口成为明廷控制辽东地区的重要基地和物资集散地。洪武四年（1371 年），明朝廷任马云、叶旺二将军为定辽都指挥使，率军数万自山东登莱渡海，于狮子口登陆。为纪念安全抵达辽东半岛最南端这个沿海交通重镇，取“旅途平顺”之意，改称“狮子口”为“旅顺口”。明朝统一东北后，在辽东金州实行卫所制，设立 5 所，即左、右、中、前和中左千户所，前 4 所设在金州城内，而把中左千户所设在旅顺，当时，旅顺有南、北二城，体现了旅顺港口重要的战略地位。由于辽东民贫土瘠，所需粮饷仍然依赖海运，浩繁的边费几乎全部仰仗海上运输，全国各地通往旅顺的海上运输线非常繁忙，在当时的历史条件下，海运比陆运危险得多，保佑海运平安的海神天妃是船工们虔诚崇拜的对象，凡海运平安抵达旅顺者，都要先至旅顺天妃庙祭拜，以感谢其海上护佑之德，正如碑文中所提到的“今之渡鲸波而历海道者，莫敢不致祭，敬于祠下，咸蒙其祐。”故而孟善重修倡议一出，立即得到众人的响应，大家纷纷捐币输金，仅用了一年多的时间就“妆塑庙貌，焕然一新”。

据碑文，此次重修天妃庙的倡导者是保定侯孟善，而孟善是当时镇守辽东的最高长官。孟善，《明史》卷一四六有传，其为海丰人，元朝时任山东枢密院同佥。“明初归附，从大军北征，授定远卫百户。……累迁右军都督同知，封保定侯，禄千二百石。永乐元年

① 《旅大文献征存》，第 168－169 页。

镇辽东。七年召还北京，须眉皓白。帝悯之，命致仕。永乐十年六月卒。赠滕国公，谥忠勇。”保定侯孟善在永乐元年至七年一直镇守辽东，正是在此期间他主持重修了天后宫。另外，碑阴还记载了参与重修的主要官员，如辽东都指挥徐刚、定辽前卫千户段诚、百户闫安及致仕千户郝方等。辽东都指挥徐刚见于《辽东志》，其为金州人，是永乐十七年（1419年）望海埚大捷的重要功臣。驻守辽东的主要官员都参与了天妃庙的重修工程，足以说明对旅顺天妃庙的重视程度。由于旅顺口的重要战略地位和海运交通重镇地位，保佑海运的旅顺天妃庙自然成为官府致祭的官庙。正如碑文中所说“于是遣官进礼于祠下，而立石焉。”同时，从碑阴留下的参与修庙的镌石匠、木匠、泥水匠、塑匠、画匠的姓名，似乎表明“天妃面前众生平等”。

旅顺天妃庙应建于元朝。永乐三年（1405年）孟善“巡边谒庙”，已是“岁久倾塌，不堪瞻仰”。元末至明初不过40年左右，此时已倾塌，可见庙当建在元朝无疑，是东北地区最早的一座天妃庙。

自明永乐四年（1406年）旅顺天妃庙重建后，成为当地官员、士兵、船工、商人、渔民等虔诚祭拜的场所，香火一直兴盛不衰。

第八章　清代的辽宁海洋文化

清代的辽宁，随着经济的恢复和发展，海上贸易带动了海上运输业的发展，特别是与一海之隔的山东海上运输最为频繁，山东渡海来到辽东的人数越来越多，进一步促进了辽东经济文化的发展。

随着19世纪80年代李鸿章创建北洋海军，旅顺口海军基地的建设如火如荼，到光绪十四年（1888年）北洋海军正式成军和光绪十六年（1890年）旅顺口海防工程告竣，清朝廷的舰队和基地都是世界一流的。可是，这一切在光绪二十年（1894年）的甲午战争中却不堪一击，北洋舰队先败于黄海，后被日本联合舰队聚歼于威海刘公岛，北洋海军全军覆灭，同时也宣告了洋务运动的破产。

第一节　清代的辽宁海运与海洋产业

一、清代的辽宁海运

有清一代，随着商品经济的发展，特别是海上贸易的发展，国内海上运输业也不断发展起来，清代辽东与关内沿海各省的海上运输也有较大的发展。

山东与辽东仅为一海之隔，山东的蓬莱与辽东的金州、旅顺隔海相望，顺风晴天，帆船一日可达。山东与辽东之间的海上运输最为频繁，山东渡海来辽东垦种的人数在关内各省中是最多的。顺治十年（1653年），朝廷颁布了辽东招民开垦令，即《辽东招民垦荒则例》，“是年定例，辽东招民开垦至百名者，文授知县，武授守备，六十名以上，文授州同、州判，武授千总。五十名以上，文授县丞、主簿，武授百总。招民数多者，每百名加一级。所招民每名口给月粮一斗。每地一垧给六升。每百名给牛二十支”。此后，政策又每每放宽，收到了一定的成效。顺治十二年（1655年）九月，时任辽阳知府张尚贤在请于金州设立县治的奏折中称：“辽东旧民寄居登州海岛者甚众。臣示谕招来，随有广鹿、长山（今长海县广鹿岛、大、小长山岛）等岛民丁家口七百余名，俱回金州原籍。但金州地荒人稀，倘准其任意开垦，则生聚渐多，亦可立县治，而诸岛皆闻风踵至矣”。[①] 据《清实录》，康熙四十六年（1707年）玄烨东巡时，亲眼看到“各处皆有山东人，或行商，或力田，至是十万人之多”。特别是辽东半岛，距胶东半岛最为近便，“故各属皆为山东人所据”。辽东半岛南端的金州、旅顺与山东登莱对岸，“由是山东丁户，航海凫趋”。江浙、福建民人亦有许多渡海来辽东。仅在牛庄、盖州及沿海各海口即查出流寓闽人1 450

---

① 文见《清实录》，转引自王树楠、吴廷燮、金毓黻等纂：《奉天通志》，东北文史丛书编辑委员会影印本1983年版，第550页。

名。清朝廷自乾隆四十六年（1781 年）起，将在奉天沿海的福建渔民、流民一律编立甲社。由此可见，南方沿海民人渡海来辽宁的人数也是相当可观的。

据朱诚如先生研究[①]，除了一般来辽东垦荒种地民人渡海乘船外，从事贸易的商船也络绎不绝。清代辽东沿海一带港湾，如锦州的红崖口，海城的没沟营（营口）、金州的貔子窝（皮口）、庄河的青堆子、岫岩的大孤山等海口，是山东、直隶、江苏、浙江、福建各省海船的主要停泊之所。这些商船一部分是官府雇用，运送国家调运的大宗粮食，雍正元年（1723 年）清政府从盛京地区购买了 10 万石粮食“雇觅民船装运”到京师粜卖。雍正三年（1725 年）直隶地区遇灾，天津米价昂贵，清廷令调奉天地方粮 10 万石“由海运至天津”。翌年春天，又从奉天海口调运粮食 10 万石至天津，分往直隶河间，保定两府，赈济灾区。康熙三十二年（1693 年）盛京地区粮食歉收，清朝廷令山东、天津两地向盛京地区运送谷米。康熙三十五年（1696 年），盛京缺粮，从天津海口用商船运米不及，清朝廷下令福建将军、督抚“劝谕走洋商船使来贸易，至时用以运米，仍给以雇值，其装载货物，但收正税，概免杂费”。这是一举两得的好事，闽船北上，携货贸易不空载，同时卸货之后，又可以在天津与辽东间运输粮食，清朝廷在税收上给予优惠。乾隆年间大宗运输更为频繁，仅乾隆五十年（1785 年）春“天津航海商船领取赴奉者八百余只，其运回粮食不下数十万石，俱径远赴直隶之大名、广平、河南之临漳以山东及山东德州、东昌、临清、济宁一带粜卖”。在辽沈—天津航线上，800 余只运输船只调运粮食，足见当时辽东沿海的航运相当繁忙。

辽东沿海从事民间贸易的运输船只更多，大型商船主要从事粮食等大宗物品的贩运，来往于天津、山东、江苏、浙江、福建、广东一带。一些小型商船，在山东、辽东沿海间进行运输，除载客外，主要贩运布匹、线带、皮鞋、羊皮等货物来辽东，返程时装载柞棉、缫茧及大豆等物品。江苏、浙江、福建一带专门从事沿海贩运的商贩，来往辽东十分频繁。乾隆三十九年（1774 年），江苏太仓县一艘商船“分载木棉一百五十包，往山东交卸，要至关东载豆”，船上载客 59 人。从船上所载货物的数量及载客人数，可知这是一艘较大的海船。从其航运路线及载货的情况来看，可知其系专门从事海上运输的商船。

江南的一些远程大商船，经常北上，停泊辽东沿海港湾，贩运物品。乾隆十四年（1749 年），江苏常熟船户陶寿，在江南装载生姜，到天津发卖，然后到辽东庄河买黄豆到山东发卖。这是一艘既运输又经商的船。同年，太仓船户邓福临驾沙船一只，到辽东锦州贩卖黄豆，瓜子，转运山东。同年常熟商人船户沈惠，自江南运青鱼至锦州，又从锦州运黄豆到山东发卖。乾隆六年（1741 年）福建船主陈得丰的一艘商船运货至上海，回程无货又前往辽东锦州，锦州又无货。适逢货客徐必等雇其开往辽东盖州，在盖州又揽载高士等人货物。乾隆十四年（1749）年，福建同安县船户林仕兴驾双船一只，至厦门载糖前往天津贸易，然后又到锦州装载黄豆、瓜子等物。同年，福建船户蒋长兴在厦门载糖到上海发卖，从上海载茶叶到锦州发卖，然后从锦州贩运黄豆、瓜子等货物回江南发卖。乾隆四十四年（1779 年），福建商船户林攀荣等驾船装载纸货，自福州启程，到锦州停泊，在锦州装载瓜子等物到南方发卖。乾隆五十年（1785 年）广东澄海船户陈万金装载槟榔到

① 朱诚如主编：《辽宁通史》第 2 卷，辽宁民族出版社，2009 年版，第 371－376 页。

天津发卖，然后又到奉天买黄豆回南方贸易。咸丰十一年（1861年）《貔子窝豆粮买卖规约碑》记载："金州城东有貔子窝双龙海口，夙称名区，豆当铺户实繁，有徙往来舟车，熙攘不绝，装运豆粮"。[①]

江苏船户蒋隆顺所驾商船于"乾隆四十九年闰三月二十二日，为本省镇江府姓黄客人所雇，装载生姜，四月三十日前，到直隶天津府交卸。又揽得天津府姓郝客人。六月十八日前，到关东牛庄（县），装载粮米。八月初五日，回到天津府交卸。又揽得山东登州府黄县姓石客人。十月十五日去黄县交卸。本船在彼地方过年，又揽得黄县姓霍客人，乾隆五十年十二月二十二日前，到关东，装载粮米。六月十二日，往到山东武定府利津县交卸。又本客在本地，雇本船。七月二十六日前，到关东装载粮米。九月初七日，回到天津府交卸。又把本船雇与福建莆田县商人游华利等，连客共计25人。十月二十三日，往到山东武定府海丰县，装载枣子，要到浙江宁波交卸。十一月二十日前，到关东小平岛（今大连市）"。从这一详细记载来看，船户蒋隆顺所驾海船是专门从事海洋运输业的，船户及舵工、水手自乾隆四十九年（1874年）闰三月二十二日出船，直至五十年（1875年）十一月二十日到关东小平岛，近两年时间一直航行在天津、辽东、山东航线上，先后为5名客商所雇佣，其中在山东黄县与辽东海口航线时间最长，主要是从辽东运载粮米到山东。

史料记载说明，无论是民人渡海乘船，还是商人雇船运输，或是商人船户自行贩运，其经营都是商业性的。这些来自天津、山东、江苏、浙江、福建、广东等地的商船在辽东航线上载客、贸易、运输，有的跑单程，南货北运，返程时很少空载，有的成年累月在辽东沿海航线上经营海上运输，雇船及搭客价格随航程远近、货物多少、搭客人数而变化。在山东登州至辽东金州近海航线上，乾隆年间，一般雇用空船一只约大钱10吊，或小钱43吊；货船载客人数较多时，一般每人大钱100个，或小钱100个（大钱16个抵小钱100个）不等。如果不载货只载客，而客数又少，这样雇价就很高，有时大钱1 000个，或1 320个，甚至1 640个，均按航程远近、货物多少给预雇价。商船上的舵工、水手，均系船户雇用，他们皆"以船为业"。船户有的即是商船所有者，有的是租船出海运输，有的是商人兼船户，既从事贩运，又从事运输。在辽东沿海航线上，也有少量的官船。

随着辽东沿海海运的日益发展，清朝廷也不断加强对海上运输的管理。康熙初年朝廷就明确规定，关内各省驶往辽东沿海各海口的船只，一律由所在州县给以执照，并将客商船户姓名、货物往贩地方一一填注，经各海口官员挂号验照，方可放行。特别在清朝廷对关内民人往辽东垦种实行封禁政策期间，一再令山东、浙江、江苏、福建、广东五省督抚，严禁商船夹带民人。乾隆四十五年（1780年）又下令对奉天、山东沿海州县官员进行督查，凡对民人渡海失察的一律给以罚俸和降职处分。并令奉天沿海地方官员多拨官兵稽查海口，凡遇船收口，逐加查验，如有无照流民，即行严拿治罪。此外，征收海税也是清廷加强对海上运输管理的一项重要措施。大宗海税也主要是从粮食等大宗物品中收取。

在辽东沿海航线上，往天津的船只因在渤海湾航行，相对来说，安全系数大些。而往山东沿海，特别是往南方沿海，海运事故颇多。明朝初年，辽东军队粮饷短缺，令从浙江往辽东运粮，结果有近一半的粮商倾覆在大海之中。尽管人们在长期的实践中，积累了大

① 东生：《<貔子窝豆粮买卖规约碑>札记》，《大连文物》1991年第1、2期合刊，第66－67页。

量的海运经验，但长途航运仍是一件十分危险的事业。特别在季风节，一般只有大型海船才敢出海，而且必须“习知水性风势”，“详悉水势地形”。在山东到辽东沿海航线一带行驶的各地船只，遭遇狂风恶浪而船翻人亡的事屡屡发生，还有一些舵桅断失舵漂流至朝鲜、日本沿海。据对乾隆年间曾在辽东沿海从事过海上运输失舵漂流至日本沿海的14艘商船的分析，出事商船都是在遭遇狂风恶浪之后，或帆破桅断或失舵砍桅而任风漂流所致。也正是在这种与险风恶浪的搏击中，航海技术得以不断提高，从而在一定程度上推动了我国航海技术的不断发展。

辽东沿海海上运输的不断发展，对于清代前期辽宁地区社会经济恢复和发展起到了极大的推动作用。海上运输发展，使关内各省，特别是山东、直隶南部、河南等地民人不断地流入辽东，迅速改变了辽宁地区“有土无人”的荒凉败落景象。

从更广的意义上看，辽东沿海海上运输的发展对辽宁地区的开放，打开闭塞局面，吸取关内的先进文化，特别是南北各省不同地区、不同民族人民的错居杂处，互相渗透和交融，对改变辽宁地区落后面貌起了决定性的作用。辽宁地区由于地理环境上与关内地区隔绝，加上明清之际连年战争和后金的统治，清初与关内相比，各方面都有显著的差距。但由于顺治、康熙年间大量关内各省人们的迁入，这一地区的社会经济得以迅速开发，乾隆年间先后从辽宁地区沿海运出数百万石粮米，赈济直隶、山东、海南等省。前后的变化说明，文化上交融，生产技术上的交流，民族之间的渗透，产生出一种合力，它促进和推动了生产力的发展。

辽东沿海海上运输的发展主要得益于关内各沿海地区海上运输发展的带动。广东、福建、浙江、山东、天津是我国历史上海运业一直比较发达的地区，特别是江、浙、闽，在航海和造船技术上都是当时世界上第一流的，这些地区都给辽东以直接的影响，从而使辽东沿海海上运输开始起步并逐步有所发展，而海上运输的发展又给辽东地区的社会文化的发展以直接的影响。

二、清代的辽宁渔业与盐业

清代中叶以前，辽宁沿海岛屿上的民人和沿海居住的民人从事渔业生产者数量很多，许多民户往往是农、渔兼营，壮年男子大部分从事渔业，而妇女老弱则从事农业。在盛京户部征收的杂税中就有渔网税、海鲜税等，主要是从沿海及岛屿渔民中征收。盛京内务府网户旗人充渔丁差，每岁例贡白鱼等。

沿海渔场包括黄海岸的安东（今丹东）、岫岩、庄河、青泥洼（今大连市）、旅顺和渤海岸的金州、盖平（今盖州）、复州、营口、盘山、大洼、锦县、宁远等。上述沿海渔场中，以盖平、复州地区海产品最为丰富，每年春夏之交为渔汛期，有黄花鱼渔汛、鲅鱼渔汛之分。渔汛期内，不仅辽东沿海渔民出海捕鱼，山东烟台、威海等地渔民亦扬帆来辽东沿海捕捞。每年捕获量最多的是黄花鱼、带鱼、鲅鱼、青虾、花虾、毛虾以及平子鱼、镜鱼、鲈鱼、鰶子鱼、榻板鱼等，还有其他海产品，如海参、牡蛎、蛤蜊、蚶子、海螺、海蜇、海带、海飞蟹等。辽东沿海的海产品是十分丰富的，不仅能够当地人食用，还可以运销关内各地，另有一些干海制品，如海米、干海参等还远销闽粤等地。

清代前期辽东沿海渔民捕鱼技术还是比较原始和落后的，而且多是近海捕捞。当时主要是以木帆船为捕捞船只，小型的木帆船又占大多数，大型的有樯（桅杆篷）风船很少。更多的是划子、大舢板、马槽等。渔网主要是风网、流网（挂网一端系在船头，渔网随船漂动）等，滚钩、有饵钓钩是常见的钓鱼工具。

辽东沿海的渔业资源丰富，具有发展渔业的有利条件。但是由于清政府对东北地区实行封禁政策，关内地区特别是江南沿海地区的先进的捕捞技术在辽宁得不到推广，加之清政府的大肆盘剥，使得辽宁地区沿海的渔业生产发展十分缓慢。

盐是人们的生活必需品。辽东的盐业生产在清代得到了较快的发展。

辽东沿海海岸线长，为盐业生产创造了有利条件。清入关之初，曾准许沿海民人架锅熬盐，自行销售。康熙十八年（1679 年）招募商人吕进寅等领引销盐，国家征收课银，不准私人销盐。行盐引 13 774 道，增课银 6 522 两；康熙十九年（1680 年）增加盐引 3 100道，加增课银 1 468 两。结果适得其反，国家所得课银并不多，而商人因交纳课银而肆意抬高盐价，使盐价猛涨，由原来每斤三四文钱增到 10 余文钱，直接影响了人们的生活。另外，盐商所经营之盐铺俱设于府州县城，一般贫民由偏僻屯堡进城买盐，不仅路远花费大，且误农时。于是从康熙二十年（1681 年）开始，即停止由盐商领盐引销盐，允许民人自行晒盐销售，不征课银。直到同治元年（1862 年）始定榷盐法，此间 200 余年辽东地区无盐课，民间煎盐业这一时期有较大的发展。

据朱诚如先生研究，清代今辽宁地区盐场西起山海关，东到丹东，沿海 2 000 余里。[①]自绥中、兴城、锦西、锦县、盘山、大洼、营口、盖州、瓦房店、金州，至旅顺口为渤海湾盐区；自大连、普兰店、庄河、东港、至丹东为黄海北岸盐区。清初分二十大盐场，当时“盐之出处曰滩（即盐滩），滩之聚处曰场（即盐场）”，其主要盐场有：

兴绥盐场：为辽西渤海湾北部绥中、兴城二县盐场。所出之盐除当地食用外，还销往关内。

凌海盐场：为凌海沿渤海湾盐场，此处明代即是老盐场区。除当地食用外，所产之盐还销往关内和内蒙古地区。

盘山盐场：自凌海至盘山沿海盐区，由于当地地势低洼，明代以来是老盐场区。

营盖盐场：沿渤海东北隅，盐滩毗连，面积大，但开发较晚。道光以后关内流民集结，纷纷开滩晒盐，产量日增，后成为北方沿海三大盐场之一。

复州盐场：沿复州湾地区，清初为一小盐场。嘉庆时，关内流民纷纷在此创建盐滩，戽水晒盐，盐场得以扩大。

庄河盐场：位于黄海北岸西部，自大连湾经普兰店至庄河沿海。当地所产之盐质量高、盐味正。

上述各主要盐场所产之盐除交纳官府外，还供当地民人食用，所余亦销往关内和边外。但清初辽东沿海盐业并不兴旺，官盐往往不敷官用，所以清廷不断派员至沿海强行收纳，并规定定额，但并不能阻止私盐通过各种渠道流入关内和关外地区。

---

① 朱诚如主编：《辽宁通史》第 2 卷，辽宁民族出版社，2009 年版，第 367 – 368 页。

第二节　清代的辽宁海洋文学和天后崇拜

一、清代的辽宁海洋文学

清中期以后，辽宁沿海地区已改变了明末清初以来的荒凉，海运业、盐业、渔业都得到了很快的发展，沿海地区陆续兴建了一批颇具规模的港口和城镇，港口如庄河青堆子、大孤山（今属丹东东港市），复州长兴岛、娘娘宫，金州旅顺、小平岛、貔子窝、城子疃等。特别是黄海岸边的城子疃，雍正年间即开辟为商埠，与营口港齐名，有“北有没营沟，南有貔子窝”之称。庄河、复州等地已开设盐场，所产之盐以优质而闻名。旅顺、复州湾、青泥洼和长海诸岛已成为远近闻名的渔场。

随着经济的发展，清代的海洋文学也得到了长足的发展。出现了一批与辽宁海洋有关的文学作品，诗歌是其重要标志。

乾隆进士和英著有《小平岛》一诗：

晓日挂扶桑，琉璃拖影长，半蠡窥宿海，一勺小蒲昌。放眼无蓬块，澄怀接混茫，齐州烟九点，指顾上帆樯。

被誉为“辽东三才子”之一的魏燮均在金州做过小吏，能够体察民情，著有《金州杂感》，全面描述了金州沿海人民的生活和苦难：

金州据一隅，大海环三面。境内多峰峦，平野无其半。山枯草木稀，地僻民风悍。垦田无膏腴，黄壤黑坟偏。滨海斥卤生，毗山石砾乱。土硗苗不肥，禾稼细如线。丰年尚歉收，而况遭荒贱？加以重赋征，苦累更无算。睹此瘠土民，令人兴嗟叹。陆产不丰饶，幸得海滨利。家家造小舟，捕鱼日为事。海乡鳞种繁，四时各殊类。终年泛波涛，性命轻敝屣。本依网罟生，辛苦及妇稚。翁壮觅鱼辛，妇稚摸蛤蛎。秋深海水寒，沁骨如冰刺。勇泅觅金钱，全家饱疏食。岛屿穷民多，赖此谋生计。所收水国赀，较陆倍三四。而苦赴大洋，叉取鲨鱼翅。

阖境不产粮，不敷居民食。富室乏盖藏，穷间少家给。幸有海运通，贩米来邻邑。商贾每居奇，乃益倍其直。不惜贵如珠，但患无余粒。典衣济瓮飧，且救燃眉急。丁男啜食饘粥，妇女饮其汁。藜藿尚不充，安有膏粱得。所以蚩蚩氓，苦饥多菜色。……

魏燮均的另一首诗《抵金州》，也以亲身经历描述了金州沿海人民的艰难生活：

古县化城地，长驱来此间。邑围三面海，城伏万重山。蚕茧输官税，鱼虾贩市阛。嗟哉宰瘠土，应恤庶氓艰。

曾任奉天锦州知府的张元奇著有《海神庙》一诗：

盖州夙滨海，闽舶此麕集。沙船千九百，遮港衔尾入。庇材祀海神，丹垩甲一邑。庭宇矗丰碑，岁久尚屹立。我来瞻遗貌，如听神暗泣。追思嘉道年，昔舒今乃蛰。河潮断往还，社祭缺拜揖。寒风飘灵旗，下马独呜咆。

这处海神庙即营口西大庙，一名天后宫，又名海神娘娘庙。

清末进士张鼎彝著有《金州望海诗》：

平生观海志，此日遂登临。气象涵天地，波涛撼古今。朝翻迷远雨，日落见遥岑。幸得储舟楫，无能利济心。夙志怀观海，今来渤澥涯。长风十里浪，晓日万山霞。岛屿环鼍窟，潮声卷岸沙。朝宗涵地泽，王气拱天家。

张元奇还著有一首《盖州》诗：

春逐征鸿落远州，孤城直瞰海东头。万人空巷心如沸，一骑行边日未休。岛屿欲随帆影没，兵戈犹有劫灰留。十年不共公荣悟，喜听村氓话故侯。

曾任盖平知县的骆云，在《连云岛望海》一诗中写道：

水势西从碣石来，云山沙碛重徘徊。龙门雨洗刀兵后，鳌背风帆星斗回。民瘠未收珍府利，官忧空作委输裁。子期何在留岑寂，疑有琴声响石台。

《柳边纪略》作者杨宾在《望海店》诗中写道：

辽海出长城，出关已了了。望之欲无疑，莫若兹山好。积水远何极，分流犹浩淼。风翻白日低，浪动乾坤小。南疑析木偏，东觉扶桑小。蜃楼遇且难，况识蓬莱岛。余本海滨人，少小纵登眺。今日出边庭，乃复行其杪。一苇可直航，鞭石苦不早。安得乘长风，往复如飞鸟。

和英还著有《觉华岛》一诗：

碧海真图画，蓬壶隔水涯。波澜成雉堞，耕凿隐人家。时放桃源棹，堪寻菊谷花。何当乘蹻往，绝顶隐流霞。

其他如关于旅顺口选址等海防的奏折等，几乎每篇都是一部文学作品。在此不做赘述。

二、清代辽宁的天后崇拜

清代以来，天后信仰进入发展的全盛期，从康熙到同治近200年间，6位皇帝10余次加封，由元、明两代的“天妃”升至“天后”，封号长达64个字，在同时代女神中名号最长，地位尊贵，无以复加。

始建于元末的旅顺天妃庙，历经明代之后，至清代改名为天后宫，其影响更加广泛。光绪十二年（1886年），经登莱青兵备道刘含芳重修整理，庙貌焕然一新，“如来、菩萨诸佛殿参错掩映，官民祈祷灵应如响，香火由是鼎盛。每水师巡海帅舰则奉天后以行，及入口停泊始复安其位。盖国家公设之神堂，非乡里私造之荒祠也”。可见不但渔民、商人等民间祭祀，连北洋水师出海和归航，也是“奉天后以行”。旅顺日俄监狱旧址博物馆藏光绪三十二年（1906年）“创修天后宫序”碑不但记载了上述史实，而且还记载了光绪二十四年（1898年）俄国强租旅顺口、大连湾之后，欲毁旅顺天后宫，主持僧心一“誓欲与庙同煨烬”，拼死抵抗，迫使俄国拨款，易地重建的义举。兹录“创修天后宫序”碑碑文：

创修天后宫序

劫数之来，惟神能历之而不坏，惟人能挽之以复安。旅顺白玉山之东南隅，旧有天后宫一所。于光绪十二年，登莱青兵备道刘含芳重修整理。期间如来、菩萨诸佛殿参错掩映，官民祈祷灵应如响，香火由是鼎盛。每水师巡海，帅舰则奉天后以行，及入口停泊始复安其位。盖国家公设之神堂，非乡里私造之荒祠也。光绪廿四年俄人租借兹土，欲毁此寺，以适其用。斯时也，辽东且欲占而据之，何有于一寺？官长且将轻而侮之，何有于一僧？乃住持禅师，法名心一，江南寿州人也，拼命阻留，舍生□抗拒，甚至四围积薪，誓欲与庙同煨烬。俄员感其真诚，易强横为和敬，爰命通译再四慰藉，后赐□白银万圆有余，以为易地□重修之助。神师不获□也，乃勉强从之。所尤难者，时遭慌乱，烽火频警，一椽茅茨尚非易措，矧栖神之所尤非可简略从事者。禅师乃夙夜经营，无时或怠，于光绪廿五年即购基址于教场沟，□庀徙度材，鸠工建造，需用不足，复募化于善人君子，以补其缺，由是天后之宫乃焕然一新。呜呼！衰不复振，毁不复成，理之常也。兹则金碧辉煌，而衰者以振；楼殿耸峙，而毁者以成。以视白玉山昔年之□□，天后宫有其过之无不及焉。通计如来佛殿三间，左右僧寮各三间，东西客舍亦各三间。中间高建层楼，奉祀天后，其下左右看台各三间，其南戏楼三间，左右锺鼓楼各一间，盖借以为祝嘏酬神之用，非仅欲以壮观瞻也。夫庙宇之毁，人每疑神之无灵，庙宇之成，人又疑神之有灵，而吾以为不然。庙宇之毁，庙宇之劫数也，于神何损？庙宇之成，成于挽回劫数者积诚以感之也。人能如禅师之积诚以感，则天下无不灵之神，况天后尤灵应素著者乎？工竣之后，兵端数起，今值平定，韩道观、郭殿春二公为此特来求序，因不揣固陋，谨略述其末，以俾禅师与斯庙永垂不朽。

侯选直隶州训导　乔德秀　沐手拜撰刘洪龄　沐手敬书

光绪三十二年七月十五日主持僧心一敬立

旅顺天后宫

瓦房店市三台满族乡石佛寺村庙索子的娘娘宫港，建于明代万历年间。时朝廷开海运，通航辽东，于此设港，日渐繁华，是大连地区最早繁华商港。继而建成娘娘宫，供奉海神娘娘，庙宇建筑别具一格，前拥戏楼，后衬宝塔，东配佛殿，西附关帝庙，蔚为壮观。港口宽300米，为长兴岛与陆地间天然港口，深水处可停泊五六百石货船，陆上进出口货物中转方便。明清时代，日进出港船二三十只，载重都在百石以上。将玉米、谷子、大豆、柞蚕丝、食盐、豆饼等运往大连、营口等地，返航运回棉纱、布匹等。清末，中东铁路通车，娘娘宫港货物减少。日本侵占东北后，把娘娘宫视为海上要塞，设兵驻守，盘查商船，勒索民财，航运日趋萧条。

1920年出版的《复县志略》收录有徐赓臣（1824—1880年）“创建天后宫碑”碑文，兹录碑文：

创修天后宫序碑

创修天后宫

闻之记曰：能御大灾则祀之，能捍大患则祀之。凡有功德于民者，皆宜有俎豆馨香之报。此固古今之通义，而人心之不可之自已者也。我复地滨大海，虽通海之下游，实舟行之孔道，北通牛口，西通析津，西南通利津、莱州，南通烟台、登州，而东南则茫乎未有涯矣。苏之沪，浙之宁、慈，福之同安、台湾，岭南之佛岗、厦门，凡商贾之有事于北者，其往来皆必经于此。而更有大焉，我国家自闸河者淤塞以来，江南漕运改道于海，虽以天储正供上挽回空，必由此而进，以达于京，通而登之十七仓焉。且不止此也，前年长庐宅户被灾，盐行缺额，请转于朝。得旨允行，许采奉天岛盐以济商网之运，是鹾务祀之盈虚，销数之多寡，亦必由此以达于三沽，而始无贻误焉。总计四十年来，商贾辐辏，络绎不绝。漕之艘盐之舶无不风静浪恬，扬帆而去，利涉大川，未闻有樯倾楫摧之患者也。此固我国家水利之溥，而亦我天后圣母默为庇佑者，无一夫之不得所也。入我复城关天后之庙，独阙邑之父老子弟往往感慨嘘唏，叹工程之大而图始之难也。沙门心灵乃奋然起矣，持戒行。深蓄愿，宏达苦心，孤诣有志竟成，爰于北门外龙王庙之册，度地开基，鸠工庀材，特建大殿三楹，以为赛神之所。而又恐后来者不知缘起而怠于修理，并恐布施者之姓名湮没也，乃勒诸贞石以纪其事而芳衔于左。呜呼！山九仞而功亏，水一勺而非少，今虽无藉后利，有因扬簸者在前，积薪者居上，果使传灯不熄，香火长然，金碧之辉煌，无替栋榱之巍，焕如新居。此土者白叟黄童趋跄恐后游于市者，行商居贾顶祝偕来，而漕运之飞挽，□引之乘除，上有关于国帑，下无缺于民仓，则我皇上鸿基永固，而我天后之惠泽无疆。知此日之报神庥于既往，而邀福庇于将来者，其创垂青岂有涯涘也哉！

建于清乾隆五年（1740 年）的金州天后宫，由山东船商集资建造，又名“山东会馆”，位于金州城内西南隅，是一组占地面积 6 000 多平方米的规模宏大的建筑群，由山门、前戏楼、前大殿和东、西配殿、后戏台、后大殿及包厢、万寿宫和东、西禅房等组成，曾是我国东北沿海地区最大的天后宫，供奉紫檀木雕刻的天后像，是山东船商联络同乡和酬神、聚会、办事、落脚的场所。有光绪六年（1880 年）“金州城天后宫报修船只规模费暨历年换票纳税章程碑”碑文传世。

金州天后宫前大殿壁画

大连湾旧有天后宫，建于何代不详。光绪十九年（1893 年），大连湾守将刘盛休重修，有碑文为证：

重修天后宫碑记

冯真君之于粤，甘将军之于鄂，节以保护行旅，庙食一方。至滨海之区。则无不崇祀天后，盖其御灾捍患，捷于影响，敬之者尤甚于冯、甘二君也。余以光绪十三年春移驻兹土，督筑炮台。军中饷械、糇粮悉由海上来。上年，军饷附轮来湾，途遇飓风，几遭不测，舟人慄慄危惧。俄而，红灯出于水面，若相导引者，舟随之行，至威海卫焉。质明，风定回驶，遂达防次。佥之神鸦、红灯，皆天后所使护行舟者。是役也，疑有神明助焉。嗟乎！余多凉德，何足仰邀默佑？然率编师以修封疆，军事即如国事，神之示灵海上，保我粮饷，理或然也。其功岂鲜哉！柳树屯旧有天后宫正殿三间、西殿三间。余以湫隘嚣尘，不足敬其神明，因商之各将领，醵金重修。补建东殿三间，以祀龙神；复于东、西两房各建瓦房六间，戏楼一座，钟、鼓亭各一，庙门五间；殿后筑土室三间，绕以周墙，答神贶也。约计捐赀千余金，庀材鸠工，以十八年秋经营伊始，越期年而告成。版筑之劳，则右军副、左、后三营实任其事云。是为记。

钦命头品顶戴总统铭字马步等军遇缺题奏提督军门河南河北总镇法克精阿巴图鲁　合肥刘盛休撰并书

大清光绪十又九年岁次癸巳八月榖旦敬立

庄河青堆子主街南端高地上原建有“天后宫”，俗称上庙，也称海神娘娘庙。现属已修复的“普化寺”中一殿。历史上的“天后宫”、“普化寺”、“玉皇殿”、“城隍庙”、“火神庙”等原都是坐落于青堆镇主街南端古刹群的组成部分，以其独特的建筑艺术，博大精

大连湾天后宫门楼

深的寺院文化教化一方的善男信女，香客游人往来不断，在一定程度上促进了当地经济、文化的发展。

青堆子天后宫始建于清乾隆季年，据现存的民国十年（1921 年）的碑所载：“青埠开通肇自乾隆八年，而海运无阻，商业发达，多蒙圣母默护之力。因之食德思报，各商户合力捐资，庀材鸠工，于乾隆季年遂创修修天后宫”。可证清代乾隆以后青堆子商业之发达，天后崇拜之盛。

东港大孤山天后宫，始建于乾隆二十八年（1763 年），以后历经嘉庆、道光、咸丰、同治、光绪各朝增建，形成了具有清代中、晚期的建筑群。光绪十四年（1888 年）“重修天后宫碑记”，记述了天后宫在清光绪六年（1880 年）遭火灾，于光绪八年（1882 年）重修始末。此碑现立于东港大孤山建筑群天后宫前。

重修天后宫碑记

孤山旧有天后宫，由来久矣。感应异常，慈悲昭著，赞灵鼉顺，当飓风而远，赐明灯救苦，循声昌蛋□而宏开宝筏。圣德允同坤载，母仪克配乾行。诚泽国之福星，宝海邦之生佛也。光绪庚辰年春，不戒于火，自正殿燃及两厢，悉为灰烬。其何以安灵爽而妥式凭耶！监院宋法师讳空岫，字虚谷，发愿重修，竭诚募化。于本年经始，至壬午年落成，凡寒暑三移而工程告竣矣。基宇仍旧，庙貌聿新，丹阁亘云，四壁仰丹青罨，画金容满月，重檐赡金碧辉煌。越明年，宋法师功修甫毕解脱，旋闻化白鹤以西归，骑青牛而东度。嗣徒座莲尹道友虔遵遗范，恪奉清规。已完者守之，未备者修之。迩时欲建丰碑，以铭师德，缘贞珉莫搆，遂勒石，未能。今者既为住持难忘，继述斋居素室，俟服阕以终，三卷衍黄庭，知法门之不不二，行见千艘万艇顶礼庄金，并维兹悬碣镌文永垂不朽云尔。募化迟俊选 杨荣泰 周长盛 同合福 通顺栈 谦德栈 广顺栈 福昌苹 通成合 协元栈 双合庆 福丰号 允兴栈 日丰当 福德恒 山左张松龄撰文 浙绍周良图书丹 监院宋空岫承修。

大清光绪十四年岁次戊子秋九月吉日立

营口天后宫，当地人称西大庙，位于辽河南岸渡口的西侧，主祀天后，配以龙王殿、药王殿、观音阁、财神祠等建筑。据雍正四年（1726 年）重修碑有“舢舻云集，日以千计”，是营口开发史的重要记录。据民国十九年（1930年）《营口县志》记载：

天后宫，一称西大庙。在埠内西大街，于前清雍正四年创建。正殿三楹，左、右配殿各三楹，东、西廊各五楹，前殿三楹，两翼钟、鼓楼各一，院前戏楼一座，东面树牌坊一方，巍然高耸，上书四大金字文曰“紫气东来”、“慈光普照”，前后辉映。西面有观音阁一座，台基崇高，遥遥相对，其中名人匾额楹联颇多，石碑矻立，规模宏壮。山门外悬有匾额一方，上书“天后行宫”四大字，咸丰九年己未孟秋，系山海钞关道诚明所立。

营口的天后宫原立有嘉庆二十三年（1818年）牛庄防守、海城知县《示禁碑》、光绪十年（1884年）《整顿船捐碑》等。正殿楹联镌刻“坤宰钟闽湄，香袖霞裾威渤澥；天宫灿辽海，懿恩慈禧复析津”，上款“乾隆乙卯（1795年）四月”，下款“天津王大正献”。石狮上镌刻“没营沟天后宫”，“同治十三年（1874年）岁次甲戌仲秋吉立”，“闽漳弟子魏慎德堂敬谢”。铁香炉上铸有“天后圣母”，“嘉庆二十五年（1820年）立”，“奉天海城县没沟营税店丰盛、恒益、宝兴、广信、洪昌，上海信商周锡璜同敬助”等文字。可证当时营口商业、交通的繁盛景象。每年四月二十八日为天后祭日，届时，各地的善男信女，蜂拥而至。祈拜神灵，护佑众生。庙会连续三日，盛况空前。

营口天后宫

综合上述资料，可知营口天后宫当始建于乾隆六十年（1795年）。

锦州天后宫位于锦州市古塔区北三里，广济寺景区的西侧，坐北朝南。系清雍正三年（1725年）旅锦江、浙茶商所创建，故又名江浙会馆，是中国北方最著名的天后宫。现存建筑物为嘉庆二年（1797年）所重建，光绪十年（1884年）重修。现藏锦州博物馆天后宫碑亭内的3块石碑，见证了锦州天后宫的盛衰。

乾隆二十八年增建天后宫碑记

陆放翁诗云：神灵祖宗如我圣母祥光，显应恩波默祐其护国也。特旨祀典，尊封天后，其祐商也。若保赤子，不二慈亲，真所谓民之父母也。咸叨垂庇之仁，能无崇奉之议。谨于雍正二年，锦府李公讳太受，劝捐三年，择地兴建正殿。粧塑圣像，大殿三棡，东、西配殿四棡，围砌玉嵴墙二门，共用银一千九百八十两。雍正五年，择地起盖头门三棡，用银四百八十五两。乾隆六年，围砌隐碑东西辕门引道，用银二百零四两。乾隆十年，锦县蔡公讳长楚，劝捐重建二门三棡、两廊公约所六棡，用银六百七十五两。乾隆十七年，买二门外西边周家空地一所，用银五百五十两。乾隆二十四年，起盖戏台，重建头门，用银一千二百两。乾隆二十五年，二门外因东边榭屋损坏，天德天和尚向众客相商捐

锦州天后宫

银重盖，以为两廊壮观，又，西边新盖九棡，共成十八棡，用银九百四十两。乾隆二十六年，重建大殿五棡，东、西配殿二棡，二门五棡，东库房二棡，西厨房二棡，头门五棡，用银二千七百两。

乾隆二十八年月日江浙福建两帮金记序

嘉庆六年（1801 年）重修天后宫碑记，记录了清嘉庆二年（1797 年）继乾隆二十六年（1761 年）重修天后宫后的又一次重修情况。此碑现藏于锦州市天后宫碑亭内。

嘉庆六年重修天后宫碑记

天地生成万类，而神灵分职澹灾屯济坎险，即与天地同功。海邦之赖我天后。自有宋以来，灵迹彰彰，在人耳目。鲸波澒洞之区，凡商贾往来帆樯如织，罔不仰惏檬幪，视同安宅。夫神无所不在，即人之瞬息呼籲亦无所不虔。然显应日益徵，则敬凛日益切，而崇奉祈祷之地亦日益新。是固本乎！人心之所同，而非作而致者矣。奉天祚启，豳岐物产，充盈甲于天下，业□中外，一家永弛。海禁三省上腴洋溢宇内，而扬舲趋赴百货贸迁。则锦州两海口，实据其胜。天后叠膺圣天子褒封，其所以辅翊化元而福我商旅者，不于此尤赫赫哉。州故有庙，创始雍正五年，屡经增葺，迨乾隆二十六年规模粗具，嗣后岁久失修，几于颓废。嘉庆二年春，众商咸集，顾瞻殿宇，杂然兴叹，谓沦浃于恩施，因徇于庙貌。乌乎！可爰议作新敛□庀材，辄日鸠工。经始于丁巳四月，越四稔，辛酉月竣事。神殿五楹，右簃二椽，西厢寝门各三楹，鼓吹之榭碑碣之亭，绕垣四周一斤，而新之又立外闬三楹，东、西戟门二，中霤前筑为甬道，沟其下以渗水，深、广七尺，砻石覆之。余悉缮葺有加，翼然以整。法象庄严，金碧弥焕，以至雕□雘之工仪，从张设之器攻致精详，弗竿简记。，縻奉天市钱四万八千吊正余缗。既落成，具牲币骏奔走旁皇周浃俨乎质临。我众商欢欣瞻仰之忱，将于是而稍展。既我后神圣所凭依庶。于是乎，在爰综其厓，略勒诸石，以念将来，继自令商斯土昔洁诚祈报，绵延于替，则永叨天后洪慈，之覆与海天而无极也。不其祎欤。是为记。福建帮共用钱贰萬万肆千吊，江浙帮共用钱贰万肆千吊。

嘉庆六年月日江浙、福建两帮众商公立。

嘉庆九年（1804 年）天后宫碑记，记载了嘉庆九年（1804 年）由福建帮众商公立此碑，并追溯雍正三年（1725 年）择地建天后宫，及以后 80 多年历次重修天后宫的过程中，福、浙各帮并商众捐赀，又及修建余资作为寺庙各项支用的情况。此碑现藏于锦州天后宫碑亭内。

盖闻锦州大地，为众商云集之区，而客艇往来，悉赖神庥之永庇，所以崇奉天上圣母，择地建宫。始自雍正三年，妆塑金身，钦隆祀典。福帮捐银壹千玖百叁拾两，江、浙两帮捐银壹百壹拾捌两。雍正五年头门起，盖福帮又捐银肆百捌拾伍两，江、浙两帮又帮又捐银肆拾伍两。维时庙貌可观，神灵永托。至于乾隆叁拾九年，修理一次，共费关钱五千五百三拾余吊，福帮均摊贰千柒百余吊；江、浙两帮均摊贰千柒百余吊。迨后历有年所不无剥落之虞，故福帮王永炳复激武林朱名显共商重整。冬，又捐修。乾隆丁巳孟夏兴工，辛酉孟冬报竣。遂使神明群钦显赫，殿宇益壮，观瞻华而且坚，无非久远之计矣。统核工料等费，共用关钱四万八十吊，福帮捐关钱二万四千吊，江、浙两帮捐关钱二万四千吊。本帮除修理外，尚存关钱二万三千余吊，月交各店，每年生息一分，递年开堂、圣诞、普度等用，应交僧家会钱一千四百吊。帝君圣诞、雇工、敬惜字纸用关钱一百五十吊，以及西海修井插樵等项，略用关钱三百余吊开出，尚有存剩本利，相生日增日长，庶几赀充积绵祀典于千秋云尔。

嘉庆九年菊月吉旦福建帮众商公立

有清一代，天后信仰已成为联结中华儿女的文化象征和难以割舍的亲情纽带。

第三节　清末旅顺口、大连湾的海防建设

一、清末加强旅顺口海防的原因

19 世纪 40 年代以后，位于辽东半岛最南端的旅顺口和大连湾，即被称为旅大。19 世纪 80 年代李鸿章创建北洋海军，在旅顺口、大连湾建港坞、筑炮台、驻军队，奏文中常出现“旅大”简称。

自鸦片战争英国用坚船利炮轰开中国的大门以后，中国万里海疆就暴露在西方列强的面前，成了国防第一线。清朝廷开始注意到旅顺口和大连湾的海防地位，道光二十三年（1843 年），清朝廷迁熊岳副都统移驻金州，升宁海县为金州厅，设金州海防同知，旨在加强旅大的海防。《南京条约》的签订，使中国领海主权开始丧失，一些有识之士，如林则徐、魏源等人提出了加强海防建设的思想，但并未引起朝廷的足够重视。1874 年日本侵台事件发生后，朝野震动，有识之士群起策划海防之策。李鸿章在这一时期发表了大量的言论，形成了一套比较系统的海防思想，成为当时最大的海防论者。在李鸿章的海防思想中，除了建立一支强大的舰队外，还要有巩固的海防基地。

旅顺口海防建设体现了李鸿章的海防思想。光绪元年（1875 年）四月二十六日，清朝廷决定由李鸿章督办北洋海防事宜。于是，李鸿章开始积极筹办北洋海防，经过多次考察，最后决定选择旅顺口作为北洋海军军港。

二、旅顺口的海防建设

清初，朝廷已对旅顺口颇为关注。顺治初年曾于此设水师营，以山东赶缯船 10 艘隶

之，并编立营汛，划分防地。康熙十五年（1676 年），又增水师协领 2 人，佐领 2 人，防御 4 人，骁旗校 8 人，水兵 500 人。康熙五十三年（1714 年），更诏浙江、福建船厂分造大型战船 6 艘，由海道驰赴奉省，驻防海口。旅顺水师营原属金州副都统管理，定例应于每岁夏秋之间出洋会哨一次。唯以日久弊生，至旅顺建港的前夕则仅见“闽浙船十艘胶着于泥沙之上，无帆无樯，杠俱亦多腐朽，不堪应用”。所谓“出洋会哨”已成具文。

金州副都统衙署今貌

旅顺水师营营门

清初学者姜宸英在其《海防总论》中即论及了旅顺口的战略价值。远在道咸年间，魏源、郭嵩焘也对旅顺口十分重视，并慨叹当局者之不知注意，称“旅顺口渤海数千里门户，中间通舟仅及数十里。两舨扼之可以断其出入之路。泰西人构患天津必先守旅顺口，此中形势之险要，泰西人知之，中国人顾反而不知，抑又何也!”

光绪初年，学者华世芳于其“论沿海形势”一文中，甚至称登（州）旅（顺）为中国海防中“天造地设之门户”，其间海面不及 200 里，可以避风，可以汲水，南北联络稳便，“中国之形势，实无有逾于此者”。

旅顺口东有黄金山，西有老虎尾半岛，左右环抱，宛如蟹之双螯。西面水域面积较宽广，东面虽水域较小，但水较深，适于建船坞。两岸山势陡峻，不易攀登，不经口门，难以入内。严冬不冻，实为一天然良港。再加以口门向南，口门狭小，无法容纳多舰进口。在军事上易守难攻，实可谓为北洋不可多得的国防门户。

旅顺口今貌

清廷内部对建港位置众说纷纭，莫衷一是。福建巡抚丁日昌主张于奉天的大连湾与浙江的南关（温州）之中任选其一；福州船政大臣黎兆棠主张借用广东的黄埔船坞；出使德国大臣李凤苞有烟台大凌湾之议。即便是李鸿章也没有一定的主意。已有资料显示，李鸿章瞩目的海军基地是大连湾而不是旅顺口，这在光绪五年（1879 年）九月与总署大臣论海防时说得最为清楚："大连湾距奉天金州三十里，系属海汊并非海口。实扼北洋形胜，最宜湾泊多船。许道钤身前曾带蚊船四只前往巡察，谓可藏风得势。明春如选募洋弁得人，拟派大员带现有蚊船轮船常往驻泊操练，以待后年铁甲购到，渐可合成一小队，为北洋一小结耳。"

同年十月十七日，李鸿章与南洋大臣沈葆桢书再次重申，谓俟在英所购四船回华之后，拟令常往大连湾巡泊。李鸿章之意，可能是因为大连湾在旅顺口之外，在地理位置上扼守直隶湾更具战略价值；也可能是因为鉴于英法联军之时，敌军两次都先据大连湾而后进逼大沽口，证明其地形势优越。同时，在政策来说，则亦与光绪元年（1877 年）三月总署所议创立北洋水师一军，"扼庙岛旅顺口之间以固北洋门户"的原意相符合。可是由于他选派英弁葛雷森及哥嘉等人率领蚊船前往测量的结果，发现大连湾口门过宽，非有大枝水陆军相为依护，不易立足。以当时北洋的兵力而论，一时实在难以办到。因此始于次年六月改变初衷，把经营大连湾之事暂时搁置，而以全力去经营旅顺口。

旅顺口的位置既经选定，建港的行动接着便也开始。首派县令陆尔发随同德员汉纳根及英国海军大佐柯克前往旅顺勘查炮台及修建船坞之所。及至接获汉纳根等的报告，决定先行修建黄金山炮台。

光绪七年三月，北洋水师营务处道员马建忠鉴于"旅顺口新甃炮垒，日后挑于浚口，建设船坞，为辽海之关键，亦焉北洋水师之总汇"。决定亲自前往查勘。除登山涉水周览地形之外，并向汉纳根索阅炮台图说，研究攻防战略。巡视建坞之所，察看周围形势。李鸿章得到马建忠报告，对于旅顺概况更加了解，其建港计划也随之进而展开。六月二十日与船政大臣黎兆棠书，有言：

"鄙意北洋各船到齐，扎旅顺口为老营，派人统率训练，稍壮势威。惟该口虽甚扼要得势，凡筑炮台，添陆军、建军械库、船坞，至少须费百万以外，一时未易就绪。"

同年十月初，李鸿章又乘于大沽验收“超勇”号、“扬威”号两快船之便，决定偕同署津海关道周馥，营务处道员马建忠、黄瑞兰，编修章洪钧，知府薛福成，提督周盛传、周盛休，总兵唐仁廉等文武将吏前往旅顺一行。经过一天多的详细勘察，对于该口形势所获印象至为深刻。旋将其观察所得正式向朝廷奏报，并将其建港计划一并提出。在其奏章中首言旅顺形势，谓“该口形势实居北洋险要，距登州各岛一百八十里，距烟台二百五十里，皆在对面，洋面至此一束，为奉直两省海防之关键”。继陈修建船坞炮台之利。谓其地“口内四山围拱，沙石横亙，东西两湾中浤，水深二丈余，计可停泊大兵船三只，小兵船八只。内有浅滩，其口门亦有浅地，拟用机器船逐渐挖浚。目前之快船、炮船及他日购到之铁甲船皆可驻泊，为北洋第一重捍卫。其口旁黄金山高四十丈，可筑炮台，以阻敌人来路”。最后则将经营旅顺的计划提出，请求朝廷的认可：“臣前委员会同德弁汉纳根经营修筑，凿石引泉，工程已得大半。其余局厂船坞各项，当陆续筹款建造，俟炮垒告峻，再酌调陆军防护。”旅顺的建港至此方才成为政府的正式决策。

对李鸿章最终选定旅顺口作为北洋海军军港和进行海防建设过程中，袁保龄起到了重要作用。

袁保龄，字子久，又字陆龛，河南项城人，生于道光二十一年（1841 年），举人出身。官内阁中书。前期主要功绩是为皇室纂修书籍，后期主要从事旅顺海防建设。袁保龄对旅顺口战略地位的认识极其深刻，光绪八年（1882 年）六月奉命实地考察北洋各海口后，认为“通筹形势无以易旅顺者，跨金州半岛突出大洋，水深不冻，山列屏障，口门五十余丈，口内两澳，四山围拱形胜天然，诚海军之奥去也。于此浚浅滩，展口门，创建船坞，分筑炮台，广造库厂，设外防于大连湾，屯坚垒于南关岭，与威海卫各岛遥为声援，远驭朝鲜，近蔽辽沈，实足握东亚海权匪第一北洋要塞也”。“旅顺为北洋第一险隘，可战可守，前有老铁山与南、北城隍岛最近，然亦有四十余里之海面。若水师得力，此两山炮台水雷足以助势，敌舟无敢轻过。……通计北洋形势，铁舰不能进大沽口，大是天生奇险，亦非必大舰驻守；大连湾口门太阔，是水战操场，未易言守；庙岛两面受敌，登州船不能进口；烟台一片平坦，形势最劣；芝罘岛、威海卫各足自守而无藏铁舰、驻大枝水师之地。龄六月泛舟遍抵各口，环观无以易旅顺者”。在他为李鸿章所献建立海防衙门大治水师六策之建军府策详陈了“用兵之道度地为先”，权衡扼数千里海疆 10 余处要地，“崇明弹丸之地”，“三面受敌；台湾“周岸巨浪山涌，终年如是”。北洋各口中，“烟台平旷显露，无险可扼”；“庙岛孤悬海中，地又狭小；登州水阔岸高，东北风起船无泊处；营口地势偏在东北；大连湾亦水师习战之区，周环数十里而非可言守”。“论者谓西国水师建阃择地，其要有六：水深不冻，往来无阻，一也；山列屏障，可避飓风，二也；路连腹地，易运粮粮，三也；近山多石，可修船坞，四也；口滨大洋，便于操练，五也；地出海中，以扼要害，六也。合此六者，海北则旅顺口，海南则威海卫耳。两地相去海程二百数十里，扼渤海之衢，而联水陆之气，此故天所以限南北也。若举数百万之费，经营两口，筑堤浚澳，建船坞，营炮台，设武库，数年以后规模大备。以旅顺口为海防大臣建牙水师各船归宿之地，以威海卫为海防大臣校阅水师各船操练之地，此固至当不易之法也”。袁保龄关于旅顺海防的见识，深得李鸿章的赏识。

光绪八年（1882 年）十月三日，袁保龄由烟台来到旅顺，主持旅顺海防建设。

旅顺口海防建设大致包括以下项目。

1. 建港坞

建港修坞分为两个阶段：第一阶段，光绪六年（1880 年）冬至光绪十二年（1886 年），是在聘用洋员辅助下，由清廷自主筹备与施工；第二阶段，光绪十三年（1887 年）至光绪十六年（1890 年），由清廷向外商招标，最后由法国人德威尼承包。光绪十六年（1890 年）九月，旅顺港建港工程告竣。北洋海军提督丁汝昌、直隶按察使周馥、津海关道刘汝翼等进行了验收。李鸿章在光绪十六年（1890 年）十一月五日奏折中列举主要项目如下：

旅顺船坞

（1）旅顺口东澳内“大石船坞长四十一丈三尺，宽十二丈四尺，深三丈七尺九寸八分，石阶、铁梯、滑道俱全”。“坞外停舰大石澳，东、南、北三面共长四百一十丈六尺八寸。西面拦潮大石坝长九十三丈四尺……，由岸面平地量至澳底，深三丈八尺二寸”。

（2）船坞四周“联以铁道九百七丈，间段设大小起重铁架五座”，“澳坞与各厂、库、码头等处，置大小电灯四十六座”。

（3）坞边建筑“修船各厂九座，占地四万八千五百方尺。计锅炉厂、机器厂、吸水锅炉厂、木作厂、铜匠厂、铸铁厂、打铁厂、电灯厂。又，澳之南岸建大库四座，坞东建大库一座，每座占地四千八百七十八方尺，各储船械杂料”。另有洋式办公楼三座。

（4）丁字形大铁码头一座，“修小轮船之小石坞，藏舢板之铁棚，系船浮标铁桩，以及各厂内一应修船机器，均一一设置完备”。

丁汝昌、周馥、刘汝翼等验收后，福州船政局马尾船厂制造的我国第一条铁壳军舰“平远”首先进坞检修。接着，北洋水师的 7 300 吨的“定远”号、“镇远”号及大小各舰先后入坞更换机器部件或修理。同时，坞边的 9 座厂房相继投入生产。不久，旅顺船坞局又扩建工厂，于坞旁添建吸水大铁房一座、船械局库一所，还在老虎尾上、白玉山下各建成大铁码头一座。

在旅顺建港修坞的筹备和施工中，用水的问题提到了重要日程。现立于旅顺水师营三八里村西南龙引泉水源地内的龙引泉碑，较为详细地记录了这一自来水工程。

龙引泉碑（碑阳）

龙引泉碑为汉白玉质，现下部残缺，碑阳阴刻魏碑体“龙引泉”3个大字，碑阴阴刻隶书体碑文。据碑和拓本，碑阴文字为：

钦命二品衔署理直隶津海关监督兼管海防兵备道

钦命镇守奉天金州等处地方副都统

钦命二品衔直隶按察使司按察使

钦加升衔署理奉天金州海防清军府

勒碑晓谕垂久事。案照旅顺口为北洋重镇，历年奉旨筹办炮台、船坞，驻设海军、陆师，合营局兵匠等役，各机器厂、水雷营电池及来往兵船，日需食用淡水甚多。附近一带连年开井数十口，非水味带咸，即泉脉不旺。目勘得旅顺口北十里地名八里庄有泉数眼，汇成方塘，土人呼为龙眼泉。其水甚旺，历旱不涸，如分其半，足供口岸水陆营局食用要需。应于其上建屋数楹，雇本地土人看守，以免牲畜作践。池外暗埋铁管穴山穿陇，迤逦以达澳坞四周及临海码头，至黄金山下水雷营等处。另分一管，添做池塘，专供该处旗民食用灌溉。前月据该处旗民联名禀称，所另分出之水日久无凭，恐全为军中所用，该处所有居民无水食用，恳请立碑存记等语。本司道等业据情详请钦差大臣督办北洋海军直隶爵阁督部堂李立案，并咨本副都统暨本厅，均照该旗民所请立之情，应会同勒碑晓谕，以便军民而垂久远。为此示，仰该处旗民人等一体遵照。特示。

右仰通知

光绪十四年五月

告示

碑立八里庄龙引泉上

从龙引泉碑文可知，在旅顺建港修坞的筹备和施工中，曾于周围“连年开井数十口，非水味带咸，即泉脉不旺”。为解决用水，袁保龄具文请拨船只运水，以解决供水问题。大约在光绪十四年（1888 年），“勘得旅顺口北十里地名八里庄有泉数眼，汇成方塘，土人呼为龙眼泉。其水甚旺，历旱不涸，如分其半，足供口岸水陆营局食用要需”。于是，规划“应于其上建屋数楹，雇本地土人看守，以免牲畜作践。池外暗埋铁管穴山穿陇，迤逦以达澳坞四周及临海码头，至黄金山下水雷营等处。另分一管，添做池塘，专供该处旗民食用灌溉”。从而，开始了旅顺自来水工程的建设，到光绪十六年（1890 年），工程全面完成，旅顺港、坞的用水问题得到解决。

2. 筑炮台

旅顺口建港之初，李鸿章即派遣德国炮台专家汉纳根赴旅勘察，修筑黄金山炮台。袁保龄到任后，又将炮台工程与建港工程同时进行。尤其是在中法战争时期，谣传法军可能北袭，更是加紧炮台的修筑。除黄金山炮台之外，又在旅顺口东西两岸，赶筑炮台多处。

（1）黄金山炮台。黄金山位于旅顺口东岸，襟山带海。炮台于光绪七年（1881 年）动工，至光绪九年（1883 年）五月大体完成，十月正式试炮。该炮台设有德国克虏伯工厂 240 毫米、120 毫米炮等 16 门。该台曾多次改造，工程浩大，先后用银 18.6 万余两，为旅顺海岸炮台之冠。

黄金山炮台

（2）崂嵂嘴炮台。崂嵂嘴，原称老驴嘴，袁保龄在后来的奏折中改为此名。位于旅顺口东岸，炮台于光绪十年（1884 年）动工，至光绪十一年（1885 年）竣工。初设 210 毫米炮 3 门，后改为 240 毫米炮 4 门、120 毫米炮 2 门、80 毫米小炮 4 门。用银 42 507 两。

（3）摸珠礁炮台。摸珠礁，原称母猪礁、老母猪礁，袁保龄在后来的奏折中改为此名。该炮台位于旅顺口东岸黄金山炮台之下，在黄金山与崂嵂嘴之间，于光绪十一年（1885 年）竣工。设有 210 毫米炮 2 门、120 毫米炮 6 门、80 毫米炮 4 门。用银19 038两。

（4）田鸡炮台（以田鸡炮命名）。该炮台位于旅顺口东岸黄金山西端，于光绪十一年（1885 年）正月动工，同年七月十日竣工。设有 150 毫米田鸡炮（射程 3 000 米以内）6 门。用银 1 754 两。

以上为旅顺口东岸炮台。

崂葎嘴炮台后台入口

摸珠礁炮台

（5）老虎尾炮台。老虎尾位于旅顺口西岸，与黄金山相对。该炮台于光绪十年（1884年）三月十九日动工，同年五月八日竣工。设有240毫米炮2门，后改为210毫米炮2门。用银3 792两。

（6）威远炮台。位于旅顺口西岸老虎尾西南小山前，与黄金山相对，由北洋水师提督丁汝昌命管驾“威远”号练船都司方伯谦（后升任“济远”舰管带）主持修筑的小土炮台。光绪十年（1884年）闰五月二十二日动工，同年八月八日竣工。初借用“威远”号练船小炮3门，继而改为“操江”轮旧炮，后设150毫米炮2门。用银3 425两。

（7）蛮子营炮台。位于旅顺口西岸威远炮台与馒头山炮台之间。该炮台光绪十年（1884年）六月动工。初用“镇海”轮小炮6门，九月十二日又增加120毫米炮3门。光绪十一年（1885年）十二月改为150毫米炮4门，并留有120毫米炮1门。用银6 393两。

（8）馒头山炮台。位于旅顺口西岸老虎尾半岛次高峰。该炮台于光绪十年（1884年）七月动工，次年春竣工。设有240毫米炮3门、120毫米炮4门。用银33 437两。

（9）团山炮台。位于旅顺口西岸老虎尾半岛西南端，为丁汝昌于光绪十年（1884年）闰五月在一艘接泥船上安装大炮而成。

（10）田家屯（城头山）炮台。位于旅顺口西岸老虎尾半岛馒头山炮台以西。该炮台

威远炮台

蛮子营炮台

馒头山炮台

于光绪十年（1884 年）闰五月修筑，为一土炮台，由舰炮临时配置而成。

以上为旅顺口西岸炮台。

上述 10 座炮台，除威远、团山和田家屯（城头山）3 座炮台外，其余 7 座炮台均由德国炮台专家汉纳根设计并主持修筑。这 10 座炮台除崂嵂嘴炮台为穹窖式外，其余 9 座均为露天式。

田家屯（城头山）炮台

1894 年甲午战争爆发后，又在西岸的老虎尾、威远炮台之间和城山头炮台以西各增建对海炮台 1 座，但火炮配置情况不明；在崂嵂嘴炮台以北也增建了蟠桃山炮台（又称崂嵂嘴后炮台）1 座。

上述旅顺口东西两岸炮台虽然布防较为严密，但只能防卫旅顺口正面之敌。为了加强旅顺口军港的综合防卫力量，从光绪十五年（1889 年）开始，朝廷又在旅顺口后路修筑陆路炮台。如果把旅顺口东西两岸炮台称为海防炮台，那么这些旅顺口后路陆路炮台可称为陆防炮台。

旅顺口背后（北面），自东向西有盘龙山、大坡山、小坡山、鸡冠山、二龙山、松树山、椅子山呈半月形分布拱卫着旅顺口。从光绪十五年（1889 年）到甲午战争爆发前的光绪十九年（1893 年），朝廷修筑了陆路防御炮台体系。以金州至旅顺大道为界，分为东西两大炮台群。东炮台群以松树山、二龙山、望台、鸡冠山、大坡山、小坡山等炮台组成；西炮台群以椅子山、案子山等炮台组成。

3. 建水雷营、鱼雷营

光绪十年（1884 年）正月初八日袁保龄致李鸿章《调员管理水雷营事务禀》中有“窃现值海防吃紧之时，旅顺口必须布置周密。查水雷、旱雷均属设防要需，而水雷起落安放理法更为精细，非专门久习未易穷其窔奥。上年二月间曾经职道等禀请，以在旅之艇勇四十名学习水雷，并另由大沽水雷营借拨头目二名、雷兵十名赴旅教习，刻下库已修成，各雷渐次运往……”，可知旅顺水雷营创建于光绪九年（1883 年）二月，但“事属经始，规模草创，尤必须精通事理、志力明干者派为管带，以收提纲领之效”。光绪十年（1884 年）三月初一，旅顺水雷营正式建成，袁保龄兼任管带。

旅顺鱼雷营是继水雷营后不久，由从威海调拨的一营官兵计 91 人组建而成。刘含芳任总办。刘含芳“熟谙西法，心精力果，于外洋制造器械及建置工程均能深研得失”。“自北洋办理海防，即派驻奉天旅顺口，综合水陆营务，会办船坞及炮台工程，创设鱼雷营，操练雷艇，添设水雷学堂，分建水陆师需用枪炮器械药雷子弹各库，均能认真督筹，条理精密……”。李鸿章深知“鱼雷为海上战守利器，理法精微。……现已练成鱼雷艇十余号，可备辅翼炮舰之用，为各省所未有”。

旅顺水雷制造厂内部

4. 通电报

随着旅顺口海防建设的进展，通讯联络提到了日程。光绪九年（1883 年）十月，袁保龄向李鸿章力陈“旅顺扼守渤海咽喉，西接津沽，北固辽沈，为北洋第一紧要门户，……陆路距津二千余里，即轮舟开驶亦必须二十三四点钟乃能至大沽。现值吃紧之际，军情敌势瞬息万变，设有缓急，无由禀承钧命”。经与同僚“再四商酌”，建议“由津过山海关、营口一路直达旅顺，速为设立电报，以通消息”。李鸿章也认识到“非赶设电线与以速调度而赴事机”，几次上奏。光绪十年（1884 年）中法战争传“法人兵舰声称不日北来，沿海防务吃紧”，遂批准“赶办山海关、营口至旅顺口沿海陆路电线以通军报”。这一工程于同年七月动工，十一月告竣。光绪十一年（1885 年）三月，这条电报线又延展至奉天，共架线 1778 里，用银 10.7 万两。是为我国东北第一条电报线。

清廷为与藩属国朝鲜之间的通讯联络计，于光绪十一年（1885 年）又架设了旅顺至汉城的电报线。这是我国东北最早的国际电报线。

5. 建医院

当时的旅顺口还建有“旅顺水陆弁兵医院”。该院由洋员汉纳根经手创办，聘用医生、购买药品、营建房舍等用银 4166 两。甲午战争日军侵入旅顺口后，日本随第二军记者龟井兹明日记中有这样的记载：“市街东北角的高地，有一处门上挂着出自李鸿章手笔大匾的‘北洋医院’。此医院乃清国半官半民性质，当时的院长是英国人瓦特博士。办公室、药店等划分得很清楚，十分完备，其仓库储藏的药品也全是精选的新式好药，……足可收容 200 名患者。”

6. 建灯塔

光绪十九年（1893 年），清朝廷为解决北洋舰队夜间航行导航问题，聘请英国人在海拔近 90 米的老铁山山岬上修建了灯塔，即老铁山灯塔。塔呈圆柱形，高 14.2 米，直径 6 米。塔身铁制，内有螺旋铁梯可登塔顶，主机由法国设计、制造，英国组装。老铁山灯塔建成后，为北洋舰队夜间活动提供了极大的方便。

老铁山灯塔

二、大连湾的海防建设

大连湾位于金州南 8 千米处黄海北部，是辽南黄海海域最大的海湾，是通往旅顺的咽喉要道。大连湾海防建设大致包括以下项目。

1. 筑炮台

大连湾炮台包括海岸炮台和陆路炮台，海岸炮台为和尚岛东、中、西炮台与老龙头炮台、黄山炮台；陆路炮台为徐家山炮台。自光绪十四年（1888 年）开始修筑大连湾炮台，至光绪十九年（1893 年）竣工。

和尚岛为大连湾左侧半岛，东、中、西 3 座炮台均设置 210 毫米和 150 毫米各 2 门。

老龙头炮台、黄山炮台均修筑在大连湾右侧的老龙岛半岛，其中老龙头炮台设置 240 毫米炮 4 门；黄山炮台设置 210 毫米和 150 毫米各 2 门。

徐家山炮台位于金州东南 8 千米的徐家山上，为陆路炮台，是清廷在大连湾沿岸修筑的唯一陆路炮台。徐家山炮台虽然名为陆路炮台，但实际上具有海陆两用的性质，可以控制大窑湾和大连湾以东海面。设置 150 毫米及以下口径炮 16 门。

2. 建水雷营

在光绪十四年（1888 年）修筑大连湾炮台的同时，还在和尚岛炮台西面建有水雷营，于光绪十六年（1890 年）建成，有鱼雷艇 9 艘，水兵 200 余人。水雷营正门石门额上有刘铭传于光绪庚寅（1890 年）所题“水雷营”3 个大字。

和尚岛中炮台

和尚岛西炮台

第四节 黄海海战

一、北洋海军的建立

海军是近代工业化的产物。1840 年英国发动鸦片战争，凭借船坚炮利，轰开了长期闭关锁国的中国的大门，使得当时先进的中国人开始萌发了建立海军的思想。林则徐认为，海军乃西洋“长技”，中国也应学习，“制炮必求极利，造船必求极坚”，与之角逐海上，方能“制胜”。后来魏源将这种思想概括为“师夷之长技以制夷”。

但是，中国发展海军的历程是几经曲折的。19 世纪 60 年代以前的中国人，不知道在封建生产方式的土壤上是产生不出强大的海军来的道理。鸦片战争后，一些官员面对“人操舟而我结筏”的现实，也曾博访洋船图式进行仿造，但仍抱着旧的观念来看待海军这个新事物。19 世纪 40 年代末，西方国家已在军舰上使用螺旋推进器。进入 50 年代后，英国、法国等国家都开始了螺旋推进器蒸气舰的建造。与此同时，木壳军舰也逐步被带有护甲的铁甲舰或钢壳军舰所代替。而中国的仿造者却只求船型相似，安脚踏水轮以求船之速，选坚实木料并蒙以生牛皮以求船之坚，以为靠手工匠人依样画葫芦，即可成功。这当然不会有任何效果。到 19 世纪 60 年代初，曾国藩和左宗棠继续在安庆、杭州自行仿造轮船，还是遭到了失败。这时他们才意识到，制造轮船不引进机器生产技术是不行了。经过了四分之一个世纪，且遭到多次严重挫折之后，中国人在造船问题上的观念才发生了改变。

1874 年日本侵略台湾事件发生后，引起朝野的震动，恭亲王提出了“练兵、简器、造船、筹饷、用人、持久”6 条紧急机宜，原江苏巡抚丁日昌提出《拟海洋水师》章程入奏建议建立三洋海军，李鸿章则提出暂弃关外、专顾海防。在洋务派的一致努力下，“海防”之论压倒“塞防”，清朝廷决心加快建设海军。

1875 年 5 月 30 日，清朝廷下令由沈葆祯和李鸿章分任南、北洋大臣，从速建设南、北洋水师，并决定每年从海关和厘金收入内提取 400 万两白银作为海军军费（实际用在购置军舰款项仅为每年 100 万两），由南、北洋分解使用，南洋大臣沈葆祯认为“外海水师以先尽北洋创办为宜，分之则难免实力薄而成功缓”，清朝廷认为当时的主要假想敌是日本，北洋水师又是负责守卫京师，遂采纳沈葆祯的建议，先创设北洋一军，待北洋水师实力雄厚后，“以一化三，变为三洋水师”，确定了优先建设北洋水师，北洋的成军之路由此开始。命直隶总督、北洋大臣李鸿章创设北洋水师。李鸿章通过总税务司赫德在英国订造 4 舰炮船，开启了清朝廷向国外购军舰的历史。1879 年，向英国阿姆斯特朗船厂订造巡洋舰“扬威”号和“超勇”号。由于对在英国定造的军舰不满意，1880 年，经过反复比较向德国伏尔铿船厂订造“定远”号、“镇远”号 2 艘铁甲舰。1881 年，先后选定在旅顺和威海两地修建海军基地。1885 年，海军衙门成立，李鸿章遣驻外公使分别向英国、德国订造“致远”号、“靖远”号、“经远”号、“来远”号 4 艘巡洋舰。

北洋舰队“定远”号旗舰

1888 年 10 月 7 日，清朝廷颁布了《北洋海军章程》，标志着北洋海军正式成军。当时的北洋舰队，拥有大小舰艇 25 艘。后续又有舰艇调进。到 1894 年甲午战争爆发前夕，北洋舰队的舰艇总数达到 42 艘，吨位 4.5 万余吨。

二、黄海海战的爆发

光绪二十年（1894 年）9 月 17 日，清北洋舰队和日本联合舰队在黄海大东沟（今东港市）一带海面进行了一场大海战。这次海战发生在辽宁丹东大东沟一带海面，海战战场多次扩展到辽宁大连庄河一带海面，故有学者又称这次海战为辽南海战。

1894 年 9 月，日军大举入朝，对清朝在朝鲜的军队构成巨大威胁时，清朝廷为了增强在朝鲜的清军实力，决定向朝鲜增兵。因陆路运兵速度过慢，故清朝廷决定利用海路增兵。但海路自丰岛海战后已处于战争状态，故清朝廷决定派北洋舰队护航。为此清政府雇用中国轮船招商局“新裕”号、“图南”号、“镇东”号、“利运”号、“海定”号 5 艘运船，运送驻防大连湾总兵刘盛休部铭军 10 营 4 000 余人到鸭绿江口大东沟登岸，然后由陆路转赴朝鲜，增援在平壤的清军。

9 月 15 日，轮船招商局的运船驶抵大连湾，开始装运清军和辎重。

9 月 16 日凌晨 1 时，北洋舰队在运兵船装载完毕后，先向鸭绿江口大东沟一带搜索前进。凌晨 2 时即北洋舰队出发 1 小时后，运兵船起航，沿护航队方向进发。当天下午北洋舰队顺利抵达鸭绿江大东沟口外。因港内水浅，为保证陆军的顺利登陆，丁汝昌下令“镇中”号、“镇南”号二炮舰及鱼雷艇护卫运兵船入口，同时还令“平远”号、“广丙”号二舰于鸭绿江口外下锚，担任警戒。其余“定远”号、“镇远”号、“致远”号、“靖远”号、“来远”号、“经远”号、“济远”号、“广甲”号、“超勇”号、“扬威”号 10 舰在距口外 12 海里的大鹿岛东南一带下锚，警戒日舰。就在北洋舰队到达鸭绿江口后不久，5 艘运兵船也相继抵达鸭绿江口外指定地点。

17 日凌晨，运兵船上铭军官兵和辎重、马匹俱已登岸，北洋舰队完成了护航任务。上午 8 时，完成护航任务的北洋舰队决定午饭后返航。9 时起，舰队照惯例在舰上进行操练，10 时 30 分许操练结束。此时，“镇远”舰瞭望哨兵“发现敌舰”。提督丁汝昌获悉后登上甲板，“遥见西南有烟东来，知是倭船”，[①] 即刻令北洋舰队各舰升火以待，提前吃午饭，做好战斗准备。但因此时日舰距离尚远，丁汝昌与洋员汉纳根、“定远”管带刘步蟾等人齐集定远飞桥之上，一面观察日舰情形，一面商量应敌之策。随后，丁汝昌又下令各舰起锚迎敌，并以信号旗召唤停在大东沟口内的“平远”号、“广丙”号等舰前来参战。于是北洋舰队在旗舰“定远”号的率领下，以每小时 5 海里速度向日舰驶去。

早在丰岛海战后不久，北洋舰队士兵就“渴欲与敌决一快战，以雪‘广乙’、‘高升’之耻。士气旺盛，莫可名状”。当在大东沟一带海面发现日舰，丁汝昌下令“各舰实弹，准备战斗”后，北洋“各舰发出的战斗号角，响彻整个舰队。不久，从我多艘烟筒冒出黑色浓烟，工作在舰底深处的轮机兵，早已关闭锅炉室，采用强压通风，尽量加大锅炉火力，准备应急”同时“甲板上到处撒有细砂，以防执勤中滑倒”。[②]当北洋舰队以每小时 5 海里速度向日舰驶去时，北洋舰队各舰士兵们“头卷辮发，赤裸两臂，肤色淡黑的壮士，一群、二群直立于甲板炮旁，等待厮杀”。[③]“全体将士同仇敌忾，定睛凝视日本舰队，充满勇气和信心”。[④]

10 时 30 分许，几乎与北洋舰队发现日舰同时，日本联合舰队也发现了北洋舰队。自丰岛海战结束后，日本联合舰队进行了改编，由“松岛”号（旗舰）、“岩岛”号、“桥

---

① 《清光绪朝中日交涉史料》（1738），见《中日战争》丛刊，第 3 册，第 134 页。

② （美）马吉芬：《鸭绿江口外的海战》，《中日战争》丛刊续编，第 7 册，第 274 页，第 275 页。

③ （美）马吉芬：《鸭绿江口外的海战》，《中日战争》丛刊续编，第 7 册，第 275 页。

④ （美）马吉芬：《鸭绿江口外的海战》，《中日战争》丛刊续编，第 7 册，第 274 页。

立”号、“千代田”号、“扶桑”号、“比睿”号6舰组成本队；“吉野”号（旗舰）、“秋津洲”号、“高千穗”号、“浪速”号4舰组成第一游击队；“金刚”号、“葛城”号、“大和”号、“武藏”号、“高雄”号、“天龙”号6舰组成第二游击队；“筑紫”号、“爱宕”号、“摩耶”号、“鸟海”号、“大岛”号5舰组成第三游击队；“八重山”号、“盘城”号、“天城”号、“近江丸”号为本队附属舰。“山城丸”号为鱼雷艇母舰。日本联合舰队在对舰队进行改编的同时，还决定在黄海一带海面寻找北洋舰队主力进行决战，“聚歼清国舰队于黄海”。为此，日本联合舰队司令官伊东祐亨于9月14日亲率本队、第一游击队、第三游击队开往朝鲜浅水湾，并向大同江一带进发，以寻找北洋舰队主力进行决战。9月15日，日本联合舰队到达朝鲜黄海道大东河口附近大青岛一带，没有找到北洋舰队。日本联合舰队决定以朝鲜大同江口渔隐洞为临时根据地，以便进一步寻找北洋舰队。9月16日，日本联合舰队接到北洋舰队因护航清军正停泊在大鹿岛一带的电报。17时，日本联合舰队由渔隐洞出发，向黄海北部一带游弋。17日凌晨抵达海洋岛（今属长海县），也未发现北洋舰队，于是变换方向向东北方的大鹿岛一带进发。10时23分，日本联合舰队来到大东沟一带海面。几乎就在北洋舰队发现日舰同时，日舰也发现了北洋舰队。① 但由于相隔甚远，一时不能断定为商船还是军舰。不久，当两舰距离稍近一些时，日舰始确定为北洋舰队军舰至少在3艘以上。于是伊东祐亨立即下达准备作战命令，同时命令士兵提前用餐。中午12时零5分，伊东祐亨“命各舰就战斗位置”，并将全部舰队布成为单纵阵。于是日舰12艘，以“吉野”号、“高千穗”号、“秋津洲”号、“浪速”号4艘快速巡洋舰组成的第一游击队为前导，“松岛”号、“千代田”号、“岩岛”号、“桥立”号、“比睿”号、“扶桑”号6舰组成的本队紧随其后，“西京丸”号、“赤城”号二舰在本队左侧先后跟随，以每小时10海里速度向北洋舰队驶来。海军少将坪井航三以“吉野”号为旗舰，指挥第一游击队；海军中将、联合舰队司令伊东祐亨以“松岛”号为旗舰，指挥整个舰队；军令部长桦山资纪乘坐“西京丸”舰观战。与此同时，伊东祐亨因见北洋舰队阵势严整，担心士兵产生畏惧情绪，为缓解士兵心理压力，特下令准许士兵“随意吸烟，以安定心神”。②

当双方舰队接近至用望远镜可以观察到对方军舰数量时，丁汝昌见日舰来势凶猛，为了能更好地发挥北洋舰队舰首主炮威力，下令将舰队由犄角鱼贯阵改为犄角雁行阵，“以‘镇远’号、‘定远’号两铁甲居中，而张左右翼应之”，③ 各舰之间距离相隔400米。同时丁汝昌还下令舰队将舰速由原来的每小时5海里加快至每小时7海里，不久又加快至8海里。队形变换后的北洋舰队，“定远”号作为旗舰处于舰队中央，“镇远”号、“来远”号、“经远”号、“超勇”号、“扬威”号居于右侧，“靖远”号、“致远”号、“广甲”号、“济远”号处于左侧，形成“人”字形阵形，恰如一把锋利的钢刀，直插日本舰队。

---

① 按：日舰发现北洋舰队时间各资料记载不尽相同，或记载为“午前九点半”钟（参见（日）浅野正恭：《近世海战史》，又见张侠等编，《清末海军史料》，第871页）；或记载为“上午十时半”（参见日海军有终会编：《近世帝国海军史要·日清战争》，又见张侠等编：《清末海军史料》，第853页）；或记载为“午前11时25分”（参见《日方记载的中日战争》，见《中日战争》丛刊，第1册，第240页）。待考。

② （日）川崎三郎：《日清战史》，第7编（上），第116页。转引自戚其章著：《甲午战争史》，第141页。

③ 姚锡光：《东方兵事纪略》，《中日战争》丛刊第1册，第67页。

12 时 50 分，随着双方舰队的不断驶近，一场激烈的海战终于不可避免地打响了。

1894 年 9 月 17 日的黄海海战，双方参战军舰数量之多，海战时间之长，海战之激烈，在世界海战史上都是罕见的。这场海战历时近 5 个小时，大体可以分为三个阶段①。

1. 第一阶段——勇冲敌阵

自 12 时 50 分海战打响至 14 时许，约 1 小时 20 分钟。在此阶段，由于北洋舰队作战勇敢，队形严整，始终居优势地位。日本舰队由于受“赤城”号、“西京丸”号、“比睿”号等弱小军舰的牵扯，难以发挥优势，故在这一阶段中处于劣势和被动地位。

为了争得海战主动权，北洋舰队一面以每小时 8 海里速度向敌舰驶近，一面以舰首主炮指向敌人。日本联合舰队第一游击队则企图利用自己高速灵活的优势，绕过北洋舰队“定远”号、“镇远”号主力舰，与其本队一起对北洋舰队形成前后夹击的局面，为此日舰第一游击队向北洋舰队高速驶来。12 时 50 分，当双方舰队相距 5. 3 千米（一说 3 千米）时，北洋舰队旗舰“定远”号首先开炮，其他各舰也相继发炮。其中“镇远的十二吋炮一弹命中日本先锋队某舰”。12 时 55 分（一说 53 分），日本联合舰队驶至距北洋舰队 3 000米时也发炮还击。一场惊心动魄的海战开始了。

黄海海战打响后，北洋舰队即以犄角雁行（即人字形）阵向敌舰冲去，日舰第一游击队因惧怕北洋舰队“定远”号、“镇远”号二铁甲舰舰首重炮轰击，故早在远距北洋舰队 5 千米以外的海面即开始向左大转弯，以每小时 14 海里的高速，一面用炮火猛烈轰击北洋舰队，一面绕过定、镇二舰，向右飞驶，企图直扑北洋舰队右翼的“超勇”号、“扬威”号二舰。12 时 55 分后，当第一游击队进至距“超勇”号、“扬威”号 3 千米时，开始向“超勇”号、“扬威”号二舰进行猛烈炮击。“超勇”号和“扬威”号两舰虽面临强敌，身入险境，但舰上的官兵毫不畏惧，奋勇抵抗。无奈“超勇”号和“扬威”号二舰毕竟是弱舰，下水舰龄已达 13 年（1881 年下水），且“舰内的间壁都是木造，外观很好，涂有厚漆，”② 老朽陈旧，速度缓慢，炮火不济，防御力极低。故两舰虽拼死抵抗，但终究不是 4 舰对手。交战后不久，即被第一游击队击中起火，但两舰官兵毫不畏惧，一面扑火，一面发炮还击。

在海战初期，日舰第一游击队虽对“超勇”号、“扬威”号两舰进行围攻，并不断击中两舰，但在“超勇”号、“扬威”号两舰顽强抵抗下，一颗炮弹击中“吉野”号，“打死海军少尉浅尾重行及水兵 1 名，伤 9 名，并引起火灾。”③接着，“高千穗”号、“秋津洲”号也中数弹。虽然第一游击队遭到“超勇”号和“扬威”号等舰的沉重打击，但第一游击队仍死死咬住“超勇”号和“扬威”号两舰不放，猛攻不已。

12 时 55 分，就在日舰第一游击队绕过北洋舰队阵前，直扑“超勇”号、“扬威”号两舰时，其本队 6 舰恰好驶至北洋舰队阵前。于是北洋舰队抓住有利时机，利用舰首主炮，狠狠打击日舰，日舰也拼命还击，双方展开激战。激战不久，一颗炮弹遽然飞来，“正中‘定远’号之桅，桅顶铁瞭望楼中，有七人焉，弹力猛炸，与桅同坠海底。又有一

① 有学者将其分为 4 个阶段（见戚其章著：《北洋舰队》、《甲午战争史》），本文从三阶段说。

② （美）马吉芬：《鸭绿江口外的海战》，《中日战争》丛刊续编，第 7 册，第 276 页。

③ （日）海军军令部：《二十七八年海战史》上卷，第 6 章，东京春阳堂 1905 年版，第 171 页。

实心弹至，击中汽管，幸而未断。在‘定远’号舱面助战之西员哈卜门，受伤下舱，向在英国炮船之武弁尼格路士，急至船首，代司其事。”与此同时，正在瞭望台上指挥战斗的丁汝昌，因舰身“猛簸”，“抛坠舱面”[①]，身受重伤，不能指挥战斗。接着日舰排炮又将“定远”舰上帅旗击落，信号索具也毁。自是“定远”舰信号无法发出，北洋舰队失去指挥和联络。

虽然北洋舰队失去指挥和联络，但北洋舰队广大官兵仍然或各舰为战，或互相配合，还是给日舰以沉重打击。就在“定远”舰遭到日舰攻击同时，日舰旗舰也遭到北洋舰队猛烈轰击。12 时 55 分，北洋舰队一弹击中“松岛”号，打伤 2 名炮手，将一门 32 厘米口径大炮旋转装置毁坏，并使水压管破损。在北洋舰队强大炮火打击下，以“松岛”号为首的日本本队被迫急转舵向北洋舰队右前方驶去。

就在“松岛”号等舰向北洋舰队右前方驶去时，日舰本队“比睿”号、“扶桑”号、“西京丸”号、“赤城”号等舰，因速度较慢，落于后方，被北洋舰队“人”字形阵尖将其与本队“松岛”号、“千代田”号、“严岛”号、“桥立”号等舰拦腰截断一分为二。于是北洋舰队“定远”号、“镇远”号及右翼“来远”号、“经远”号各舰发炮猛轰“松岛”号、“千代田”、“严岛”号、“桥立”号等舰。而北洋舰队左翼“靖远”号、“致远”号、“广甲”号、“济远”号等舰则猛烈轰击“比睿”号、“扶桑”号、“西京丸”号、“赤城”号等舰。13 时零 3 分，“定远”号一炮再中“松岛”号，打死 1 人伤 3 人，并将第 7 号炮位击毁。与此同时，“比睿”号等后续舰只在北洋舰队猛烈轰击下，“不能继行，终成孤军”。“比睿”号走投无路，冒死闯入北洋阵中，企图在“定远”号、“靖远”号之间穿过[②]，取近路与本队会合。结果陷入“定远”号、“靖远”号、“广甲”号、“济远”号等舰包围之中，遭到猛烈轰击。“比睿”号不久又被“定远”号 30.5 厘米巨炮击中右舷，炮弹在后樯中爆炸，直至 13 时 55 分，“比睿”号才侥幸逃出重围。这时“比睿”号虽侥幸逃出重围，但伤亡惨重，死伤已达 50 人之多。且逃出去的“比睿”号，还“体无完肤，船体、桅、索具等悉遭破坏”[③]，已完全丧失战斗能力，不得不挂出“本舰火灾退出战列”信号，向南驶去，首先退出战斗。

“比睿”号逃出重围后，北洋舰队左翼又以 800 米近距离对日舰“赤城”号进行猛烈轰击。“赤城”号是参战日舰中最弱的一艘军舰，落在最后面。当“比睿”号驶至中国北洋舰队犄角雁行阵阵首时，“赤城”号还位于其后方，当“比睿”号冒死从北洋舰队阵中穿过时，“赤城”号恰好暴露在北洋舰队炮火之下。于是“来远”号、“致远”号、“广甲”号各舰直扑赤城，猛烈轰击。在北洋舰队猛烈打击下，“赤城”号中弹累累，死伤甚多。14 时 30 分，“赤城”号逃离战场。

在第一阶段中，北洋舰队处于优势地位。由于北洋舰队广大官兵作战勇敢，故北洋舰队在这一阶段中尚能“全舰队保持鳞次阵形，并以 6 节速度前进。各舰相互保持一定间隔”[④]，而日本舰队鱼贯纵阵则已被打乱。

---

① 蔡尔康等编：《中东战纪本末》，见《中日战争》丛刊，第 1 卷，第 170 页。

② “比睿”号若照直前行，将与北洋舰队“定远”号、“镇远”号等舰相撞，故被迫冒险。

③ 日本海军有终会编：《近世帝国海军史要・日清战役》，见张侠等编，《清末海军史料》，第 860 页。

④ （美）马吉芬：《鸭绿江口外的海战》，《中日战争》丛刊续编，第 7 册，第 276 页。

2. 第二阶段——北洋舰队的失利

自14时许至15时半许为黄海大海战第二阶段。在此阶段中，由于日本舰队对北洋舰队形成前后夹攻的局面，北洋舰队开始失利。

在海战第一阶段中，当“比睿”号、“赤城”号处于北洋舰队猛烈轰击的危险处境时，军令部长桦山资纪乘坐的“西京丸”号也已驶到北洋舰队前列。这时“西京丸”号见“比睿”号、“赤城”号处境危险，便连连发出“比睿、赤城危险”信号，召唤其他日舰来援。伊东祐亨见状，不得不发出“第一游击队回航”信号。这时日舰第一游击队已绕至北洋舰队右翼，正在猛攻“超勇”号、“扬威”号两舰，见旗舰“松岛”号发出救援信号，不得不向左变换方向，以全力向北洋舰队前方驶去，以解救“比睿”号、“赤城”号两舰，并不断发炮向北洋舰队攻击。由于第一游击队距离“比睿”号、“赤城”号两舰距离较远，故等到第一游击队返回之时，“比睿”号、“赤城”号两舰早已逃离海战战场了。

当第一游击队向左转向，回援“比睿”号、“赤城”号两舰时，伊东祐亨则率领本队继续向右转向，不久绕到北洋舰队背后，恰好与第一游击队形成前后夹击局面，北洋舰队开始处于不利地位。但在这时，北洋舰队原停泊在大东沟的“平远”号、“广丙”号两舰及港内“福龙”号、“左一”号两鱼雷艇接到信号后也已赶到海战战场，当“平远”号、“广丙”号、“福龙”号、“左一”号由东北方向驶来参加海战之时，正与日本本队相遇，于是“平远”号、“广丙”号等舰立即向日舰发动进攻。战至14时30分时，“平远”号在距松岛2 200米处，“发射二十六公分炮弹一发，命中松岛左舷军官室，贯穿鱼雷用具室。打死左舷鱼雷发射员4名”[①]。15时10分又击中一炮，炮弹“打穿左舷中央鱼雷室上部，在大樯下部爆炸。打死左舷鱼雷发射员2名”[②]。等到15时15分时，“严岛”号又被“平远”号击中两炮。但与此同时，“平远”号舰也被日舰松岛击中，主炮被炸毁，舰上燃起大火。“平远”号管带、都司李和为扑灭大火，不得不下令将船向大鹿岛驶去，“广丙”号也随之驶去。就在“平远”号、“广丙”号向“松岛”号、“严岛”号发动进攻时，北洋舰队鱼雷艇“福龙”号和“左一”号也已驶近“西京丸”号，向“西京丸”号发动进攻。原来，就在“西京丸”号发出“比睿、赤城危险”信号尚未来得及逃走之时，就被“镇远”号、“定远”号追上，遭“定远”号、“镇远”号两舰猛烈轰击。14时15分，“定远”号30.5厘米巨炮又先后击中“西京丸”号左、右舷及上甲板，将“西京丸”号气压计、航海表、测量仪器等全部击毁，通往舵轮机的蒸气管亦被打坏，蒸气舵机无法使用，不得已“‘西京丸’号乃以舵索代替舵机，仅能勉强航行”[③]。正在这时，恰好“福龙”号鱼雷艇赶到。“福龙”号见“西京丸”号受伤，便乘机向“西京丸”号高速逼近，当两舰相距400米时，“福龙”号先发一颗鱼雷，直射“西京丸”号，但由于偏右未中。接着“福龙”号再发一颗，却从“西京丸”号右舷15英尺（约合4.5米）处穿过。“福龙”号继续高速前进，在逼近“西京丸”号40米处又对“西京丸”号发射一颗鱼雷。这时“西京丸”号想再躲避已来不及了，桦山资纪见状大骇，目瞪口呆，“以为我事已毕，

① （日）海军军令部：《二十七八年海战史》，第6章，第197页。

② （日）海军军令部：《二十七八年海战史》，第6章，第199页。

③ 《日方纪载的中日战史》，见《中日战争》丛刊，第1卷，第218页。

相对默然”。但由于距离过近，鱼雷由“西京丸”舰下通过，未能触发，“西京丸”号得以侥幸逃离战场。这时，由于日舰对北洋舰队前后夹击局面已经形成，北洋舰队开始处于腹背受敌的不利局面。在北洋舰队后面，日本本队已绕至北洋舰队背后，不但开始从北洋舰队背后进行猛烈轰击，而且集中力量加紧围攻“超勇”号、“扬威”号两舰。在日本本队火力攻击下，“超勇”号、“扬威”号两舰处境更加危险了。事实上，早在海战之初，当第一游击队向超、扬两舰发动围攻时，超、扬两舰就已多处中炮，并燃起大火。但两舰官兵并没有被优势敌人所吓倒，他们一面救火，一面抗击。13 时许，当“比睿”号冒死闯入北洋阵中时，“超勇”号官兵一面灭火，一面还与北洋舰队其他军舰一起向“比睿”号发炮轰击。不久“比睿”号逃走。接着日舰本队绕至北洋舰队阵后，聚攻“超勇”号。“超勇”号孤立无援，寡不敌众，终于在 14 时 23 分，在日舰密集炮火攻击下，在东经 123 度 32 分 1 秒、北纬 39 度 35 分海面沉没。管带黄建勋落水后，“左一”号鱼雷艇驶近抛长绳以救，黄不就，从容死难，舰上官兵也大都牺牲。

被北洋舰队炮火击伤的日本“西京丸”甲板

“超勇”号沉没后，“扬威”号也“开始时甲板上水，通道变成水路，不仅首尾两炮被隔断，而且弹药供应也断绝。正在进退维谷”时[①]，日舰围攻，“敌炮纷至”，不得已向大鹿岛退却，中途搁浅。

就在“超勇”号沉没，“扬威”号搁浅之际，日舰第一游击队正“以快船为利器”，疯狂进攻北洋舰队阵前“定远”号、“镇远”号、“致远”号、“来远”号等舰。

双方激战良久，至 15 时零 4 分，“定远”号忽中一炮，“击穿舰腹起火，火焰从炮弹炸开的洞口喷出，洞口宛如一个喷火口，火势极为猛烈”[②]。日舰第一游击队见“定远”号起火，抓住战机，竭尽全力向“定远”号扑来。在这关键时刻，“镇远”号管带林泰曾下令将“镇远”号开足马力驶向“定远”号之前，以掩护“定远”号。“致远”号管带邓世昌也下令，“‘致远’开足机轮，驶出‘定远’之前”[③]。在“镇远”号、“致远”号掩护下，“定远”号终将大火扑灭，转危为安，但“致远”号却因此而受重伤。“致远”

① （美）马吉芬：《鸭绿江口外的海战》，《中日战争》丛刊续编，第 7 册，第 277 页。

② 《日清战争实记》，转引自戚其章：《甲午战争史》，第 153 页。

③ 《清光绪朝中日交涉史料》（1738 年），见《中日战争》丛刊，第 3 卷，第 134 页。

号本是一艘战斗力很强的巡洋舰，在管带邓世昌指挥下更是勇往直前，所向披靡。但在战至15时许，终因作战勇敢，伤痕累累，弹药也快用完了。以往学者几乎都引用姚锡光《东方兵事纪略》等资料，称“致远”号在掩护“定远”号之时，恰好与日舰“吉野”号相遇。邓世昌见“吉野”号依仗船快炮利，肆行无忌，便对大副陈金揆说：“倭舰专恃吉野，苟沉是船，则我军可以集事”[1]，下令开足马力向“吉野”号撞去。舰中人员见状“秩序略乱。公（即邓世昌——引者）大呼曰：‘吾辈从公卫国，早置生死于度外。今日之事，有死而已！奚纷纷为?’众为之肃然。”[2] 于是致远“鼓轮怒驶，且沿途鸣炮，不绝于耳，直冲日队而来。”[3] 日舰第一游击队见“致远”号冲来，便集中火力向“致远”号连连轰击，有数颗榴弹同时命中“致远”号水线，致使其舷旁鱼雷发射管内鱼雷爆炸，右舷随即倾斜，时为15时20分。15时30分，“致远”号终于在东经123度34分，北纬39度32分黄海海面上沉没[4]。其实，“致远”号的时速决定了其不可能撞上逃跑的“吉野”号。“致远”号的时速为18节，到黄海海战时已不能达到当时的时速，而“吉野”号时速为23节，如果“吉野”号逃跑，“致远”号是追不上的。外国人的资料中有多处证明“致远”号是冲向日本联合舰队本队旗舰“松岛”号的。邓世昌是要斩帅夺旗，一举打乱日舰指挥中枢，这更显邓世昌顾全大局，视死如归的大智大勇，其精神更为伟大，危险性也更大。

日本联合舰队“吉野”号军舰

“致远”号沉没后，全舰官兵除7人遇救外，其余200余人全部遇难。邓世昌落水时，“有讽以自免者，公抚膺曰：吾志靖敌氛，今死于海，义也。何求生为?！舰沉，公犹植立水中，奋掷詈敌。”仆人刘忠游到邓世昌身边，将游泳圈交给他，邓世昌拒绝了。左一鱼雷艇赶来相救，亦不应。邓世昌平时蓄一爱犬，名“太阳犬”，这时亦游至邓世昌身边，

① 姚锡光：《东方兵事纪略》，见《中日战争》丛刊，第1册，第67页。

② 池仲佑：《邓壮节公事略》，《海军实纪 · 甲午海战海军阵亡死难群公事略》，见张侠等编：《清末海军史料》，第355页。

③ 《英斐利曼特而水师提督语录并序》，见《中日战争》丛刊，第7卷，第550页。

④ 笔者认为，邓世昌指挥“致远”舰不是要撞沉“吉野”舰，而是冲击日本联合舰队本队，因为“致远”舰的航速远远低于“吉野”舰，根本不可能撞到。

北洋舰队“致远”号军舰管带邓世昌

被日舰击沉的北洋舰队“致远”号军舰

“衔公臂，不令溺，公斥之，复衔公发”，邓世昌“以阖船俱没，义不独生”，“望海浩叹，扼犬竟逝。”①

此后，北洋舰队随着“超勇”号、“致远”号等舰的沉没，处境越来越危险了。在这关键时刻，一些人贪生怕死，经不起考验，带头逃跑，严重影响了北洋舰队的战斗力和士气。首先带头逃跑的是“济远”号管带方伯谦。“致远”号沉没后，方早已吓得魂飞魄散，担心日舰集中火力对付自己，慌忙转舵逃走。并将舰上大炮用“巨锤击坏，以作临阵先逃之借口”②。逃跑中由于慌不择路，竟将负伤累累的“扬威”号撞上。“扬威先已搁

① 池仲佑：《邓壮节公事略》，《海军实纪·甲午海战海军阵亡死难群公事略》，见张侠等编：《清末海军史料》，第355页；《清光绪中日交涉史料》（1738年），见《中日战争》丛刊，第3卷，第136页。按，邓世昌牺牲之日，恰值他旧历46岁生日之际（旧历八月十八日）。又据参加黄海海战的镇远舰美籍雇员马吉芬少校战后回忆：“‘致远’舰内幸存者只有七名海军士兵……他们所说，各不相同，难以置信。但唯有一点说法一致。据说，邓舰长平时饲养一头大狗，性极凶猛，常常不听主人之命。‘致远’号沉没后，不会游泳的邓舰长抓住一块船桨木板，借以逃生。不幸狂犬游来，将其攀倒，手与桨脱离，惨遭溺死。”（见（日）海军军令部编：《二十七八年海战史·别卷》，东京春阳堂1905年版，第582页）

② （英）泰莱撰，张荫麟译：《泰莱甲午中日海战见闻记》，见《东方杂志》卷28，第6号。

浅，不能转动，济远撞之，裂一大穴，水渐汩汩而入。”[①] “扬威”号管带林履中见状愤而蹈海死，时左一鱼雷艇驶至抛长绳以救，林履中推而不就随波而没，牺牲时年仅42岁。舰上官兵除65人遇救外，其余均英勇赴难。

“济远”舰逃跑时撞坏“扬威”号，但仍继续逃跑，9月18日晨2时逃回旅顺。方伯谦逃回旅顺后，“还捏词打电报给天津（即给李鸿章——引者），说曾击沉日舰四艘，但因自己所带的军舰中炮，不得不退出战阵！”[②]

方伯谦率先逃跑，“广甲”号管带吴敬荣见有机可乘亦率舰逃跑，因慌不择路，在大连湾三山岛外触礁搁浅。吴敬荣见状忙率众弃船登岸逃命。海战后第二天，北洋舰队派“济远”号将“广甲”号拖回旅顺港内。“济远”号来到后猛拖不起，恰值日舰“浪速”号、“秋津洲”号游弋而至，“济远”号见状急退回大连湾内，“广甲”号被日舰用鱼雷击得粉碎。

“济远”号、“广甲”号逃跑，日舰第一游击队曾拼力追赶，但因相距较远难以追上，被迫折回转攻“经远”。“经远”号此时已被划出北洋舰队阵外，势单力薄，多处受伤，舰上也已着火。但“经远”号不畏强敌，沉着应战，管带林永升“发炮以攻敌，激水以救火，依然井井有条，遥见一日舰，似已受伤，即鼓轮以追之。”[③] 结果被日本联合舰队第一游击队死死咬住，环攻不已，“经远”号以一抵四，拒战良久，终因寡不敌众，“船身碎裂”[④]。激战中，“经远”号中弹，林永升头裂牺牲。17时29分“经远”号在大连庄河黑岛老人石礁石南650米处沉没[⑤]，全舰官兵除16人遇救外，其余全部英勇殉难。

至此，北洋舰队已沉没4舰，逃走2舰，北洋舰队处境更加艰难了。

3. 第三阶段——力挽危局

第三阶段自下午15时30分开始至17时50分止，历时大约2小时20分。在此阶段，虽然北洋舰队处于敌强我弱的劣势，但北洋舰队力挽危局，奋勇抵抗，结果在海战战场上出现较长时间的敌我相持的局面。

15时半以后，北洋舰队由于已先后损失6舰，仅剩“镇远”号、“定远”号、“来远”号、“靖远”号4舰了。敌我力量对比，北洋舰队处于明显劣势。但更为严重的是，这时的北洋舰队被日舰一分为二，处于日舰夹击包围中。因此这时北洋舰队的处境是更加不利了。

---

① 蔡尔康等编：《中东战纪本末》，见《中日战争》丛刊，第1卷，第168页。

② 中国近代经济史资料丛刊编辑委员会编：《中国海关与中日战争》，中华书局1983年版，第58页。

③ 蔡尔康等编：《中东战纪本末》，见《中日战争》丛刊，第1卷，第168页。

④ 据日方材料记载说：“经远”舰被“吉野”舰炮弹击中左舷水线装甲带，中弹部位刚好在装甲带的拼合处，装甲带立刻发生破裂乃至部分脱落。海水从水线装甲带裂口处大量涌入，“经远”舰沉没。见（日）海军军令部：《二十七八年海战史》上卷，第218页。

⑤ “经远”舰沉没地点说法不一。据庄河黑岛镇人们口碑资料，“经远”舰沉没在庄河市黑岛镇老人石礁石南650米处。孙克复、关捷认为：沉船在东经123度40分、北纬39度51分海面（孙克复、关捷：《甲午中日海战史》，第131页）。陈悦认为：“经远”舰应在“石城列岛东方约20海里”，即“东经123度33分，北纬39度32分”，“现庄河鱼礁区和东沟鱼礁区的交汇点上”。（陈悦：《庄河甲午史事考疑一题——北洋海军“经远”舰沉没于庄河黑岛说析辨》，大连市近代史研究所、旅顺日俄监狱旧址博物馆编：《大连近代史研究》，第7卷，辽宁人民出版社2010年版，第41－42页）。

被日舰击沉的北洋舰队“经远”号军舰

日本舰队以本队“松岛”号、“千代田”号、“严岛”号、“桥立”号、“扶桑”号5舰围攻“定远”号、“镇远”号2舰；以第一游击队“吉野”号、“高千穗”号、“秋津洲”号、“浪速”号4舰围攻“靖远”号和“来远”号。海战出现两个战场，即日本本队和“定远”号、“镇远”号两舰进行海战的一个战场；日本第一游击队和“来远”号、“靖远”号两舰进行海战的另一战场。日本舰队欲抓住这难得的机会，最终彻底消灭北洋舰队。因此当北洋舰队仅剩下4舰时，日本舰队向北洋舰队发动了更加猛烈的围攻。日本舰队本队5艘军舰将“定远”号、“镇远”号两舰团团围住，拼死攻击，“药弹狂飞，不离左右”①。但“镇远”号、“定远”号两舰毫不畏惧，面对强敌，“各将誓死抵御，不稍退避”。

刘步蟾指挥“定远”号行动自如，来往灵活，作战勇猛，行船“时刻变换，敌炮不能取准”②。林泰曾指挥“镇远”，“开炮极为灵捷，标下各弁兵亦皆恪遵号令，虽日弹所至，火势东奔西窜，而施救得力，一一熄灭”③。15时30分，当“定远”号与日本本队旗舰“松岛”号相距大约2 000米时，“定远”号枪炮大副沈寿堃指挥“发出之三十公分半大炮炮弹，命中松岛右舷下甲板，轰然爆炸，击毁第四号速射炮，其左舷炮架全部破坏，并引起堆积在甲板上的弹药爆炸。刹那间，如百电千雷崩裂，发出凄惨绝寰巨响。俄而，剧烈震荡，舰体倾斜，烈火焰焰焦天，白烟茫茫蔽海。死伤达八十四人，队长志摩（清直）大尉、分队长伊东（满嘉记）少尉死之。死尸纷纷，或飞坠海底，或散乱甲板，骨碎血溢，异臭扑鼻，其惨憺殆不可言状。须臾，烈火吞没舰体，浓烟蔽空，状至危急。虽全舰尽力灭火，轻重伤者皆跃起抢救，但海风甚猛，火势不衰，宛然一大火海。”④“瞬间死伤达九十人”，“陷于完全不可收拾的状态。”⑤ 由于“松岛”号人员伤亡惨重，舰上炮手死伤殆尽，伊东祐亨只得一面亲自指挥灭火，一面下令“以幸存者、军乐队等马上补充炮手”。直到16时10分，“松岛”号才将大火勉强扑灭。这时“松岛”号虽将大火勉强扑灭，但由于舰体受伤严重，已无法继续参战并指挥日舰活动，伊东祐亨不得不发出“各

① 蔡尔康等编：《中东战纪本末》，见《中日战争》丛刊，第1册，第169页。

② 《清光绪朝中日交涉史料》(1738)，见《中日战争》丛刊，第3册，第135页。

③ 蔡尔康等编：《中东战纪本末》，见《中日战争》丛刊，第1卷，第169页。

④ （日）川畸三郎：《日清战史》第7编（上），第4章，第157页。转引自戚其章：《甲午战争史》，第163页。

⑤ 《日清战役》，见张侠等编：《清末海军史料》，第861页。

舰随意运动”的信号，然后率领本队其他4艘军舰向东南驶去，企图逃离海战战场。“定远”号、“镇远”号两舰见日舰向东南方向逃去，紧追不舍，终于迫使日舰不得不回头再战。为此双方又进行了激烈的战斗。战斗中，日本舰队遭到更加严重的打击，旗舰“松岛”号“不但舱面之物扫荡无存，并验明护炮之铁甲亦遭华弹击碎，修理良非易易”①，“舰体水线以下部分被击中数弹，炮手及其他人员蒙受重大损害”②，侥幸未进水沉没。至于其他各舰，“或受重伤，或遭小损，业已无一瓦全”③。战至近17时许，“镇远六吋炮的一百四十八发炮弹已经打光，剩下的只有十二吋炮（其中一门已报废）用的穿甲弹二十五发，榴弹则一发没有。定远也陷于同一悲境。再过三十分钟，我们的弹药将全部用尽，只好被敌人制于死命”④。

日本联合舰队旗舰“松岛”号

就在“定远”号、“镇远”号二舰与日舰本队5舰进行激烈苦斗的同时，“来远”号、“靖远”号也在同日舰第一游击队进行激烈的苦斗。海战爆发后不久，“来远”号、“靖远”号二舰因奋勇杀敌，中弹累累。至15时许，“来远”号、“靖远”号两舰早已均受重伤。“来远舱内中弹过多，延烧房舱数十间，靖远水线为弹所伤，进水甚多”⑤。“来远”舰机舱人员“多数双目俱盲，无不焦头烂额”⑥。“靖远”舰中弹数十，先后3次火起，都被扑灭。这时海战战场只剩“定远”号、“镇远”号、“来远”号、“靖远”号4舰，面对优势日舰进攻，为了能赢得时间扑灭自己舰上大火，同时也使“定远”号、“镇远”号两舰能全力对敌，“来远”号、“靖远”号两舰决意西驶，暂时摆脱日舰第一游击队攻击。为此“来远”号先行、“靖远”号紧随其后，向大鹿岛驶去。不久两舰驶抵大鹿岛。当两舰驶抵大鹿岛时，立即抢占有利地形，背靠沙滩，一面用舰首主炮打击日舰，一面抓紧时

① 蔡尔康等编：《中东战纪本末》，见《中日战争》丛刊，第1册，第172页。

② （日）川崎三郎：《日清战史》，第7编（上），第4章，第183页。转引自戚其章：《甲午战争史》，第164页。

③ 蔡尔康等编：《中东战纪本末》，见《中日战争》丛刊，第1册，第171页。

④ （美）马吉芬：《鸭绿江口外的海战》，《中日战争》丛刊续编，第7册，第280页。

⑤ 《清光绪朝中日交涉史料》（1783），见《中日战争》丛刊，第3册，第134页。

⑥ （美）马吉芬：《鸭绿江口外的海战》，《中日战争》丛刊续编，第7册，第282页。

间灭火。日舰第一游击队4舰尾随追来，但4舰吃水较深，害怕搁浅，不敢靠近，只能用炮火遥击，丧失了高速机动作战能力。这样一来，“来远”号、“靖远”号两舰不但赢得灭火的宝贵时机，而且也把日舰第一游击队紧紧地吸引在自己身边，减轻了“定远”号、“镇远”号两舰的压力。

17时许，“来远”号、“靖远”号两舰修复归队，“平远”号、“广丙”号、“福龙”号、“左一”号鱼雷艇亦同时归队，北洋舰队气势复振。战至17时30分左右，伊东祐亨见日舰均已受伤，无力再战；加之太阳将沉，天色近黑，担心遭到清鱼雷艇袭击，于是发出“停止”战斗信号，率队向南驶逃。北洋舰队“鱼贯东行”，尾追数海里，因日舰“行驶极速，瞬息已远”，无法追上，只得转舵驶回旅顺，次日凌晨6时，北洋舰队驶进旅顺军港。

海战结束后，北洋舰队“定远”号、“镇远”号、“来远”号、“靖远”号4舰无不伤痕累累，弹药将尽。这时“定远只有三炮，镇远只有两炮，尚能施放”①。其他各炮均因受伤无法使用。来远“火焚最酷，受伤重于他舰。……舱面皆已毁裂，如人之垂死者然”②，驶回旅顺后，中西各人见了，“无不大奇之”。

黄海海战结束不久，清廷连下谕旨，奖惩海战有关人员。10月23日，清廷下谕惩办临阵脱逃者方伯谦、吴敬荣2人。上谕称：“本月十八日（即公历9月17日——引者）开战时，自致远号冲锋击沉后，济远管带副将方伯谦首先逃走，致将船伍牵乱，实属临阵退缩，着即行正法。广甲管带守备吴敬荣，随济远号退至中途搁礁，着革职留营以观后效。”③ 10月6日，清廷颁发谕旨，将邓世昌、林永升、陈金揆、黄建勋、林履中等人从优议恤。上谕称：“提督衔记名总兵邓世昌，升用总兵林永升，均着照提督例从优议恤。邓世昌首先冲阵，攻毁敌船（按：邓世昌未曾攻毁敌船——引者），被沉后遇救出水，义不独生，奋掷自沉，忠勇性成，死事尤烈，并着加恩予谥。升用游击陈金揆，着照总兵例从优议恤。参将黄建勋、林宝忠（即林履中——引者），各照原官升衔从优议恤，以慰忠魂。”④ 10月8日清廷又专下谕旨，令赏给邓世昌之母郭氏匾额一方，上书“教子有方”4个大字。上谕称：“已故总兵邓世昌，恪遵母训，移孝作忠，力战捐躯，死事最烈。伊母郭氏，训子有方，深明大义，着赏给匾额一方。”⑤ 10月23日，清廷再发上谕，对黄海海战中的10名有功人员进行嘉奖。上谕称：右翼总兵、“定远”舰管带刘步蟾，因“阵战得力，指挥出色”，“以提督记名简放，并赏换格洪额巴图鲁名号”；左翼总兵、“镇远”号管带林泰曾因“阵战得力，指挥出色，赏换霍伽助巴图鲁名号”；升用参将、右翼中营游击杨用霖，“着免补参将，以副将尽先补用并赏给捷勇巴图鲁名号”；右翼中营游击李鼎新，“着以参将尽先补用并赏给振勇巴图鲁名号”；升用游击、提标都司吴应科“着免补游击，以参将尽先补用并赏给扬勇巴图鲁名号”；升用都司、左翼中营守备徐振鹏、沈寿

① 《清光绪朝中日交涉史料》（1738），见《中日战争》丛刊，第3册，第135页。

② 蔡尔康译编：《中东战纪本末（外人评论）》，见《中日战争》丛刊，第7册，第550页。

③ 朱寿朋编：《光绪朝东华录》，第3册，中华书局1958年版，总第3464－3465页。按：方伯谦9月24日在旅顺口被斩首。

④ 朱寿朋编：《光绪朝东华录》，第3册，总第3471页。

⑤ 朱寿朋编：《光绪朝东华录》，第4册，总第3988页。

堃，“均着免补都司，以游击尽先补用并赏加副将衔”；左翼中营守备沈叔龄、右翼中营守备高承锡，“均着以都司尽先补用并赏戴花翎”；提督丁汝昌“着交部议叙”①。清政府对黄海海战有关人员予以奖惩，这对提高北洋舰队士气和战斗力来说无疑是起了重要作用，但由于清廷腐败，加之北洋舰队整体素质不高，北洋舰队最终不可避免的失败命运已是无法改变的了。

在黄海海战中，一些洋员与中国官兵一起作战，表现得相当出色。洋员余锡尔（英国人），重伤不下火线，坚持战斗直到“致远”舰沉没，与“致远”号舰上的大多数官兵共同赴难，壮烈牺牲。“定远”号管理炮务英人尼格路士，海战中见舰首管理炮火的洋员哈卜门受伤，“急至船首，代司其事”。当“定远”号中弹起火时，又同中国官兵一起，奋力救火，“不料实心弹至，竟及于难”②。美人马吉芬帮办“镇远”号舰管带，海战爆发后，不惜生命，奋勇争先而受伤。回国后不但在国内大力宣传北洋舰队的英雄事迹，而且还写出了《鸭绿江口外的海战》（旧译《马吉芬黄海海战评述》）一文，对黄海海战和北洋舰队进行了客观公正的评价。在谈到北洋舰队最终覆灭（指北洋舰队在威海卫全军覆没）原因时，马吉芬以悲愤和惋惜的笔调写道：“曾经威震东洋的清国舰队，如今已成过去一梦。他们忠勇的将士多数遭遇不济，为陆上官吏的腐败无能所误，与其可爱的舰队，同散殉国之花”③。

在谈到洋员在黄海海战中的重要作用时，李鸿章曾这样说过：“该洋员等以异域兵官，为中国效力，不惜身命，奋勇争先，洵属忠于所事，深明大义，较之中国人员尤为难得”。李鸿章的这个评价无疑是公正的。黄海海战中，一些洋员为了中国人民的尊严流尽了最后一滴血，他们的鲜血和中国爱国官兵的鲜血是洒在一起的，他们的英雄事迹必将和中国爱国官兵的英雄事迹一样，永远铭刻在中国人民的心上④。

9 月 21 日，即黄海海战后的第 4 天，轮船招商局的 5 艘运兵船平安返回大沽。

黄海海战结束后，日本舰队控制了海战制海权。

三、黄海海战的反思

黄海海战结束后，北洋舰队胜败如何，历来众说纷纭。海战结束不久，即有人认为中日双方损失相当，“中日船伤人毙，彼此相敌”⑤，也有人认为，中日双方“虽互有损伤，而倭船伤重先退，我军（即北洋舰队——引者）可谓小捷”⑥。甚至有人认为，北洋舰队“获全胜，大壮海军之色。”⑦

---

① 朱寿朋编：《光绪朝东华录》，第 3 册，总第 3479 页。

② 蔡尔康等编：《中东战纪本末》，见《中日战争》丛刊，第 1 册，第 170 页。

③ （美）马吉芬：《鸭绿江口外的海战》，《中日战争》丛刊续编，第 7 册，第 285 页。

④ 对于参战洋员，清政府也同对待清北洋舰队中国官兵一样，分别不同情况给予奖赏，奖赏如下：“汉纳根前已特赏二等第一宝星，着再赏提督衔；阵亡之尼格路士、余锡尔，均着给予二年薪俸；受伤之哈卜门，着以水师参将用；戴乐尔、阿璧成、马吉芬，均着以水师游击用，哈卜门等四员，并着赏戴花翎，给予三等第一宝星”。（朱寿朋编：《光绪朝东华录》，第 3 册，总第 3479 页）

⑤ 《清光绪朝中日交涉史料》（1655 年），见《中日战争》丛刊，第 3 册，第 118 页。

⑥ 《清光绪朝中日交涉史料》（1684 年），见《中日战争》丛刊，第 3 册，第 124 页。

⑦ 《时事新编·论行军当严赏罚》，转引自戚其章：《北洋舰队》第 131 页。

对于黄海海战北洋舰队胜负问题，大抵不外乎肯定和否定两种观点。肯定北洋舰队的观点包括：认为北洋舰队取得了小胜。《论甲午黄海大战与中国北洋海军》一文作者认为："北洋舰队以寡击众，沉着应战，终于驱逐日舰而返，也可谓小胜，或者至少双方未分胜负。"① 认为北洋舰队"打了一场胜仗"。《李鸿章与甲午战争》一书作者认为："单从军事损失上看，中国大于日本，但从政治上和战略上看中国粉碎了日本妄图聚歼北洋舰队的狂妄计划，而且打跑了日本联合舰队。从这个意义上讲，北洋舰队打了一场胜仗，对日军是一个沉重的打击。"② 认为中日双方未分胜负。《简论中日黄海海战胜负问题》一文作者认为："日本军舰既未因黄海战役而歼灭北洋舰队的中坚力量，从根本上改变中日双方海军实力对比，更未因此而夺得了黄海的绝对制海权"，因此，中日两国海军"得失相仿"，海战结果"称之为对峙较为恰当"。③ 戚其章在《北洋舰队》、《关于甲午黄海海战的几个问题》、《甲午黄海海战始末》等论著都认为："若将中日双方做一比较，北洋舰队的损失确实大得多。日本舰队虽然受创严重，但一舰未失，而北洋舰队不仅沉没了 4 艘军舰，而且还牺牲了邓世昌、林永升两位优秀的海军将领，实在是不可弥补的损失。就此而言，可以说北洋舰队是大为失利的。但是，这仅仅是问题的一个方面。还应该看到，双方舰队到黄海的目的是不同的：北洋舰队是护送八营铭军在大东沟登岸；日本舰队是寻找北洋舰队进行决战，以实现其聚歼清舰于黄海中的狂妄计划。北洋舰队胜利地完成了任务，而日本舰队的聚歼计划则遭到了破产。另外，在这次历时 5 个小时的海上鏖战中，虽然战况时有变化，但最终却是日本舰队势穷力尽而先逃的。因此，如果全面地考察一下，可知双方各有得失，应该说是一场未决胜负的海战。"④ "黄海海战后，伊东祐亨之所以不敢再与北洋舰队直接交锋，而采取守弱观变的策略，以待日本陆军的配合和帮助，其原因即在于此。"⑤

持上述几种观点者得出的结论是：第一，日舰先于北洋舰队退出海战战场；第二，日舰未能完成其"聚歼清舰于黄海中"的狂妄计划；第三，北洋舰队完成了护航任务；第四，日舰未能歼灭北洋舰队的"中坚力量"，从根本上改变中日双方海军的实力对比，亦未能夺得黄海"绝对制海权"。

另一种观点则认为，黄海海战中北洋舰队的损失远大于日本舰队，故北洋舰队应是失利了。

黄海海战是中日两国海军主力的一次大决战。黄海海战前，不论是中日双方海军都未能取得海战制海权。海战后，由于北洋舰队"避战保船"，不再对日舰构成威胁，日舰取得海战制海权。有研究者认为，海战后，日舰并未取得"黄海的绝对制海权"。事实上，黄海海战后不久（10 月 18 日），北洋舰队就从旅顺移驻威海卫，其中除 10 月 29 日至 11 月 8 日间曾回驻过旅顺（按：旅顺位于黄海海域）外，其他时间都驻扎在威海卫。从时间

---

① 郭毅生、汤池安：《论甲午黄海大战与中国北洋海军》，《文史哲》1957 年第 6 期，第 42 – 53 页。

② 刘功成：《李鸿章与甲午战争》，大连出版社 1994 年版，第 107 – 108 页。

③ 马鼎盛：《简论中日黄海海战胜负问题》，见《中日关系史研究》第一辑，转引自刘镇伟等：《甲午索要》，大连人民出版社 1994 年版，第 71 页。

④ 戚其章：《建国以来中日甲午战争研究述评》，转引自刘镇伟等著：《甲午索要》，第 71 页。

⑤ 戚其章：《甲午黄海海战始末》，见戚其章：《中日甲午战争史论丛》，山东省教育出版社 1983 年版，第 57 页。

上看，除北洋舰队驻扎在旅顺期间外，日舰已取得了“黄海的绝对制海权”。

黄海海战中，日舰是先于北洋舰队退出海战战场的，这是一个不争的事实。但也应看到，黄海海战是一场以歼灭敌人有生力量为主的遭遇战。在这场海战中谁能最大限度地歼灭对方的有生力量，谁就获得了海战的胜利。至于谁多前进几十海里，或少前进几十海里，谁早一些退出海战战场，或晚一些退出海战战场，都是无关紧要的。黄海海战中“日本的战舰动作协调，保持一致……似乎对敌人形成层层包围，不停地进行轰击，在射击速度和机动性能方面都超过了敌舰。”① 在给北洋舰队以沉重打击后，为了避免夜战可能出现的不利局面，主动退出海战战场，正是日舰指挥官指挥高明之处，不能把谁先后退出战场作为评价胜负的主要依据。

如何看待日舰“聚歼清舰于黄海”的狂妄计划与日舰未能全歼北洋舰队的关系呢？诚然，黄海海战前日舰的确是制定了“聚歼清舰于黄海”的狂妄计划，海战中日舰也的确未能全歼北洋舰队，而只是击沉北洋舰队4艘军舰。评价黄海海战的胜负不能简单地以日舰的计划实现与否作为依据，不能因为日舰制定了“聚歼清舰于黄海”的计划未能实现，就可以说北洋舰队与日舰处于“胜负未决”的状态，甚至说北洋舰队“粉碎”了日舰的狂妄计划，北洋舰队“打了一次胜仗”。倘若日舰制定的计划仅仅是击沉北洋舰队1艘、2艘、3艘或4艘军舰，我们又该如何评价北洋舰队的胜负呢？事实上，有时作战计划定得高一些或低一些都是正常的。在那样一个弱肉强食的时代，向外进行侵略扩张的国家大都制定过一些极其狂妄的侵略扩张计划。这些计划，就当时而言，与其说是作战计划，不如说是为了鼓舞士气而进行的作战宣传更合适，因为这些计划能否实现，作为制定者本身也是底气不足的。黄海海战前日本制定的“聚歼清舰于黄海”的狂妄计划事实上就是属于这种类型的。企图在一次海战中就“聚歼”北洋舰队的全部舰只，就当时情况来看，日舰是无论如何也是难以实现的，其真实意图仅仅是鼓舞士气而已。这从日本政府在黄海海战后对日舰的态度上可以看得出来，据载，当日本天皇得知黄海海战结果后，下达敕语进行嘉奖，并亲自谱写军歌《黄海大捷》，随后日本皇后和皇太子也发电祝贺，日本国内更是一片欢腾。由此可见，日本政府自己也并未把“聚歼清舰于黄海”作为非得在一次海战中必须实现的战斗计划来看待。既然日本自己都不把这个计划作为非得在一次海战中必须实现的计划来看待，我们就不应该把它作为评价黄海海战胜负的重要依据。

对于北洋舰队与护航的关系，有学者认为在评价黄海海战时应考虑到北洋舰队是“胜利地完成了（护航）任务”。诚然，北洋舰队的确是完成了护航任务，7 000名陆军已于鸭绿江口成功登陆，但应指出的是，北洋舰队完成护航任务是在黄海海战爆发前，并非是在海战爆发后，更非是在海战进行中，因此，护航和海战之间关系已经不大了。在这种情况下，再把护航同海战结果联系起来进行考察是不合适的②。

---

① （英）詹姆斯·艾伦撰，邓俊秉、马家瑞合译，胡滨校：《在龙旗下（节译）》，《中日战争》丛刊续编，第6册，第387－388页。

② 时英国海军中将克鲁姆认为：黄海海战“中国舰队连自我保护尚且毫无信心，更何况同时护卫运输船和7 000名陆军。”“当时7 000名陆军幸而于鸭绿江口登陆成功，却丝毫不能归功于中国舰队，也丝毫不能给中国海军增加身价。因为当时中国运输船所以能安全通过黄海，而且能安全登陆，然后又返航，这些都不是别的，只是侥幸没被敌人发现而已。”（见戚其章主编：《中日战争》丛刊续编，第7册，第325－326页）克鲁姆的观点无疑是对的。

还应该谈到的是有关黄海海战与北洋舰队中“中坚力量”的关系问题。黄海海战后，北洋舰队“中坚力量”的确存在，如主力舰“定远”号、“镇远”号、“来远”号、“济远”号仍在，北洋舰队的确还拥有一定的作战能力。正因为“定远”号和“镇远”号主力舰与其他各舰还在，北洋舰队还拥有一定的作战能力，我们才把这次海战北洋舰队的结果称为是“失利”，而不是大败或惨败，事实上，如果对这次海战结局进行详细考察就会发现，虽然我们把北洋舰队的结局称为是“失利”，而不是大败或惨败；但这个“失利”就其损失来看也已是相当大的了。因为它损失了“致远”号、“经远”号、“超勇”号、“扬威”号4艘军舰和714名官兵[①]以及邓世昌、林永升这样的优秀指挥员，海军实力遭到重大削弱（按：正因为北洋舰队海军实力遭到重大削弱，所以有的学者才把这次海战北洋舰队的结局称为是“大败”或“惨败”）。

有学者认为，黄海海战“单从军事损失看，中国大于日本，但从政治上和战略上看，中国粉碎了日本妄图聚歼北洋舰队的狂妄计划”，打跑了日舰，从这个意义上讲，北洋舰队打了一次胜仗，对日军是一个沉重的打击”。这里从“战略上”看，无疑是好理解的，但从“政治上”看就让人费解了。不知这从“政治上”看指的是什么，由于作者没有说清楚，所以笔者不敢妄自揣测。但有几点是需要说明的，就是：海战后，北洋舰队实力大减、士气低落、清廷内部派系之争更烈、舰队“避战保船”、海战制海权拱手让给日舰。在这种情况下，不知“政治上”的影响从何而来。

最后还应谈到的是海战后日本联合舰队对北洋舰队的态度问题。有学者认为：“黄海海战后，伊东祐亨不敢再与北洋舰队直接交锋，而采取守弱观变的策略，以待日本陆军的配合和帮助。”黄海海战后，日本联合舰队的确出现“不敢”与北洋舰队直接交锋的现象。但应指出的是，虽然海战后日舰“不敢与北洋舰队直接交锋”，但北洋舰队更不敢与日本联合舰队直接交锋，北洋舰队惧怕日本联合舰队之烈远甚于日本联合舰队惧怕北洋舰队。黄海海战后，日本联合舰队曾多次主动向威海卫发动进攻，又掩护日军在辽东半岛庄河花园口和山东半岛荣成湾一带登陆；而北洋舰队则株守威海卫军港，坐视日舰向自己发动进攻，不敢出战了。

黄海海战中北洋舰队之所以失利，原因很多。著名学者郭铁椿将其归纳为以下几个方面。[②]

第一，从战略上看，北洋舰队不应过早地同日本舰队进行海上决战。

甲午战争爆发前，日本舰队的实力就已远远超过北洋舰队。日本舰队为了能够彻底消灭北洋舰队，进行了长期的战争准备，其实力远远超过北洋舰队，所以北洋舰队不宜过早地同日本舰队进行海上决战，更不宜在远离北洋舰队基地的情况下同日本舰队进行海上决战；而应以“辽东半岛和胶东半岛为依托，以旅大、威海的海岸炮台和水雷等既设障碍为掩护，控制渤海海峡，严密监视日军的行动，寻求有利战机对敌实施奇袭和突击，以达打破日军速战速决的计划，逐步削弱其优势，待力量优劣易势，然后转入反攻，寻求海上决

---

① 陈悦考证，北洋舰队损失714人（见《碧血千秋——北洋海军甲午战史》，第186页）。

② 大连市中共党史研究会：《甲午大连之殇》，大连出版社2014年版，第75－83页。

战，控制黄海制海权"[①]。北洋舰队在敌强我弱的情况下，应采取积极防御的方针。在防御中不断消耗敌人有生力量，为最后海上决战创造条件。李鸿章似乎也已认识到这点，他说："海上交锋恐非胜算，即因快船不敌而言。倘与驰逐大洋，胜负实未可知，万一挫失，即赶紧设法添购，亦不济急。惟不必定与拼击，但令游弋渤海内外，作猛虎在山之势。倭尚畏我铁舰，不敢轻与争锋，不特北洋门户恃以无虞，且威海、仁川一水相望，令彼时有防我海军东渡袭其陆兵后路之虑，则倭船不敢全离仁川来犯中国各口，……盖今日海军力量，以之攻人则不足，以之自守尚有余。用兵之道，贵于知己知彼，舍短用长"[②]。但在黄海海战爆发前，李鸿章因朝廷压力，为援朝清军无法按时到达朝鲜这一暂时的局部利益所迷惑，轻率地作出北洋舰队护航的错误决定。当丁汝昌率领北洋舰队与日本舰队遭遇时，北洋舰队的失利就成为难以避免的了。对此英国海军中将克鲁姆曾评价说：甲午之战，中国"为了防止日军越海登陆和防止攻陷中国港口，中国只有依靠手中的唯一武器，即现存的舰队（指北洋舰队——引者）。毁掉这一宝贵的武器即现存舰队，同时护送七千名援军到平壤，两者相比，何重何轻？不言而喻。然而中华帝国却不惜毁掉这一头等武器即现存舰队，而往朝鲜运送七千名援军，真可谓不知轻重得失，贻误实甚！"[③]

第二，从战术看，指挥无能、失灵。

在敌强我弱的形势下，最好的打法应是避战。在无法避战的情况下，应千方百计地推迟开战时间。因为海战持续的时间越短，对弱者就越有利。从当时情况看，由于海上条件的限制和影响，在避战不可能的情况下，有没有可能推迟开战时间呢？回答是肯定的。如果北洋舰队在发现日本舰队之后，不是主动迎击，而是原地待敌的话，海战时间有可能推迟 1 小时左右[④]。就是说将海战时间推迟到 14 时左右。如果北洋舰队在发现敌舰后不是主动迎敌，而是向鸭绿江口撤退（有 12 海里的回旋余地），海战时间有可能再推迟 1 小时，即推到 15 时左右开战，而这对北洋舰队是极为有利的。如果北洋舰队在发现敌舰后不是原地待敌，也不是向后撤退，而是向东或西前进，尽可能拉长北洋舰队与日本舰队的距离，当日本舰队前进到距北洋舰队适当位置时，再向鸭绿江口方向撤退，海战开战时间再推迟几十分钟的可能性是存在的，当然这需要取决于北洋舰队所带燃料的多寡之上。

假如北洋舰队退入鸭绿江口内避战效果是不是会更好一些？这样可以延迟开战时间，更重要的是，日本舰队的优势因受条件的影响就难以发挥出来了。因为鸭绿江主航道狭长水域条件不允许进行大规模的水战，同时鸭绿江口外狭长的两岸也不允许大规模的海战。

---

① 吴如嵩、王兆春：《试谈甲午战争中北洋海军的使用问题》，见东北地区中日关系史研究会编：《中日关系史论丛》第 1 辑，辽宁人民出版社 1982 年版，第 118 页。

② 《清光绪朝中日交涉史料》（1512 年），见《中日战争》丛刊，第 3 册，第 72 - 73 页。

③ 《英国海军中将克鲁姆评黄海之战》，《中日战争》丛刊续编，第 7 册，第 325 页。

④ 北洋舰队起锚迎敌时间，说法不一。依据《冤海述闻》和丁汝昌海战报告看，应在 11 时多一些。如从这一时间算起，到双方发生海战约有 1 小时 30 分钟。在这段时间里，北洋舰队航行速度先是 5 海里，然后是 7 海里，接着是 8 海里。以此算之，1 小时 40 分钟应航行约 10 海里左右（暂按 2∶1 计算）。10 海里的距离，日舰需航行约 1 小时。故北洋舰队若在原地待敌的话，海战应推迟 1 小时左右。陈悦先生经研究后认为：黄海海战北洋舰队起锚迎敌时（中午 12 时 10 分左右），双方舰队相距约为 17 海里（《碧血千秋——北洋海军甲午战史》，第 81 页）。如果这个结论正确的话，那就是说，如果北洋舰队不主动迎敌，而是原地待敌的话，那么海战爆发时间可推迟 1 小时 40 分至 2 小时之间（日舰航行速度按每小时 8 ~ 10 海里计算）。

这样一来，大规模的海战就会变成单个舰艇或几个舰艇的单打独斗了。当然，这个方案是否可行还要取决于鸭绿江口的水域条件。鸭绿江口的主航道在东侧，其中沙里岛至绸缎岛北侧水域（现为朝鲜内河）长约十几千米，水域宽则上千米至数千米不等，航行大的船只应问题不大①。如果北洋舰队按照小、中、大原则将兵舰潜入鸭绿江口内与敌舰周旋，天黑以后再返回旅顺，舰队损失应能降低到最低点②。当然，这个观点能否成立，还需要更多的有关鸭绿江口内的水域资料，特别是水深和是否有暗礁和浅滩的资料。③

指挥失灵方面。黄海海战打响不久，北洋舰队提督丁汝昌即因受伤无法指挥战斗。接着旗舰“定远”桅楼、信旗索具被毁，指挥信号无法发出。由于丁汝昌事先没有安排继任指挥官和继任旗舰，加之北洋舰队各舰管带无人愿意挺身而出，主动承担这一责任（主动承担这一责任者将会遭受来自日舰的更大打击）④，故北洋舰队在海战开战后不久就处于无人指挥、各自为战的状态。正是由于北洋舰队处于无人指挥和各自为战的状态，所以北洋舰队才出现了处于优势地位时不能集中优势兵力给处于不利地位的日本舰队以更大的打击（如对“比睿”号、“赤城”号、“西京丸”号的打击上），处于不利地位时不能迅速变换队形以摆脱劣势地位；在自己的弱舰遭受日舰沉重打击时，不能组织有效的救援或退却。所有这些，使得本来就处于不利地位的北洋舰队的处境变得更加险恶、更加被动了。

有人在谈到北洋舰队在丁汝昌负伤后是否有人代替指挥时引用丁汝昌的报告说，“定远”号舰管带刘步蟾在丁汝昌负伤后“代为督战，指挥进退，时刻变换，敌炮不能取准”⑤，“表现尤为出色”⑥。这个观点是值得商榷的。“所谓‘代为督战’，是督一舰还是督全队？如指督‘定远’一舰，这是管带分内之事，谈不上代督；如指督全队，旗舰信号装置已被击毁，他根本无法指挥其他各舰。”⑦ 海战爆发前，北洋舰队事先没有考虑到这一点而做出安排，无疑是一个重大的失误。

第三，从装备上看，敌我力量相差悬殊。

黄海海战参战的北洋舰队与日本舰队相比，敌我力量相差悬殊。例如，从参战舰艇数量上看，日本为12艘，中国为10艘，日本数量比中国军舰多2艘，即多20%。从参战舰艇总吨数上看，日舰为40 840吨，中国为31 366吨，日本比中国多9 474吨，即多30%。

---

① 丹东港1882年开港，但主要是中朝贸易，1907年正式开港后，2 000吨商船可直接从下游进入丹东港，3 000吨商船则需乘大潮进入丹东港，更大一些的船则只能停泊在鸭绿江口门一带，即柤岛（沙里岛）至绸缎岛一带水域。由此可见，北洋舰队驶入鸭绿江口门而不搁浅的可能性是存在的。

② 日舰如无法在大东沟与北洋舰队决战，有可能在中途拦截北洋舰队。如果日舰这样做只能在天放亮以后，而这时北洋舰队返航应离旅顺口已经不很远了。

③ 理论上来说，北洋舰队应有比较详尽的鸭绿江口内的水域资料。

④ 从北洋舰队级别、舰艇重要程度来看，最应主动承担这一责任的应是右翼总兵镇远管带林泰曾。但在关键时刻，林泰曾怯阵了，或没有能力，或“忘记”了或没有“意识”到自己应承担责任。如果是在短时间内出现这样的现象是可以理解的，但长达4个小时都是这样，于理不通了。如果说林没有这个能力，那就会让人怀疑他是怎样当上右翼总兵镇远管带的。如果说他是“忘记”了或没有“意识”到自己应承担的这个责任，那就说明他这个人是狡猾和“聪明”的。

⑤ 戚其章：《甲午战争史》，第148页。

⑥ 戚其章：《刘步蟾》，见孙克复、关捷主编：《甲午中日战争人物传》，第149页。

⑦ 苏小东：《黄海海战》，见关捷等主编：《中日甲午战争全史》第二卷（上），吉林人民出版社2005年版，第529页。

从总马力上看，日本总马力为68 568马力，中国为42 200马力，日本舰队比中国舰队多26 368马力，即多63%。从参战兵员上看，日本参战兵员为3 530人，中国为2 089人，日本多1441人，即多69%。从参战炮火数量上来看，日本炮火总数为272门，中国为180门，日本比中国舰队炮火多92门，即多51%。在舰队平均航速方面，日本舰队平均航速为每小时16.5海里，中国舰队为15.5海里，日本舰队平均比中国舰队每小时快1海里①，即快6.45%。在鱼雷发射管方面，日本拥有鱼雷发射管36个，中国拥有26个，日本舰队比中国舰队多10个，即多38%。由此可见，日本舰队不论在舰数、吨数、马力、兵力、速度、炮火以及鱼雷发射管方面都是远远超过北洋舰队且占绝对优势的。特别是在炮火方面，日本舰队拥有12厘米速射炮81门，中国舰队则一门没有；日本有小口径速射炮111门，中国舰队只有27门。据英国海军年鉴统计，当时“四吋七（即12厘米——引者）速射炮，每分钟可发8～10发，六吋（即约15厘米——引者）速射炮每分钟可发5～6发，乃同大之旧后装炮，每分钟才一发。是速射炮发射速度，大于原后装炮6倍”②。“按此数字比例推算，黄海海战时，日舰炮火实际上是北洋舰队的6倍”③。正因为这样，所以在黄海海战中才出现了“日本舰队发出的速射炮弹，像雨点般落在中国军舰甲板上”的现象④。在航速方面，虽然日本舰队的设计航速仅比中国舰队航速平均快1海里（实快5.8海里），但就是这仅仅快1海里的优势就足以使日舰能够处于打得赢就打，打不赢就走的有利地位，而中国舰队则处于打不赢、走不了的被动局面。更何况在实际上日舰的平均航速比北洋舰队的平均航速每小时要快5.8海里呢?

敌我力量相差如此悬殊，黄海海战中北洋舰队又怎能不失利?

第四，从弹药上看，弹药奇缺，弹药质量差。

黄海海战中，北洋舰队弹药奇缺、弹药质量差的现象十分惊人。“致远”号舰的弹药在海战开始后不到3个小时就基本用完了。“致远”号舰就是在弹药将要用完的情况下才不得不向日本联合舰队本队撞去而被日舰击沉的。“定远”号、“镇远”号两舰战到后来弹药将尽，为了能够坚持到最后，不得不“每三分钟仅放一炮”⑤。等到海战结束前临近17时，“镇远六吋炮的一百四十八发炮弹已经打光，剩下的只有十二吋（其中一门已报

---

① 北洋舰队舰只由于下水时间较长，故航速早已落后于原设计航速了。黄海海战中，“定远”号、“镇远”号实际航速仅为12海里（设计航速为14.5海里）；“经远”号、“来远”号实际航速仅为10海里（设计航速为15.5海里）；“致远”号、“靖远”号实际航速分别为15海里和14海里（设计航速均为18海里）；“济远”号实际航速仅为12.5海里（设计航速为15海里）；“广甲”号实际航速为10.5海里（设计航速为14.5海里）；“超勇”号、“扬威”号实际航速均为6海里（设计航速均为15海里）。故北洋舰队平均航速实为10.8海里，而日本舰队由于下水时间较晚，大都能达到原设计航速，故北洋舰队平均航速与日舰平均航速相比实差应为5.7海里，即日舰比北洋舰队每小时快5.7海里（参见戚其章：《北洋舰队》，第138页）。

② 《英国海军年鉴黄海海战评述》，《海事》第10卷第2期，转引自孙克复、关捷：《甲午中日海战史》，第160页。

③ 孙克复、关捷：《甲午中日海战史》，第160页。国防大学教授房兵认为：黄海海战时，北洋水师的架退炮（指北洋水师舰载炮），3分钟才能打出一发炮弹；日本联合舰队速射炮，一分钟可打出5弹，甚至6弹，故北洋舰队火力是日本舰队火力的十五分之一到十八分之一。（北京电视台青年频道：《军情解码》2014年7月5日，《甲午推想：假如北洋水师炮弹全部炸响》）

④ 《汉纳根书简》，见川崎三郎：《日清战史》，第7编（上），第4章，第181－182页。

⑤ （日）川崎三郎：《日清战史》，第7编，第3章，转引自戚其章：《北洋舰队》，第126页。

废）用的穿甲弹二十五发，榴弹则一发没有。定远也陷于同一困境”[①]。事实上，不但“致远”号、“定远”号、“镇远”号弹药极度缺乏，其他各舰也无不如此。在弹药质量方面，北洋舰队弹药质量之差也是令人震惊的。北洋舰队的许多炮弹是“实着泥沙”或“煤灰”的[②]，还有许多是“不过引”或直径过大。由于炮弹“实着泥沙”或“煤灰”或“不过引”，结果出现了“弹中敌船而不能裂”，或弹中敌舰而不爆炸的现象；由于炮弹直径过大，不得不使用锉刀锉小后才能使用，其结果自然也大大降低了北洋舰队的战斗能力。

第五，从官兵素质上看，官兵素质整体不高，贪生怕死、临阵脱逃现象比较普遍。

当双方战斗处于正激烈的时候，方伯谦[③]、吴敬荣贪生怕死，临阵脱逃，不战而逃。而在下午3时30分，“致远”号沉没后，“（北洋舰队）混乱的局面更加恶化，……‘靖远’号、‘经远’号、‘来远’号、‘平远’号、‘广丙’号未发出任何信号即纷纷退出战场，只剩‘定远’号、‘镇远’号两舰仍在坚持与日舰博战……直到4时48分，航速最快的‘吉野’号才追至距3 000米左右猛攻‘经远’号。十几分钟后，第一游击队的其他3舰赶来助战，终于将‘经远’号击沉。在这个过程中，‘靖远’号、‘来远’号、‘平远’号、‘广丙’号各求自保，坐视‘经远’号被击沉，竟无一舰施以援手。”[④] 海战进行正烈之时，王平率左一鱼雷艇忙于救援落水清军，“忘记”自己的任务是应该主动向日舰发起进攻了（向日舰发动进攻风险更大一些）。而早在丰岛之战前几天，林泰曾就曾提出请求开缺，只是李鸿章要将其“处斩”，才被迫留在舰队里。

第六，从后路保障上看，保障较差。

在战时煤炭供给方面，北洋舰队的煤炭供给是由开平矿务局供给的。开平煤矿所产之煤有多种，其中“五槽”、“老峒”质量较好，“新峒”则多散碎。北洋舰队希望供应“五槽”和“老峒”，但实际上供应的多是“新峒”散碎之煤。“北洋舰队的航速本就逊于日本舰队，再因用煤散碎导致‘汽力’不足，无疑将进一步拉大与日本舰队的航速差距，战斗力也必因机动能力降低而受到严重影响。”[⑤] 在舰船维修方面，海战前北洋舰队舰船没有进行过认真的维修，“多数军舰连油底也未来得及进行，其航速没有丝毫改善”。“北洋海军在装备维修保养方面本无严格的制度加以规范，平时即得过且过，舰船应修而不修，部件该换而不换。及至战事吃紧，已无暇全面检修，不仅各种隐患没有及时消除，甚至连起码的备用配件亦付诸阙如。结果一经战阵，舰上各种配件‘坏无以换，缺无以添’。[⑥]”如“致远”舰水密门橡胶封条年久老化，未及时更换，致使“致远”号“中炮不多时，立即沉没”。在伤亡抚恤标准方面，标准过低。清政府规定：军舰管带阵亡归奏案办理，大副以下阵亡给予两月薪粮，兵勇病故只给银8两，无阵亡之抚恤。军官因公伤残开缺后

---

① （美）马吉芬：《鸭绿江口外的海战》，《中日战争》丛刊续编，第7册，第280页。

② 《中东战纪本末·美麦吉芬游戎语录》，见《中日战争》丛刊，第1册，第173页。

③ 方伯谦临阵脱逃的行为如果是个人行为，那无疑是完全错误的。如果他能把他的这种行为演变成整个舰队有组织的退却，那无疑是完全正确的。可惜的是方的聪明才智仅仅用来考虑个人的安危，而不是整个舰队的安危。

④ 苏小东：《黄海海战》，见关捷等总主编：《中日甲午战争全史》第二卷（上），第531页。

⑤ 苏小东：《黄海海战》，见关捷等总主编：《中日甲午战争全史》第二卷（上），第542页。

⑥ 苏小东：《黄海海战》，见关捷等总主编：《中日甲午战争全史》第二卷（上），第549－550页。

给予一年官俸，士兵受伤治疗费用在各舰医药费内（依军舰大小每年支银100～300两不等）动支。这个伤亡抚恤标准是比较低的，伤亡抚恤标准过低，势必影响舰队士气。

第七，从战前训练看，北洋舰队战前没有进行过严格的军事训练。

北洋舰队“在防操练，不过故事虚行”，“平日操演炮靶、雷靶，惟船动而靶不动”。“预量码数，设置游标。遵标行驶。”“徒求其演放整齐，所练仍属皮毛”。甲午战争爆发后，北洋舰队“各船虽有添置练勇数名，皆仿绿营习气，临时招募，在岸只操洋枪，不满两月，添拨各船，不但船上部位不熟，大炮不曾见过，且看更规矩，工作号筒，丝毫不谙，所以交战之时，炮勇伤亡不能顶补，只充死人之数”[①]。北洋舰队没有经过严格的军事训练，这不能不影响北洋舰队的战斗力。“福龙”号鱼雷艇近距离连发3颗鱼雷，都没有击中“西京丸”号，这应是多年疏于训练的恶果。

第八，从战争准备上看，北洋舰队在海战前没有进行过任何认真的战争准备。

表现在作战方案方面，“海战前，北洋舰队将领从未就可能与日本海军发生的海上决战以及如何夺取海战胜利进行过集体讨论或私下交流”[②]。事实上，北洋舰队在海战前应进行多次研究和讨论。研究和讨论的内容应涉及：如同日本海军相遭遇，打还是不打？要打怎样打？不打怎样退？打不赢怎么办？在打不赢的情况下，能不能组织一次有效的撤退，或者让北洋舰队的损失更小一些？对这些问题，北洋舰队从未进行过认真的研究，更不要说拿出几个作战预案了。

在弹药准备方面，海战中北洋舰队因弹药缺乏而大大降低了舰队的战斗力。但令人费解的是，这时在威海卫海军基地竟然还有3 666发炮弹被扔在海军基地未被带走。其中305毫米口径炮开花弹133枚、钢弹244枚，260毫米口径炮钢弹35枚，210毫米口径炮开花弹852枚、钢弹163枚，150毫米口径炮开花弹1 137枚、钢弹202枚……[③]海战前，北洋舰队没有带够足够的弹药去应付这场海战，至少没有带走可以带走的全部弹药，应是北洋舰队的重大失误。而这种失误唯一能够解释通的说法应是北洋舰队没有进行认真的战争准备。至于海战中发现的弹药质量差，炮弹“实着泥沙”或“煤灰”，还有许多“不过引”，[④] 或直径过大不得不使用锉刀锉小后才能使用的现象，也应是在海战之前就应检查解决的。

第九，从北洋舰队作战失利的根本原因上看是清政府腐败。

黄海海战中，导致北洋舰队失利的原因固然很多，但其根本原因无疑是清政府的腐败。因为正是由于清政府的腐败，北洋舰队才出现海战前“八年中未曾添一新船，所有近

---

① 陈旭麓等主编：《甲午中日战争·盛宣怀档案资料选辑之三》（下），上海人民出版社1982年版，第398页，第407页。

② 关捷等总主编：《中日甲午战争全史》，第二卷（上），第529页。

③ 关捷等总主编：《中日甲午战争全史》，第二卷（上），第547页。

④ （日）龟井兹明记载：大连湾炮台的一些炮弹“硝药都已取出，装了一些锯末子和豆子。……可以想象出大概是早已把药偷出去装了猎枪”。（《血证——甲午战争亲历记》，第113页）冯玉祥回忆说：他当兵后在保定打靶，“每人每次得领五十个药条。这些药条，并不一定须打完，每人总要剩个十几条，自己卖掉，换钱用。”（冯玉祥：《我的生活》，黑龙江人民出版社1981年版，第35页）从北洋官兵素质看，北洋舰队炮弹“实着泥沙”或“煤灰”现象，其炮弹硝药有可能是被北洋舰队官兵自己偷出打猎或换钱了（北洋舰队穿甲弹弹头填充沙子者不包括在内）。

来外洋新式船炮，一概乌有”[1] 的现象。正是由于清政府的腐败，北洋舰队中的许多缺陷和不足才没有得到及时的纠正和解决，使得北洋舰队不得不带病上阵。正是由于清政府的腐败，才使得北洋舰队无法正确认识中日海军敌强我弱的基本态势，以至于北洋舰队出现战前视敌如鼠、战后畏敌如虎的现象。正是由于清政府的腐败，清统治集团中的决策者们才把战争当儿戏，他们在战前不是谨慎、稳妥地对待战争；在战争爆发后，不是积极研究对策、谨慎行事而是鲁莽、草率地做出一些重大的决定，这就使得北洋舰队的失利最终成为难以避免的了。清政府统治的腐败是导致北洋舰队黄海海战中招致重大失利的根本原因。

著名史学家蒋廷黻在谈到鸦片战争失败原因时曾说：“鸦片战争失败的根本原因是我们的落伍。我们的军器和军队是中古的军队，我们的政府是中古的政府，我们的人民，连同士大夫阶层在内，是中古的人民。我们虽拼命抵抗，终归失败，那是自然的，逃不脱的。”[2] 甲午战争时期，清军虽然配备了一些比较先进的武器，但清军“是中古的军队”、清政府“是中古的政府，我们的人民，连士大夫阶级在内，是中古的人民”这几个方面没有发生什么变化。在这种情况下，清军“虽拼命抵抗，终归失败，那是自然的，逃不脱的”。落后就要挨打，黄海海战的失败为后人留下了极为深刻而惨痛的教训。

---

① 《清光绪朝中日交涉史料》(1876 年)，见《中日战争》丛刊，第 3 册，第 179 页。

② 蒋廷黻著:《中国近代史》，岳麓出版社 1987 年版，第 24 页。

后　　记

2010年，缘于长期以来对文化研究的执着探求，笔者得以较顺利地争取到了国家海洋局项目“中国海洋文化丛书·辽宁卷”的主编任务，也正是得益于这个研究项目，使笔者在对辽宁海洋文化的深厚底蕴与独特风采有了越来越深入了解的同时，弘扬辽宁海洋文化的责任感油然而生。

2013年笔者申报的“辽宁海洋文化的形成与发展研究”得到了辽宁省教育厅立项。

基于国家海洋局项目的前期研究和近3年来的进一步探求，完成了《辽宁海洋文化的形成与发展研究》一书的撰写，现奉献给读者。在本书即将面世的时刻，笔者仍感意犹未尽。放眼“一带一路”的总体战略格局，辽宁海洋文化的地位凸显，海上丝绸之路经济带使得辽宁可以依托自身综合优势大展宏图。辽宁海洋文化的发展前景广阔，辽宁海洋文化研究任重道远，不敢弃辍……

本书虽是近年来的研究之作，但同时也吸收或参考了众多专家学者的研究成果和观点，在此一并表示诚挚的谢意！

由于笔者学识、水平所限，疏漏在所难免，敬请广大读者批评指正。

赵光珍
2015年秋